计算机专业"十四五"精品教材

C#
程序设计

主　编◎ 王永涛　唐　敏　牛艳丽
副主编◎ 杜栋玲　万　波　幸荔芸　王　玉
　　　　卢日德　鲍豫鸿　杨立辉　陈思翼

北京希望电子出版社
Beijing Hope Electronic Press
www.bhp.com.cn

内 容 简 介

本书采用图文结合的方式，通过大量案例由浅入深、循序渐进地介绍了 C# 程序设计语言，帮助读者掌握 C#语言的基础知识，并进一步掌握软件开发的应用技能。全书共 13 章，包括 C#与.NET 概述、C#基本语法、类和结构、继承、接口、字符串与数字的操作、泛型与集合、线程操作、异常处理与程序调试、文件与流、数据访问、ASP.NET 的 Web 程序开发、Windows 窗体程序的开发等。

本书结构严谨，逻辑性强，实例丰富，易于学习，可作为应用型本科、职业院校计算机及相关专业的教材，也可作为从事 C#程序开发的人员及程序爱好者的学习参考书。

图书在版编目（ＣＩＰ）数据

C#程序设计 / 王永涛, 唐敏, 牛艳丽主编. -- 北京：

北京希望电子出版社, 2024. 8. -- ISBN 978-7-83002

-879-4

Ⅰ. TP312.8

中国国家版本馆 CIP 数据核字第 2024GL6388 号

出版：北京希望电子出版社	封面：赵俊红
地址：北京市海淀区中关村大街 22 号	编辑：付寒冰
中科大厦 A 座 10 层	校对：毕明燕
邮编：100190	开本：787 mm×1092 mm　1/16
网址：www.bhp.com.cn	印张：17
电话：010-82620818（总机）转发行部	字数：435 千字
010-82626237（邮购）	印刷：三河市中晟雅豪印务有限公司
经销：各地新华书店	版次：2024 年 8 月 1 版 1 次印刷

定价：59.80 元

前言 PREFACE

  C# 是由微软公司开发的一种面向对象的、类型安全的计算机编程语言。它综合了 C++ 和 Java 语言的优点，剔除了 C++ 和 Java 中不易理解和难于掌握的概念和用法，具有强大的功能，是 .NET 框架的主要开发语言。经过几个版本的演化，C# 的语法更加丰富和成熟。依托 .NET 环境，借助 Microsoft Visual Studio 集成开发工具，C# 具备强大的开发能力，被广泛应用于各种软件开发领域，包括桌面应用程序、Web 应用程序、移动应用程序等。

  为了帮助读者快速掌握 C# 编程的基本知识和技能，本书从 C# 基本语法开始，逐步深入到面向对象编程、线程操作、异常处理、文件操作、数据访问、Web 程序开发、窗体程序开发等更复杂的内容。每部分内容都通过实例代码进行详细介绍，以帮助读者理解和应用这些知识，使读者能够更好地掌握 C# 语言的编程方法，更快地具备 C# 语言应用开发能力。当然，必须承认，学习编程语言是一件需要时间和努力实践的事情，不可能通过一本书就成为编程高手，但是希望本书能成为读者学习 C# 语言的一个良好的起点，为将来的职业生涯打下坚实的基础。

  本书具有以下特点：

  ➢ 体系完整，涵盖面广

  本书不仅包含 C# 语言的基础知识，还包括 C# 语言的核心技术及应用开发方面的内容，形成了一个完整的学习体系。

  ➢ 结构合理，易于学习

  本书采用通俗易懂的讲解风格，尽量避免出现晦涩难懂的描述，结合实例讲解降低读者的理解难度。

  ➢ 注重实用，实例丰富

  学习计算机编程语言的目的是为了实用，因此书中包含了大量的实例代码，以帮助读者将理论知识转化为实际应用技能，尽快胜任 C# 实际项目的开发工作。

  本书既可作为应用型本科院校、职业院校计算机及相关专业的教材，也可作为从事 C# 语言开发的程序人员的参考用书。

本书由重庆安全技术职业学院王永涛、徐州生物工程职业技术学院唐敏、河北省机电工程技师学院牛艳丽担任主编，由曹县技工学校杜栋玲、江西旅游商贸职业学院万波、重庆三峡职业学院幸荔芸、山东省潍坊市临朐县技工学校王玉、佛山高明职业技术学校卢日德、昌吉职业技术学院鲍豫鸿、河北女子职业技术学院杨立辉、成都光华技工学校陈思翼等人担任副主编。

　　由于本书涉及面广，加之编者水平有限，书中难免会有一些不足之处，望读者批评指正。

编　者
2024 年 2 月

目 录

第 1 章　C# 与 .NET 概述 1

1.1　C# 语言简介 1
1.1.1　C# 语言的特点 1
1.1.2　C# 与其他面向对象语言的比较 2

1.2　.NET 环境 2
1.2.1　C# 与 .NET Framework 的关系 3
1.2.2　.NET Framework 的组成及发展历史 3

1.3　C# 创建 .NET 应用程序 5
1.3.1　C# 开发工具——Visual Studio 2022 介绍 5
1.3.2　创建 ASP.NET 的 Web 程序 6
1.3.3　创建 Windows 程序 10
1.3.4　创建类库 16

习题 18

第 2 章　C# 基本语法 19

2.1　C# 的程序结构 19

2.2　基本语法 20
2.2.1　命名空间、标识符与关键字 20
2.2.2　类与方法 22
2.2.3　语句与注释 23

2.3　变量和常量 24
2.3.1　变量 24
2.3.2　常量 25

2.4　数据类型 25
2.4.1　常用的值类型 26
2.4.2　引用类型 30

2.5 运算符和表达式 ································· 33
  2.5.1 运算符 ································· 34
  2.5.2 表达式 ································· 36
2.6 流程控制 ····································· 37
  2.6.1 条件语句 ······························· 37
  2.6.2 循环语句 ······························· 40
  2.6.3 跳转语句 ······························· 43
2.7 常用的预处理器指令 ························· 44
  2.7.1 #region 与 #endregion ················ 44
  2.7.2 #if...#else 与 #endif ················· 45
习题 ··· 45

第 3 章 类和结构   46

3.1 面向对象程序设计 ····························· 46
  3.1.1 面向对象程序设计的由来 ············ 46
  3.1.2 面向对象的概念举例 ················· 47
3.2 类的定义 ······································· 48
  3.2.1 类的声明 ······························· 48
  3.2.2 类的数据成员 ·························· 49
  3.2.3 类的成员函数 ·························· 50
  3.2.4 类的静态成员 ·························· 50
  3.2.5 类成员的保护机制 ····················· 52
  3.2.6 object 类 ································ 52
3.3 类的初始化、赋值和析构 ····················· 52
  3.3.1 类的初始化 ···························· 53
  3.3.2 类的构造函数 ·························· 54
  3.3.3 类的析构函数 ·························· 56
  3.3.4 按成员赋值 ···························· 56
3.4 类的方法 ······································· 57
  3.4.1 方法的声明方式 ······················· 57
  3.4.2 方法设计的一般准则 ················· 58
  3.4.3 方法中的参数 ·························· 59
  3.4.4 静态方法与非静态方法 ·············· 62

3.4.5　方法的返回值 ·· 63
　　　3.4.6　方法的重载 ·· 64
　3.5　类的属性 ··· 65
　　　3.5.1　属性的定义 ·· 65
　　　3.5.2　属性的访问 ·· 66
　3.6　结构 ·· 67
　　　3.6.1　结构的定义 ·· 67
　　　3.6.2　结构的使用 ·· 68
　　　3.6.3　结构与类的比较 ······································· 69
　习题 ··· 70

第 4 章　继承 ·· 71

　4.1　继承机制简介 ·· 71
　　　4.1.1　继承的定义 ·· 71
　　　4.1.2　继承中的基本概念 ···································· 72
　　　4.1.3　何时使用继承 ·· 73
　4.2　多态性 ··· 74
　　　4.2.1　多态性的定义 ·· 74
　　　4.2.2　虚方法 ·· 75
　　　4.2.3　派生类中虚方法的重载 ······························· 76
　4.3　继承的类型 ·· 77
　　　4.3.1　公有继承 ··· 77
　　　4.3.2　受保护的继承 ·· 78
　　　4.3.3　私有继承 ··· 79
　4.4　抽象与密封 ·· 79
　　　4.4.1　抽象类与抽象方法 ···································· 80
　　　4.4.2　密封类与密封方法 ···································· 82
　习题 ··· 83

第 5 章　接口 ·· 84

　5.1　接口概述 ··· 84
　　　5.1.1　接口的概念 ·· 84

5.1.2 接口的组成 ·············· 85
5.2 接口的定义 ····················· 85
　　5.2.1 接口的声明方式 ·········· 85
　　5.2.2 接口的继承方式 ·········· 86
5.3 接口的实现 ····················· 87
　　5.3.1 类对接口的实现 ·········· 88
　　5.3.2 多接口继承 ··············· 89
　　5.3.3 显式地实现接口 ·········· 90
　　5.3.4 抽象类与接口的区别 ····· 92
习题 ································· 92

第6章 字符串与数字的操作 ········ 93

6.1 字符串简介 ····················· 93
　　6.1.1 字符串的表示 ············· 93
　　6.1.2 String 类 ·················· 94
　　6.1.3 StringBuilder 类 ········· 95
6.2 字符串的转换操作 ············· 95
　　6.2.1 字符串的分割 ············· 95
　　6.2.2 子串的获取 ··············· 96
　　6.2.3 字符串的比较 ············· 97
　　6.2.4 字符串的合并 ············· 98
　　6.2.5 字符串的格式 ············· 99
　　6.2.6 字符串的替换、查找与删除 ········· 100
　　6.2.7 字符串的其他操作 ······ 101
6.3 数字的转换操作 ·············· 101
　　6.3.1 显式的数字转换 ········· 102
　　6.3.2 数字与字符串和其他类型数字类型的转换 ········· 102
习题 ································ 104

第7章 泛型与集合 ················ 105

7.1 泛型 ···························· 105
　　7.1.1 泛型的定义 ·············· 105

7.1.2　使用泛型 ·· 107
7.2　集合简介 ·· 109
7.3　非泛型集合的使用 ·· 110
　　7.3.1　ArrayList 集合 ··· 110
　　7.3.2　Queue 集合 ·· 112
　　7.3.3　Stack 集合 ··· 113
　　7.3.4　HashTable 集合 ··· 114
7.4　泛型集合的使用 ·· 116
　　7.4.1　Queue 与 Stack 形式的泛型集合 ··························· 116
　　7.4.2　List 形式的泛型集合 ··· 118
习题 ·· 119

第8章　线程操作　120

8.1　线程简介 ·· 120
　　8.1.1　多线程 ·· 120
　　8.1.2　Thread 类 ··· 121
　　8.1.3　线程的状态 ·· 121
　　8.1.4　线程的优先级 ·· 122
8.2　线程的基本操作 ·· 123
　　8.2.1　线程的声明 ·· 123
　　8.2.2　线程的启动 ·· 124
　　8.2.3　线程的暂停 ·· 125
　　8.2.4　线程的终止 ·· 125
　　8.2.5　线程如何调用资源 ··· 127
8.3　委托与事件 ··· 128
　　8.3.1　使用委托的意义和使用方式 ································· 128
　　8.3.2　简单的委托示例 ··· 131
　　8.3.3　事件概述 ·· 133
　　8.3.4　委托与事件的关系 ··· 135
8.4　多线程处理 ··· 137
　　8.4.1　多线程的工作方式 ··· 138
　　8.4.2　线程池 ·· 139
　　8.4.3　线程的同步 ·· 140

　　　　8.4.4　使用共享资源 …………………………… 145
习题 …………………………………………………………… 147

第9章　异常处理与程序调试 …………………………………… 148

9.1　异常处理机制 …………………………………………… 148
　　9.1.1　异常处理流程 ……………………………………… 148
　　9.1.2　异常类 ……………………………………………… 149
9.2　异常处理 ………………………………………………… 150
　　9.2.1　捕获并处理异常 …………………………………… 151
　　9.2.2　抛出异常 …………………………………………… 154
9.3　程序调试 ………………………………………………… 155
　　9.3.1　断点调试 …………………………………………… 155
　　9.3.2　启动、中断、继续和停止程序调试 ……………… 158
　　9.3.3　逐语句执行和逐过程执行 ………………………… 160
　　9.3.4　监视调试状态 ……………………………………… 160
习题 …………………………………………………………… 163

第10章　文件与流 ……………………………………………… 164

10.1　目录操作 ……………………………………………… 164
　　10.1.1　创建目录 ………………………………………… 164
　　10.1.2　删除目录及子目录 ……………………………… 165
　　10.1.3　获取目录下文件信息 …………………………… 166
　　10.1.4　获取目录信息 …………………………………… 167
10.2　文件操作 ……………………………………………… 168
　　10.2.1　创建文件 ………………………………………… 168
　　10.2.2　复制文件和删除文件 …………………………… 168
　　10.2.3　加密与解密文件 ………………………………… 169
　　10.2.4　读取和修改文件内容 …………………………… 170
10.3　流操作 ………………………………………………… 171
　　10.3.1　流的概念 ………………………………………… 171
　　10.3.2　使用流读取文件 ………………………………… 171
　　10.3.3　使用流写入文件 ………………………………… 173

　　　　10.3.4　二进制文件的读取和写入 ································· 175
　习题 ··· 175

第 11 章　数据访问 ·· 176

　11.1　常用的数据库 ·· 176
　11.2　.NET 下的数据库连接方式 ·· 178
　　　　11.2.1　通过字符串连接数据库 ·· 178
　　　　11.2.2　通过控件连接数据库 ··· 179
　11.3　ADO.NET 概述 ··· 184
　　　　11.3.1　ADO.NET 的设计目标 ··· 184
　　　　11.3.2　ADO.NET 的结构 ··· 184
　　　　11.3.3　ADO.NET 与 ADO 的区别 ··································· 185
　11.4　SQL Server 数据库处理 ·· 185
　　　　11.4.1　利用 ADO.NET 连接 SQL Server 数据库 ··············· 185
　　　　11.4.2　利用 ADO.NET 执行 SQL Server 数据库的
　　　　　　　　处理命令 ··· 187
　　　　11.4.3　SQL Server 数据库处理示例 ································· 188
　11.5　利用 DataSet 类管理读取的数据 ·· 189
　　　　11.5.1　DataSet 类中的表 ··· 189
　　　　11.5.2　DataSet 的表关系 ··· 191
　　　　11.5.3　如何在 DataSet 中添加表 ···································· 193
　　　　11.5.4　填充 DataSet ·· 193
　　　　11.5.5　获取 DataSet 中的数据 ······································· 195
　　　　11.5.6　利用 DataSet 更新数据 ······································· 196
　习题 ··· 197

第 12 章　ASP.NET 的 Web 程序开发 ································ 198

　12.1　ASP.NET 介绍 ·· 198
　　　　12.1.1　什么是 ASP.NET ·· 198
　　　　12.1.2　ASP.NET 的工作方式 ·· 199
　12.2　.NET 环境下 Web 页面基本控件的使用 ······························ 199
　　　　12.2.1　Label 控件 ··· 200

12.2.2 TextBox 控件 ·········· 201
12.2.3 Button 控件 ·········· 202
12.2.4 使用 ListBox 控件 ·········· 205
12.2.5 使用 DropDownList 控件 ·········· 208
12.2.6 CheckBoxList 控件 ·········· 209
12.2.7 GridView 控件 ·········· 212
12.3 网站部署的基本步骤 ·········· 218
12.3.1 部署网站的环境要求 ·········· 218
12.3.2 部署网站的步骤 ·········· 219
习题 ·········· 220

第 13 章 Windows 窗体程序的开发 ·········· 221

13.1 Windows 窗体程序开发知识简介 ·········· 221
    13.1.1 什么是 Windows 窗体程序开发 ·········· 221
    13.1.2 Windows 窗体程序的工作机制 ·········· 222
13.2 .NET 环境下 WinForm 基本控件的使用 ·········· 222
    13.2.1 Label 控件的使用 ·········· 223
    13.2.2 TextBox、RichTextBox 与 Button 控件的使用 ·········· 225
    13.2.3 TreeView 控件的使用 ·········· 227
    13.2.4 ProgressBar 控件的使用 ·········· 230
    13.2.5 WebBrowser 控件的使用 ·········· 231
    13.2.6 TabControl 控件的使用 ·········· 233
    13.2.7 MenuStrip 与 ToolStrip 控件的使用 ·········· 237
    13.2.8 OpenFileDialog 控件的使用 ·········· 241
    13.2.9 SaveFileDialog 控件的使用 ·········· 244
    13.2.10 DataGridView 控件的使用 ·········· 246
13.3 窗体 ·········· 250
    13.3.1 Form 类 ·········· 251
    13.3.2 多文档界面 ·········· 253
    13.3.3 自定义控件 ·········· 256
习题 ·········· 259

参考文献 ·········· 260

第 1 章
C# 与 .NET 概述

C#（读作 C sharp）是微软公司开发的一种面向对象的程序设计语言。C# 与 .NET 平台高度集成，可充分利用 .NET 平台公开、庞大的 API 库。依托微软公司的集成开发环境 Visual Studio，C# 具备很高的开发效率，利用 C# 能够快速开发出功能强大的应用程序。本章主要介绍 C# 与 .NET 环境及 C# 应用程序的建立等知识，内容包括：

※ C# 语言简介
※ .NET 环境
※ C# 创建 .NET 应用程序

1.1 C# 语言简介

C# 是在 C 和 C++ 基础上开发出来的一种完全面向对象的编程语言，它不需要程序员进行内存管理，是一种更安全的编程语言。由于 C# 语言的语法和当今主流的开发语言（如 Java）非常相似，因此学习起来相对轻松。本节主要介绍 C# 语言的特点及其与其他面向对象语言的比较。

1.1.1 C# 语言的特点

C# 是微软公司专门为 .NET 平台创建的程序语言之一，是 .NET 公共语言运行环境的内置语言。.NET 为 C# 提供了一个强大的、易用的、逻辑结构一致的程序设计环境，由 C# 编写的所有代码总是在 .NET 平台上运行。C# 语言功能强大，主要有以下特点：

- 语法简单。C# 属于 C 系语言，在语法方面继承了 C 和 C++ 语言的绝大部分特点。同时，C# 舍弃了 C++ 中的指针操作符，只保留了"."操作符来访问对象的成员，这样既简化了操作又保证了安全（因为避免了直接操作内存）。此外，C# 还明确了值的类型，使 C++ 中模糊的比较操作不会再出现。
- 面向对象的设计。C# 是完全面向对象的语言，具备面向对象语言的特性：封装、继承与多态。C# 提供装箱与拆箱操作来封装和获取对象，从而减轻程序员的负担。C# 语言只允许单继承，即一个类只有一个基类。如果用户要实现多继承，可

1

以将某些功能设计为接口，然后由继承类实现接口功能以实现多继承。
- 类型安全。C#是强类型语言，使用了严格的类型安全机制，例如，C#中不能使用没有初始化的变量；C#的变量在进行转化时，必须指明转换成的数据类型，即取消了不安全的类型转换。
- 与Web紧密结合。利用C#语言可以直接开发出与Web相关的应用，如ASP.NET网站。

1.1.2 C#与其他面向对象语言的比较

C++与Java是两种典型的面向对象语言，C#语言的语法和这两种语言有很多相似之处，但也有区别。

1. C#与C++的比较

C#与C++都是面向对象的语言，C++是C#的基础，但两者也有几点显著的区别：C#不能直接操作内存，而是由统一的垃圾回收机制来管理内存的申请和释放；C++是可以操作内存的，它由程序开发人员来管理内存的申请和释放。C#是完全面向对象的，不存在全局变量和全局函数；C++虽然也是面向对象的，但它仍然保留部分面向过程的特征。C#摒弃了C++中类可以继承多个类（多重继承）的特征，而是采用接口来实现类的多重继承，从而减轻了开发者管理多个类初始化的负担。

2. C#与Java的比较

从语言设计角度看，C#与Java基本上没有区别，它们都需要运行在"虚拟平台"上，但C#提供了一个委托，用于封装命名方法或匿名方法，而Java却没有相应的方法来实现相似的功能。

> **技巧**：学习一种编程语言时，可以思考另一种编程语言对应的语法。通过类比学习，能够提高编程语言的掌握速度，同时了解不同编程语言的特点。

1.2 .NET环境

.NET是微软推出的一个免费、跨平台、开源的开发人员平台，用于生成许多不同类型的应用。利用.NET平台，可以使用多种语言、编辑器和库来构建Web、移动、桌面、游戏和物联网（Internet of things，IoT）等不同类型的应用。

1. .NET包含的技术

.NET历经二十多年的发展，已经成为一个功能强大且灵活的开发平台（或称框架），包含了诸多的技术领域。这些技术领域包括：
- 桌面应用程序开发技术。
- 数据存取技术。
- Web开发技术。
- 插件技术。

- 函数式编程语言 F#。
- 微服务技术。
- 云服务技术。

随着 2014 年微软公司将 .NET 开源，.NET 发展得更快了。现在 .NET 有三个平台：.NET Framework、Mono 和 .NET Core。本书所讲内容主要是建立在 .NET Framework 平台上的。

2. .NET 的特性

.NET 的核心特性包括以下几个方面：
- 跨平台性。.NET 支持多种操作系统，包括 Windows、Linux 和 mac OS，这意味着开发者可以使用同一套代码来开发适用于不同平台的应用程序。
- 集成式开发环境。.NET 提供了一套集成的开发环境 Visual Studio，利用此工具可以帮助开发者高效地编写、调试和部署应用程序。

1.2.1 C# 与 .NET Framework 的关系

C# 是微软公司专门为 .NET Framework 设计的一种编程语言，它所使用的很多类都是由 .NET Framework 封装的。当程序员编写完代码后，编译器会将代码转换成 .NET Framework 能够识别的中间代码，然后将代码托管给 .NET Framework 管理。

需要注意的是，C# 是一种语言，而 .NET Framework 是一个开发环境，虽然 C# 是专门针对 .NET Framework 开发的，但是两者不能理解为同一个东西。C# 与 .NET Framework 的关系类似应用程序与 Windows 的关系：在 Windows 环境中，Windows 负责管理所有安装的应用程序，负责给这些应用程序分配资源和回收资源；应用程序不能直接去操作各种资源，只能通过 Windows 提供的一些功能接口来访问系统的资源。

为了介绍方便，本书将 .NET Framework 提供的类库和相关功能统一称为 C# 提供的功能，但实际上两者还是有区别的。

1.2.2 .NET Framework 的组成及发展历史

.NET Framework 是 .NET 平台的关键组件，提供了 .NET 程序运行时的支持和功能强大的类库。从开发应用软件的程序员角度来看，.NET Framework 用易于理解和使用的面向对象的方式调用 Windows 操作系统所提供的各种系统功能。.NET Framework 在整个 .NET 软件体系结构中的地位如图 1-1 所示。

.NET Framework 由公共语言运行库（common language runtime, CLR）和类库组成，其中，CLR 是 .NET Framework 的基础，主要负责程序的执行管理，包括代码执行、内存管理、线程执行以及代码安全性验证等。

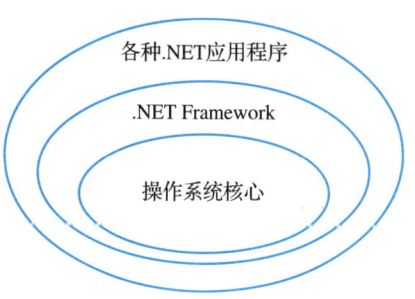

图 1-1 .NET 软件体系结构

对象产生时内存的分配、回收对象时释放资源等都是由 .NET Framework 的公共语言运行库来管理的，因此不会出现当需要使用某个对象时却无法调用或者调用了错误的信息的情况；也不会出现当使用完某个对象后，因为忘记释放这个对象占用的资源而造成后面的程序需要使用新的内存空间时却没有内存可用的情况。

.NET Framework 的公共语言运行库还管理着托管的代码。程序员编写的代码首先被转化为中间代码，然后再转化为 .NET Framework 可识别的专用代码。由于在公共语言运行库中，每种语言编写的代码转化为专用代码后都是一样的，因此编译后的代码可以互相使用。也就是说，在 .NET Framework 上用各种语言编写的类可以互相通信。例如，用 VB.NET 编写的类，可以在 C# 编写的方法中作为参数使用。

.NET Framework 的类库是指由微软公司提供的、封装好的、能进行各种特殊处理的类，如字符串类、线程类等。这些类库位于不同的命名空间中，在这些命名空间中可能存在同名称的类，但是由于存在于不同的命名空间中，因此也是唯一的。

.NET Framework 的类库可以完成许多原先需要调用 Windows API 才能完成的任务。它将类的方法和属性的名称设置得简单易懂，例如，转化为字符串的方法名称为 ToString，得到变量类型的方法名称为 GetType，变量名称的属性为 Name。通俗易懂的类名、方法名和属性名大大降低了学习的难度，加快了开发的进度。为了介绍方便，本书将 .NET Framework 的类库统称为 C# 的类库。

基于 .NET Framework 环境开发时，可以将代码委托给 .NET Framework 管理，并且能够非常方便地调用 .NET Framework 的类库来完成许多功能。基于 .NET Framework 开发的代码，编译器会将其先编译为中间代码，然后将中间代码传递给 .NET Framework，.NET Framework 会根据中间代码分配适当内存及调用相关的类库，最后生成操作系统能识别的机器指令，具体过程如图 1-2 所示。

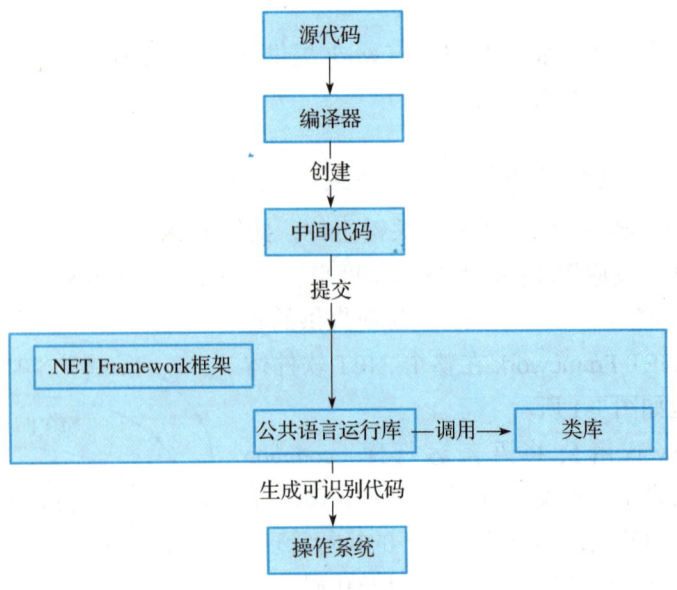

图 1-2　基于 .NET Framework 的流程

> **说明**：可以将 .NET Framework 框架理解为一个管理器，它提供各种接口，作为机器和人的中间体。类似于现实世界中的货币，货币可作为人和物品的中间转换体。

截至 2024 年，.NET Framework 的常用版本主要有 6 个，分别是 .NET Framework 2.0、.NET Framework 3.0、.NET Framework 3.5、.NET Framework 4、.NET Framework 4.5、.NET Framework 4.8。目前最高版本是 4.8.1，常用的是 4.8、4 和 3.5 版本，其中每个版本都提供了相应的补丁程序来修补原先设计不够完善的地方。

对于没有安装 .NET Framework 框架的用户，可以在微软官网上下载 .NET Framework 框架，建议选择较高的 4.5 版本或更新更稳定的版本，下载完成后安装即可；也可以直接安装微软的集成开发环境 Visual Studio，此集成开发环境在安装时会自动将 .NET Framework 安装好。

安装好 .NET Framework 框架后，便可以运行 C# 编写的程序了。

1.3 C# 创建 .NET 应用程序

.NET 应用程序包括很多种类型，如 Web 应用、云应用、桌面应用、移动应用、游戏应用、物联网应用、微服务应用等类型，其中有三种最基本、最常用的类型：ASP.NET 程序，Windows 窗体程序，类库程序（类库程序中包含类的定义和实现，可以被其他程序调用，但不能作为单一的程序独立运行）。本节将简单介绍如何用 C# 创建这三种类型的程序。

要用 C# 创建 .NET 应用程序，要先安装好 C# 的开发环境。

1.3.1 C# 开发工具——Visual Studio 2022 介绍

微软公司的 Visual Studio（即 VS）集成开发环境是开发 C# 程序的主要工具，VS 已经有很多版本，表 1-1 给出了 VS 与 .NET Framework、C# 各版本相匹配的对应关系。

表 1-1 VS 与 .NET Framework、C# 各版本的对应关系

Visual Studio 版本	.NET Framework 版本	C# 版本
Visual Studio 2002	.NET Framework 1.0	C# 1.0
Visual Studio 2003	.NET Framework 1.1	C# 1.1
Visual Studio 2005	.NET Framework 2.0	C# 2.0
Visual Studio 2008	.NET Framework 3.5	C# 3.0
Visual Studio 2010	.NET Framework 4.0	C# 4.0
Visual Studio 2012	.NET Framework 4.5	C# 5.0
Visual Studio 2013	.NET Framework 4.5.1	C# 5.0
Visual Studio 2015	.NET Framework 4.6	C# 6.0

(续表)

Visual Studio 版本	.NET Framework 版本	C# 版本
Visual Studio 2017	.NET Framework 4.6.2-4.7	C# 7.0
Visual Studio 2019	.NET Framework 4.8	C# 8.0
Visual Studio 2019	.NET 5	C# 9
Visual Studio 2022	.NET 6	C# 10
Visual Studio 2022	.NET 7	C# 11

目前，VS 最新的版本是 2022，可以选择最新版本，当然也可以选择以前的稳定版本，如安装 .NET Framework 4.6 的 VS 2017 或者 VS 2015。对于初学者来说，学习 C# 的基本功能，采用 VS 2012 及以上版本都是可以的，建议还是尽量选择较高的版本，读者可根据自己计算机的具体情况进行版本选择。

VS 2022 分社区版、专业版和企业版，其中社区版是免费的，对于学生和个人开发使用非常合适。VS 2022 社区版可在微软公司官方网站上下载（下载网址为 https://visualstudio.microsoft.com/zh-hans/downloads/），下载后在机器上安装，安装好就可以使用了。具体安装过程比较简单，在选择"工作负荷"时，应将"ASP.NET 和 Web 开发""NET 桌面开发""通用 Windows 平台开发"三项都勾选（见图 1-3），这样便可进行 Web 和通用 Windows 平台的开发了。若安装时未选择这些选项，使用时再安装亦可。其他不再赘述。

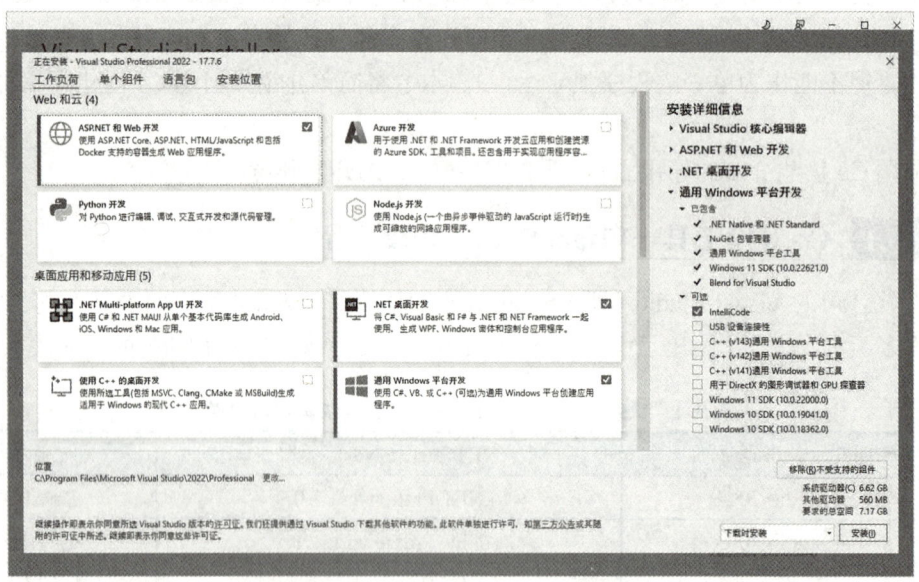

图 1-3　安装 VS 2022 时选择工作负荷

1.3.2　创建 ASP.NET 的 Web 程序

ASP.NET 是微软设计的一种 Web 程序的开发模式。Web 程序主要用于客户在不安装软件的情况下通过浏览器使用某些功能，它可以用 C# 编写，也可以用其他语言编写。

在 VS 2022 中可以创建 Web 程序。

【实例 1-1】创建一个 ASP.NET 的 Web 程序。

具体步骤如下：

（1）打开 VS 2022，选择"创建新项目"，弹出如图 1-4 所示的对话框，选择"ASP. NET Core Web 应用"选项，单击"下一步"按钮，会弹出如图 1-5 所示的对话框，在此对话框中配置好项目名称、位置、解决方案名称，还可勾选"将解决方案和项目放在同一目录中"选项（勾选后，目录少一层），然后单击"下一步"按钮，会继续弹出一个如图 1-6 所示的对话框，在此对话框中设置框架、身份验证类型、配置 HTTPS 与启用 Docker（勾选后，可选择 Docker OS，这里不勾选此项），然后单击"创建"按钮。待创建完成后，会随即打开刚创建的新项目，初始界面如图 1-7 所示。

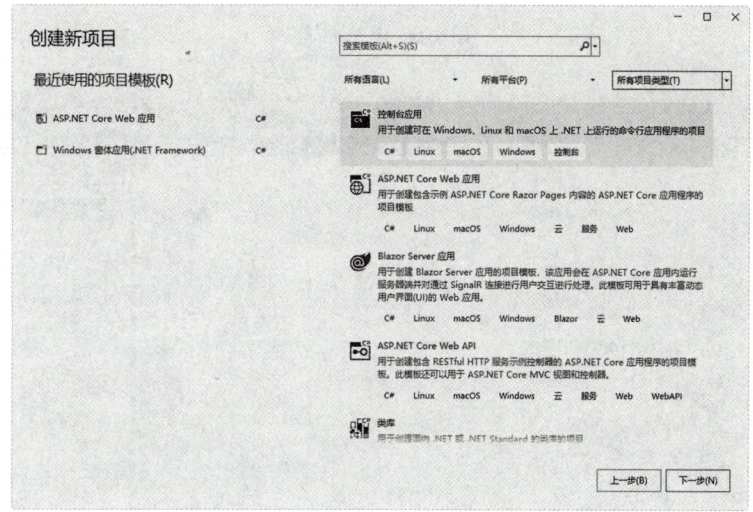

图 1-4　创建新项目

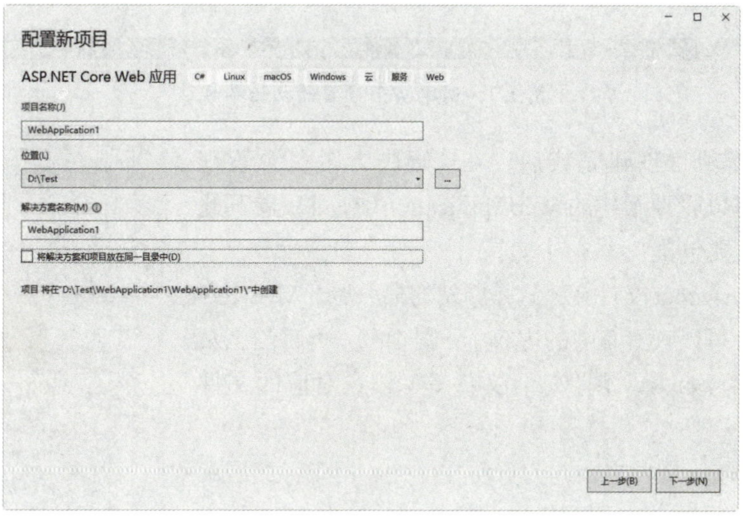

图 1-5　配置新项目

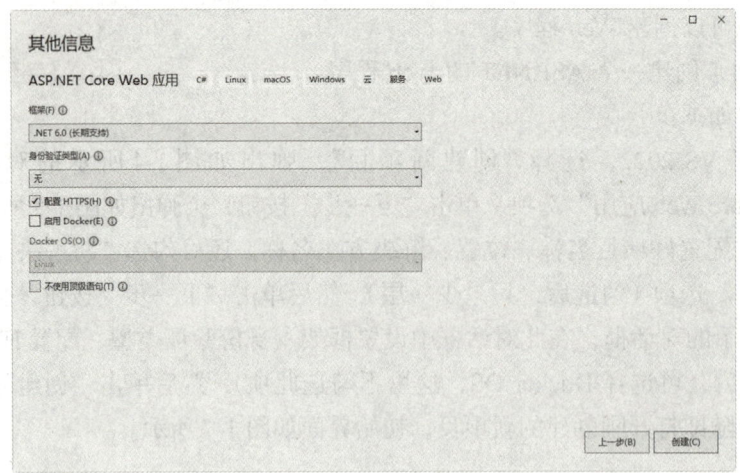

图 1-6 其他信息

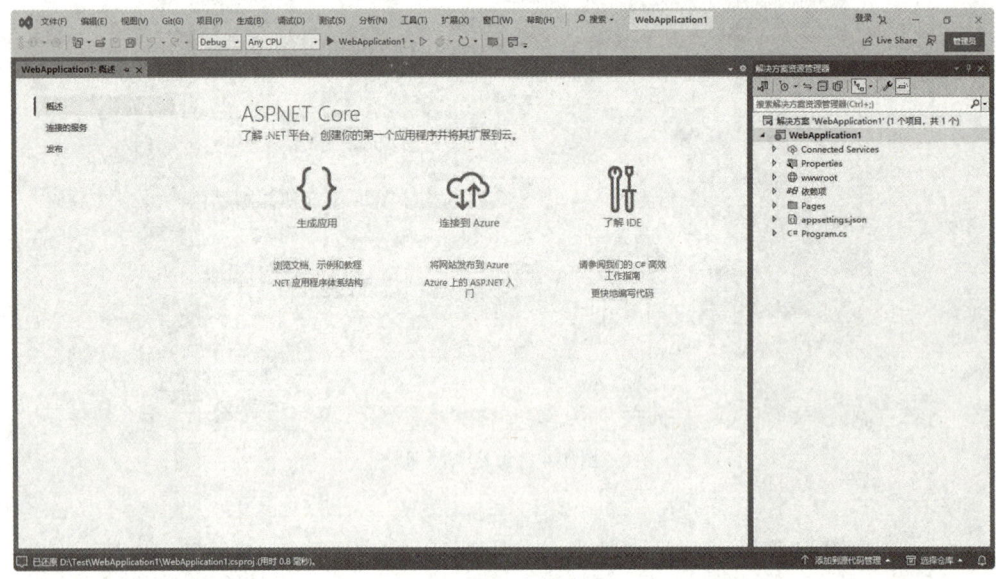

图 1-7 创建 Web 项目的初始界面

一个 Web 项目创建完成后，在"解决方案资源管理器"视图中可以看到新建的 WebApplication1 项目，展开此项目，其中主要包含：

- 一个 wwwroot 文件夹，它是网站的根。展开 wwwroot 文件夹可以查看其中的内容（见图 1-8），可将静态站点内容（如 css、图像、js 文件等）放在对应的文件夹中。
- 一个 Pages 文件夹，此为页面文件夹，用于存放展示给用户看的 Web 页面。展开的 Pages 文件夹如图 1-9 所示，其中 index.cshtml 为默认的网站首页文件，

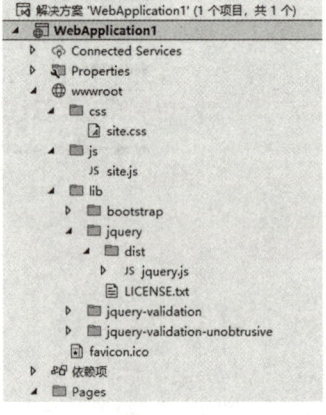

图 1-8 展开 wwwroot 文件夹

index.cshtml.cs 为 index.cshtml 相关联的代码文件，用于处理通过 index 页面提交的用户请求。C# 程序中每个 cshtml 页面文件都有其对应的代码文件。单击页面文件或对应的代码文件便可以在编辑器中打开该文件，查看到文件的具体内容。

- 一份 appsettings.json 文件，该文件负责在运行时管理 Web 应用的配置文件。应用程序配置默认存储在 appsettings.json 文件中，也可以使用 appsettings.Development.json 文件中的配置替代这些设置。展开 appsettings.json 文件可以查看 appsettings.Development.json 文件，如图 1-10 所示。

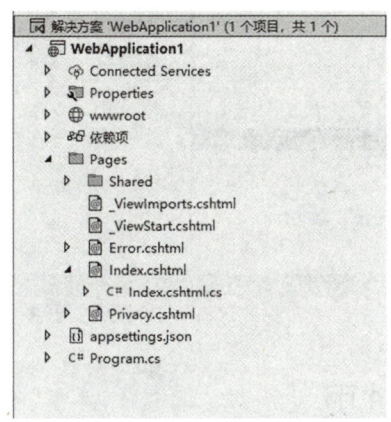

图 1-9　展开 Pages 文件夹

图 1-10　展开 appsettings 文件

（2）选择 index.cshtml 页面单击，在编辑器中打开此页面，可查看其内容，如图 1-11 所示。将页面中的"Welcome"修改为"这是我的测试页"，然后保存。

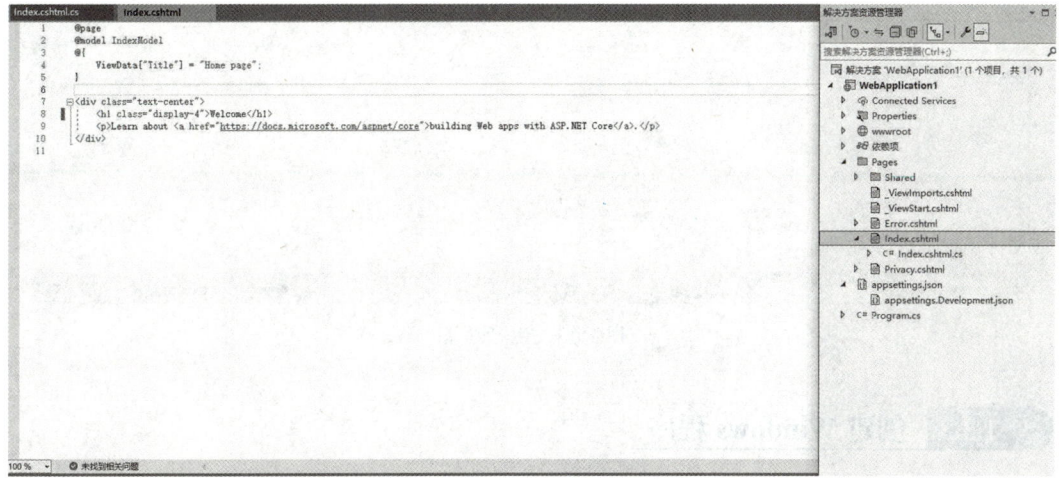

图 1-11　index.cshtml 页面

（3）在工具栏中选择"IIS Express"选项（见图 1-12），再单击后面的"开始执行（不调试）" ▷ 按钮，或按"Ctrl+F5"组合键，也可以从菜单栏中选择"调试"→"开始执行（不调试）"菜单项，都可以运行此项目，执行结果如图 1-13 所示。

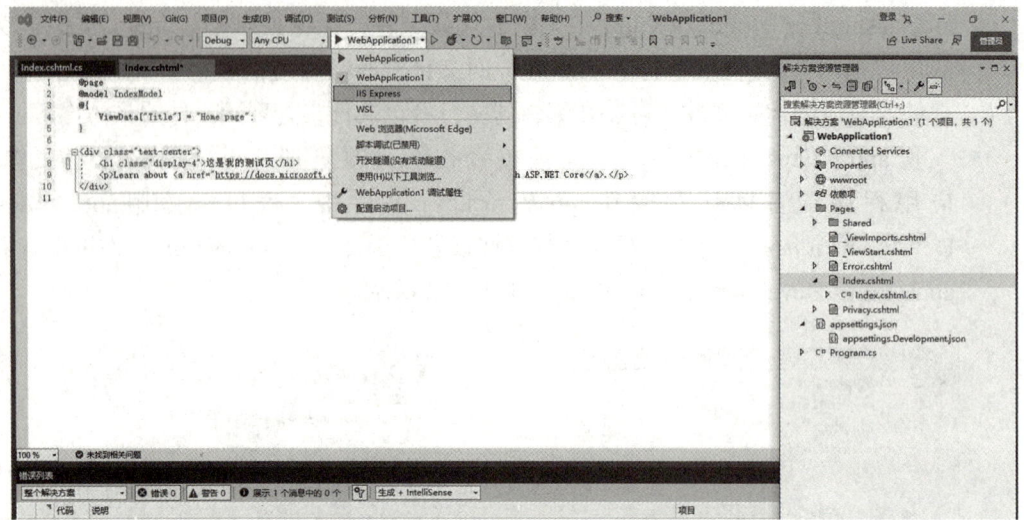

图 1-12　选择"IIS Express"按钮

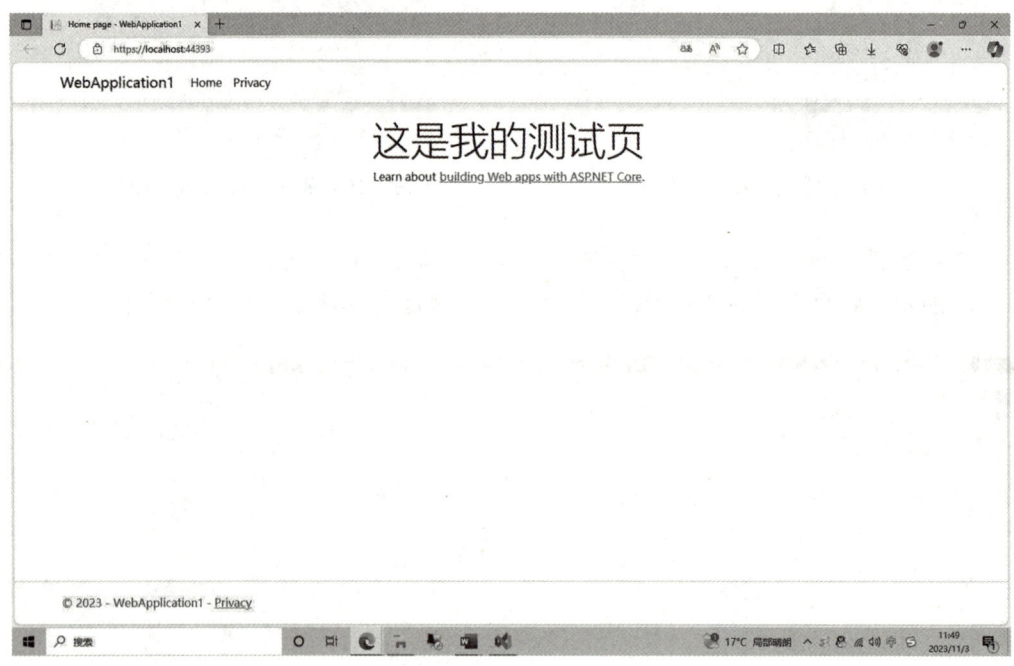

图 1-13　运行结果

1.3.3　创建 Windows 程序

　　Windows 程序是指需要在客户端安装软件后才能运行的程序。Windows 程序分为两类：一类是基于 Windows 窗体的程序，另一类是基于控制台的程序。基于 Windows 窗体的程序类似于 Windows 系统，每一种操作都会弹出一个窗口提示用户进行操作。控制台程序类似于 DOS 系统，需要用户输入命令完成程序的运行。现在，使用 C# 开发控制台程序相对较少。

1. 创建 Windows 窗体程序

【实例 1-2】创建一个 Windows 窗体程序。

（1）打开 VS 2022，选择"创建新项目"选项，或者在打开的 VS 2022 中选择"文件"→"新建"→"项目"菜单项，会弹出"创建新项目"对话框，如图 1-14 所示。在此对话框中有很多模板选项，为了缩小选项的范围，可以先进行筛选，对"所有语言"限定为"C#"，"所有平台"限定为"Windows"，"所有项目类型"限定为"桌面"，此时模板选项就减少了。选择"Windows 窗体应用（.NET Framework）"选项，单击"下一步"按钮，会弹出"配置新项目"对话框，如图 1-15 所示。在此对话框中设置项目名称、位置、解决方案、解决方案名称和框架等项，其中，框架选项有 6 种选择，这里选择".NET Framework 4"，然后单击"创建"按钮。待创建完成后，会随即打开刚创建的新项目，初始界面如图 1-16 所示。

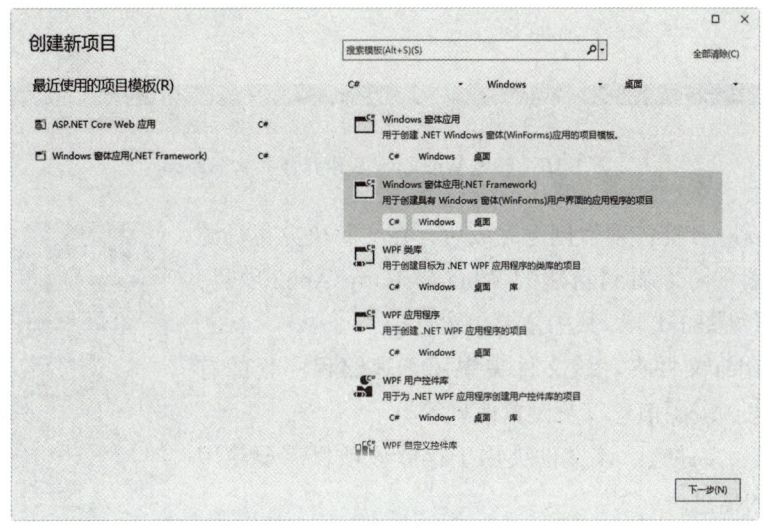

图 1-14　创建新项目

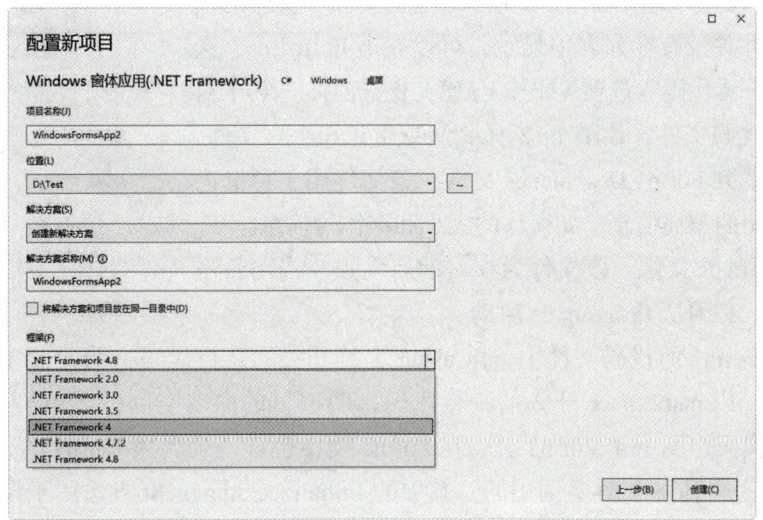

图 1-15　配置新项目

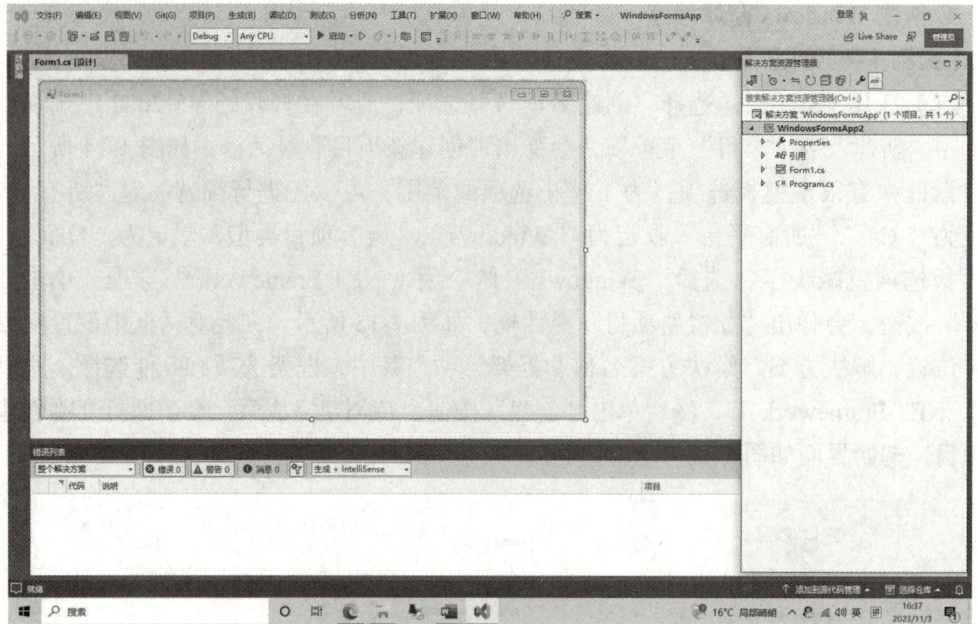

图 1-16　创建 Windows 窗体程序的初始界面

一个 Windows 窗体项目创建完成后，在"解决方案资源管理器"视图中可以看到新建的 WindowsFormsApp2 项目，展开此项目（见图 1-17），其中主要包含：

- Properties 文件夹。该文件夹中用于存储程序集的有关信息、资源信息以及设置信息等。
- "引用"文件夹。该文件夹用于存储该项目需要使用的类的信息。
- Form1.cs 文件。该文件包含两部分：一部分为展示给用户的窗体，另一部分为窗体的代码文件。窗体的代码文件并没有在列表中显示，可以右击 Form1.cs，选择"查看代码"选项（或按 F7 键）查看窗体 Form1 对应的代码文件，如图 1-18 所示。展开 Form1.cs 文件，可以看到 Form1.Designer.cs 文件，该文件用于存储窗体最初的布局信息，如窗体的大小和字体等信息。
- Program.cs 文件。该文件为项目的启动点，当项目运行时，必须从 Program.cs 启动。

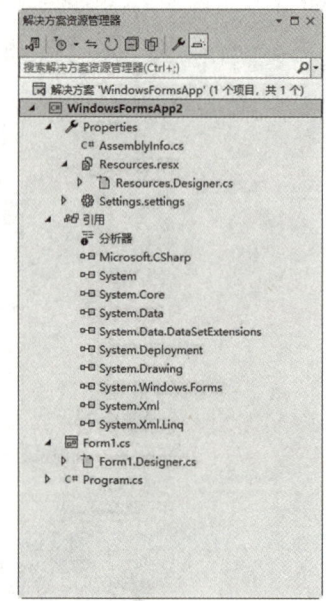

图 1-17　展开项目

在窗体 Form1 的代码文件中，以 using 字符开头的几行代码指明此窗体程序需要使用的类文件；以 namespace 开头的一行代码指明项目的命名空间；以 public partial class 开头的这行代码声明一个 Form1 类，在 Form1 类中包含一个名为 Form1 的方法（构造函数），该方法是窗体加载时要调用的，其中的 InitializeComponent 方法用于设置窗体的初始属性。

（2）在 Form1 方法中添加一行代码：this.Text = "Hello"，此时 Form1.cs 的代码如图 1-19 所示。

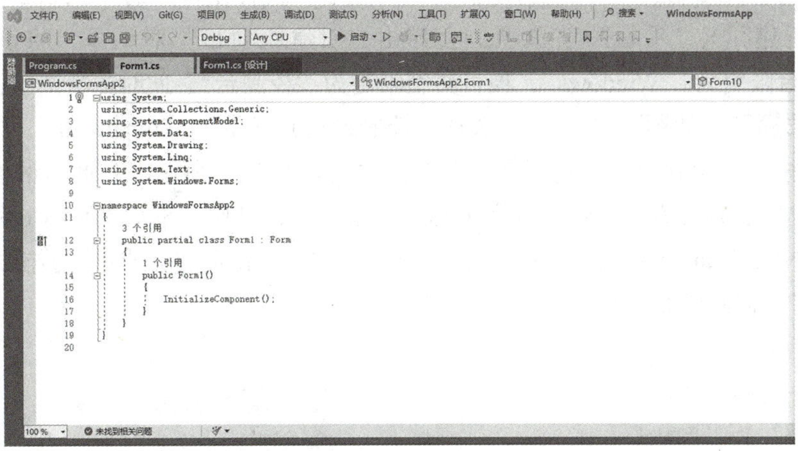

图 1-18 窗体 Form1 的代码文件

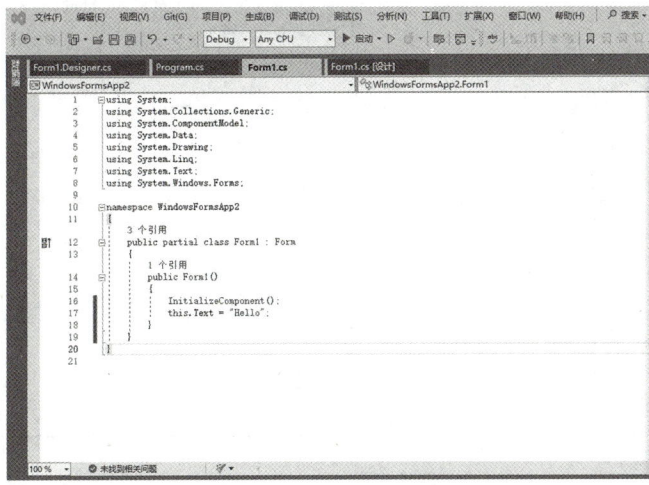

图 1-19 Form1.cs 代码

单击工具栏中的"开始执行（不调试）" ▷ 按钮，或者按"Ctrl+F5"组合键运行此程序，运行结果如图 1-20 所示。

图 1-20 Windows 窗体程序运行结果

2. 创建控制台程序

【实例 1-3】创建一个控制台程序。

（1）打开 VS 2022，选择"创建新项目"选项，或者在打开的 VS 2022 中选择"文件"→"新建"→"项目"菜单项，会弹出"创建新项目"对话框，将语言限定为"C#"，平台限定为"Windows"，项目类型限定为"控制台"，此时模板选项就只显示符合条件的选项了，如图 1-21 所示。选择"控制台应用（.NET Framework）"选项，单击"下一步"按钮，会弹出"配置新项目"对话框，如图 1-22 所示。在此对话框中设置项目名称、位置、解决方案、解决方案名称和框架等项，其中，框架选项有 6 种选择，这里选择".NET Framework 4"，然后单击"创建"按钮。待创建完成后，会随即打开刚创建的新项目，初始界面如图 1-23 所示。

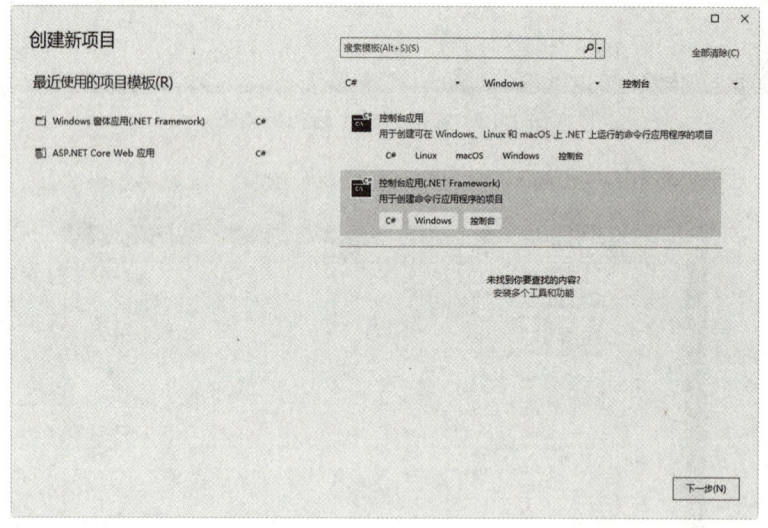

图 1-21　创建新项目

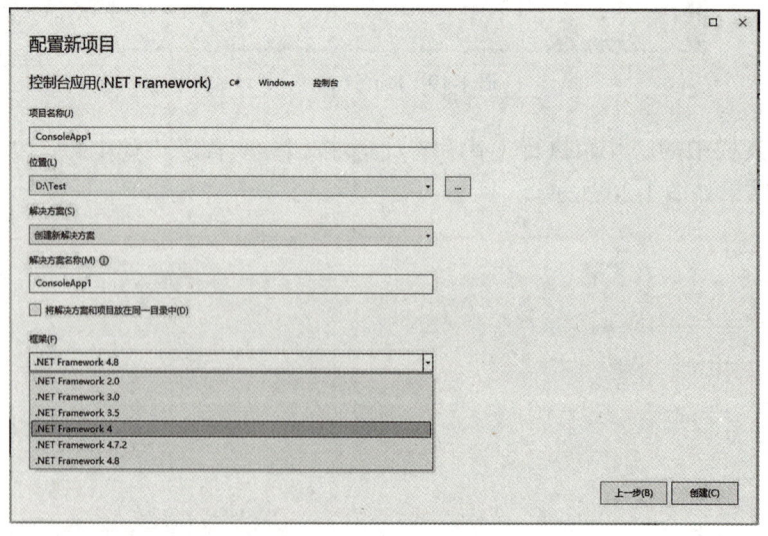

图 1-22　配置新项目

第 1 章　C# 与 .NET 概述

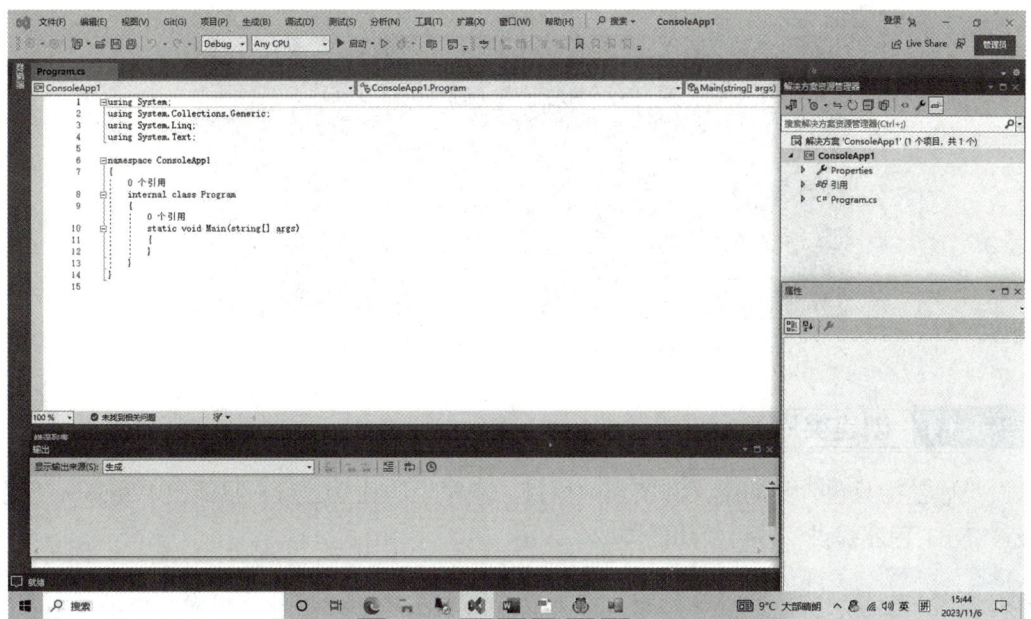

图 1-23　控制台程序的初始界面

一个控制台程序创建完成后，在"解决方案资源管理器"视图中可以看到新创建的 ConsoleApp1 项目。其中，ConsoleApp1 为 Windows 控制台程序的项目名称，Properties 与"引用"文件夹的作用与窗体程序相同，Program.cs 文件存储程序需要执行的语句。

在代码文件中，using 开头的代码指明此控制台程序需要使用的类文件；namespace 开头的一行代码指明项目的命名空间；以 internal class 开头的一行代码声明了一个 Program 类，在该类中包含一个 Main 方法，指明该程序的启动点。

（2）在 Main 方法中添加代码，实现在控制台输出"Hello world!"。具体代码如下：

```csharp
using System;                              //指明程序需要使用的类
using System.Collections.Generic;          //指明程序需要使用的类
using System.Linq;                         //指明程序需要使用的类
using System.Text;                         //指明程序需要使用的类

namespace ConsoleApp1                      //指明命名空间
{
    internal class Program                 //声明一个类
    {
        static void Main(string[] args)    //启动函数
        {
            Console.Write("Hello world!"); //输出相关信息
        }
    }
}
```

运行上面的程序，运行结果如图 1-24 所示。

> **说明**：在控制台显示"Hello world!"后，还会在其后显示"请按任意键继续…"，此时在键盘上任意按一个键，即可退出控制台程序，否则不退出控制台界面。

图 1-24　Windows 控制台程序的执行结果

1.3.4　创建类库

类库是指只包含类的定义和实现的项目。类库无法独立运行，只能给 Windows 程序或者 .NET 程序提供一些可使用的类。

> **注意**：类库没有办法独立运行，它只包含一些功能和特性。使用者可以通过引用的方式使用类库，引用类库后可以直接调用类库中已经编写好的方法。

【实例 1-4】创建和使用类库。

（1）打开 VS 2022，选择"创建新项目"选项，会弹出"创建新项目"对话框，将语言限定为"C#"，平台限定为"Windows"，如图 1-25 所示。选择"类库"选项，单击"下一步"按钮，会弹出"配置新项目"对话框，如图 1-26 所示。设置好项目名称、位置、解决方案、解决方案名称等项，单击"下一步"按钮，会继续弹出一个"其他信息"对话框，如图 1-27 所示。在此对话框中设置类库的框架，按系统默认即可［默认为 .NET 6.0（长期支持）］，然后单击"创建"按钮。待创建完成后，会随即打开刚创建的新项目，初始界面如图 1-28 所示。

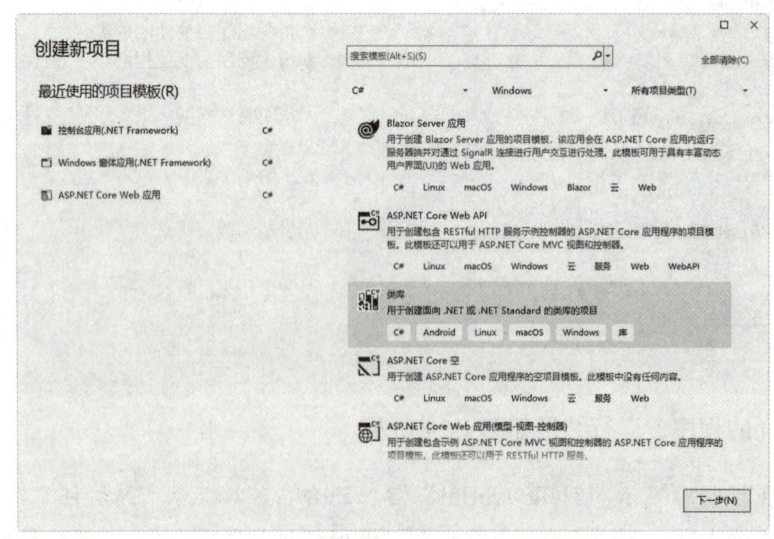

图 1-25　创建新项目

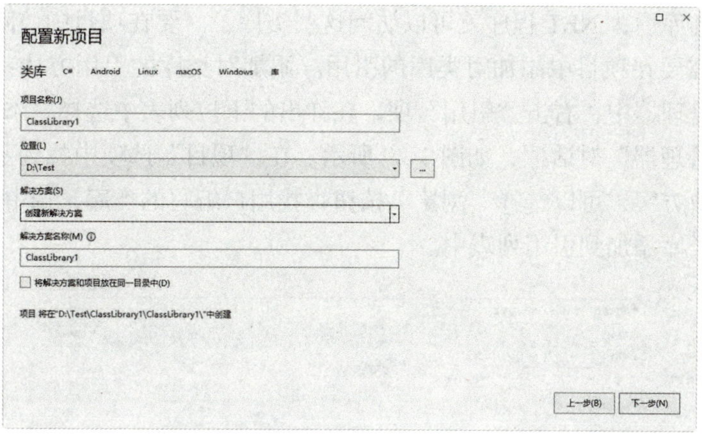

图 1-26 配置新项目

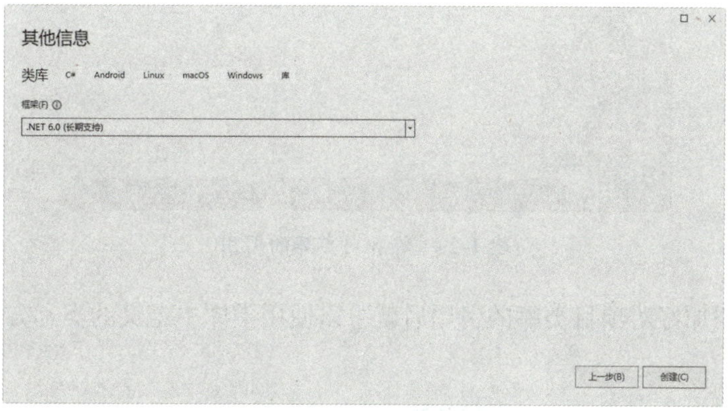

图 1-27 配置类库框架

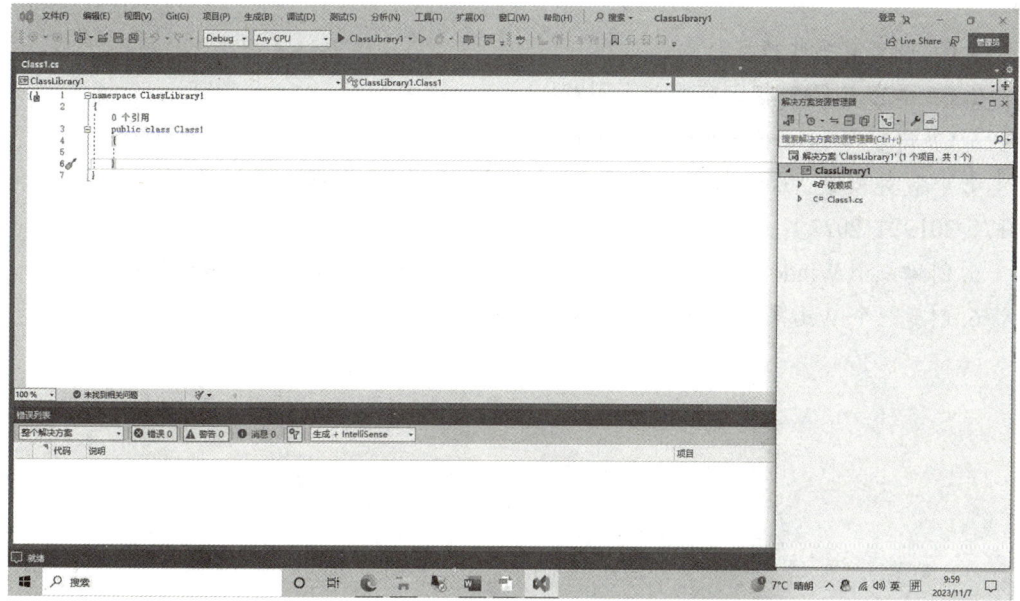

图 1-28 类库的初始界面

（2）建立类库后，.NET 程序就可以访问这些类库了。要在项目中访问和使用用户建立好的类库，需要在项目中添加对类库的引用。添加对类库的引用方法：打开项目，在解决方案资源管理器中，右击"引用"项，在弹出的下拉列表中选择"添加引用"选项，会弹出"引用管理器"对话框，如图 1-29 所示。在"项目"选项中找到要添加的已编写好的类库的解决方案，可以选择"浏览"按钮查找用户编写的类库，选中后单击"确定"按钮即可将该类库添加到引用列表中。

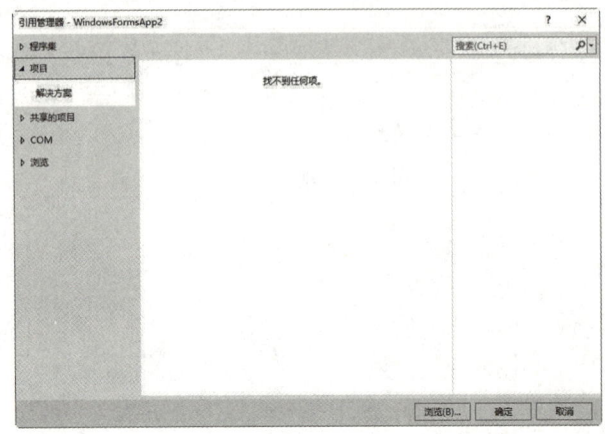

图 1-29　添加对类库的引用

在项目中添加好对项目类库的引用后就可以使用类库中定义的类和方法了。

1. C# 语言有哪些特点？
2. C# 语言与 C++ 相比有哪些区别？
3. C# 语言与 Java 相比有哪些区别？
4. 下载并安装 Visual Studio 集成开发工具，版本可根据自己的需要选择（可选择 2017、2019 或 2022）。
5. 创建一个 Windows 控制台程序，要求在屏幕上输出"C# 实例编程"。
6. 创建一个 Web 程序，在首页上输出"这是一个 Web 页面"。

第 2 章
C# 基本语法

　　C# 的语法是指在 C# 环境中描述问题的语言的组织方式。开发者只有遵守 C# 的语法规则，才能开发出正确、有效且稳定的代码。如果不遵循 C# 的语法，程序则无法编译通过。本章将详细介绍 C# 的语法知识，其主要内容如下：

※ C# 的程序结构
※ C# 的基本语法
※ C# 的变量和常量
※ C# 的数据类型
※ C# 的运算符和表达式
※ C# 的流程控制结构
※ C# 常用的预处理指令

2.1　C# 的程序结构

　　在第一章中已经介绍过如何创建三种类型的 C# 应用程序，对所创建的应用程序代码也大致有些认识，例如，创建 Windows 窗体应用程序或控制台应用程序时，VS 2022 集成开发环境都会自动创建一个默认类文件——Program.cs。通过分析 Program.cs 的代码，可以看出 C# 应用程序文件主要由以下几部分组成：预定义元素部分、命名空间、类和主方法。下面以创建 Windows 窗体应用程序为例进行说明，程序代码如图 2-1 所示。

1. 预定义元素部分

　　高级程序设计语言总是依赖许多系统预定义元素，为了在 C# 程序中使用这些预定义元素，需要导入这些元素。C# 程序代码中用 using 语句实现导入命名空间的功能，导入后在程序中就可以自由使用该命名空间下定义的各种元素了。

2. 命名空间

　　C# 使用关键字 namespace 和命名空间标识符构建用户命名空间，命名空间的范围用一对花括号限定（见图 2-1 中的 namespace WindowsFormsApp2）。C# 引入命名空间的概念是为了便于类型的组织和管理，一组类型可以属于一个命名空间，一个命名空间也可以嵌套在另一个命名空间中，从而形成一个逻辑层次结构，与文件系统中文件夹的组织方式类似。命名空间的使用有利于避免命名冲突。不同开发人员可能会使用同一个名称来定义不同的类型，在程序相互调用时可能会产生混淆，而将这些类型放在不同的命名空间中就解决了命名冲突问题。

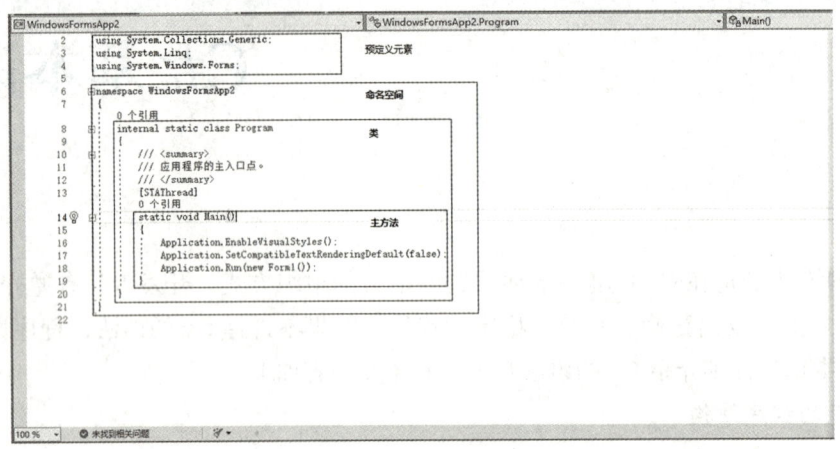

图 2-1　Windows 窗体程序结构

3. 类

C# 要求程序中的所有语句都位于类的内部，程序的功能主要就是依靠类来完成的，因此类是 C# 语言的核心和基本组成模块。

在 C# 应用中，类是最基本的一种数据类型，类由属性字段（field）和方法（method）组成。类的声明格式为 class+ 类名（见图 2-1 中的 class Program），类的范围也由一对花括号限定。类必须包含在某个命名空间中。

4. 主方法

每个应用程序都有一个执行的入口，指明程序执行的开始点。C# 应用程序中的入口点用主方法标识，主方法的名称为 Main。程序总是从 Main 主方法的第一行代码开始执行，在 Main 主方法结束时停止程序的运行，也就是说，C# 程序的起点和终点都是由 Main 主方法定义的。

2.2　基本语法

学习任何一门计算机高级语言，必须掌握这门语言的基本语法。C# 语言是面向对象的编程语言，程序由各种对象组成。

2.2.1　命名空间、标识符与关键字

1. 命名空间

命名空间是 C# 提供应用程序代码容器的方式，这样就可以唯一地标识代码及其内容。C# 中创建命名空间的关键字是 namespace，在 VS 2022 中创建项目时会自动加入命

名空间，格式为：namespace 命名空间名称，如 namespace WindowsFormsApp1。

命名空间是以"层"的形式存在的，如果有多层，层之间以"."分开。

例如，引用命名空间语句：using System.Windows.Forms;

要引用 Forms，需先引用命名空间 System，再引用 Windows，中间的"."就是分隔各层的符号。

有时命名空间名称相当长，又要在代码中多次使用，输入起来很烦琐，此时可以给命名空间指定一个简单的别名。在代码中使用别名，就不用输入很长的名称了。

为命名空间命名别名的语法如下：

```
using 别名 = 命名空间；
```

例如，using WF=System.Windows.Forms;

该语句是给命名空间 System.Windows.Forms 一个别名 WF，此后，当代码中需要使用 System.Windows.Forms 时，便可以用 WF 别名代替，书写程序时就简洁了。

2. 标识符

标识符是指编程人员为常量、变量、数据类型、函数、类、属性、方法、程序等定义的名称。在命名标识符时应当遵守以下规则：

- 标识符不能以数字开头，也不能包含空格。
- 标识符可以包含大小写字母、数字、_（下画线）和@字符。
- 标识符必须区分大小写。大写字母和小写字母在 C# 中被认为是不同的字母。
- @字符只能是标识符的第一个字符。带@前缀的标识符称为逐字标识符。
- 不能使用 C# 中的关键字。虽然@字符加关键字可以作为 C# 中合法的标识符，但不建议这样用。
- 不能与 C# 的类库名称相同。

3. 关键字

关键字是指在 C# 中具有特定含义的名称，如程序中使用的 using、class、static、void、new 等都属于关键字。如果在程序中将关键字用作标识符，C# 编译器会报错，用户马上就会知道出错了。但是，如果用户执意要使用某个关键字作为标识符，则可以在关键字前面加上 @ 字符。

C# 中所有关键字如表 2-1 所示。

表 2-1 C# 中的关键字

abstract	event	new	bool	false	struct
as	explicit	null	switch	operator	throw
base	extern	object	this	break	finally
out	true	byte	fixed	override	try
case	float	params	typeof	char	protected
catch	for	private	uint	foreach	ulong

(续表)

checked	goto	public	unchecked	const	implicit
class	if	readonly	unsafe	ref	ushort
continue	in	return	using	decimal	int
sbyte	virtual	default	interface	sealed	volatile
delegate	internal	short	void	double	stackalloc
do	is	sizeof	while	lock	else
long	static	enum	namespace	string	get
partial	set	value	where	yield	

2.2.2 类与方法

C# 是面向对象的编程语言，因此类和对象是其最重要的概念。类是一种用来描述对象的模板，它定义了对象的属性和方法。类的定义是面向对象程序设计的基础，它决定了程序的结构和行为。C# 程序是由一系列相互关联的类组成的。

1. 类

C# 中所有的语句都必须位于类的内部，因此类是 C# 语言的核心和基本构成模块。C# 支持自定义类，用户在程序中编写自己的类来描述实际需要解决的问题。

类的定义是以关键字 class 开始，后面跟类的名称，类的主体在一对花括号内。下面是类定义的一般形式：

```
[类修饰符]class <类名>[基类或接口]
{
    类体
}
```

说明：

- 类修饰符指定了对类及其成员的访问规则。如果没有指定，则使用默认的访问标识符 internal，类中成员的默认访问标识符是 private。
- 在 C# 中，类名也是一种标识符，应符合标识符的命名规则。类名最好能够体现类的含义和用途，以方便编程人员使用。类名一般采用第一个字母大写的名词，也可以采用多个词构成的组合词。
- 如果要访问类的成员，需要使用"."运算符，用"."运算符连接对象名称和成员名称，如 MyClass.Name。

例如，声明一个简单的类 MyClass，声明如下：

```
public class MyClass
{
    类体
}
```

2. 方法

方法是以代码块的形式存在的，用来实现一部分特定的功能。每个方法都有一个名称和一个主体。方法的命名也应遵循命名规则。

C# 中有两类方法，一类是主方法 Main，另一类是在类或结构中声明的方法。主方法 Main 已经在上一节中简单介绍过，这里介绍的是后一种。在类或结构中定义的方法在声明时需要指定访问修饰符、返回类型、方法名称和参数，参数放在括号中，多个参数用","分隔开。空括号表示方法不需要参数。方法声明的一般形式为：

```
［访问修饰符］＜返回类型＞ ＜方法名称＞（参数列表）
{
    方法主体
}
```

说明：

- 访问修饰符：用于说明方法对另一个类的可见性。
- 返回类型：方法返回值的数据类型。如果方法不返回值，则返回类型为 void。
- 方法名称：方法名称也是一种标识符，严格区分大小写。方法名称建议用有意义的标识符命名，尽量用能反映方法所实现的功能的名称。
- 参数列表：用于传递和接收方法的数据。
- 方法主体：调用方法时的实际执行语句。

在 C# 中，除了主方法 Main 外，其他所有的方法都允许调用其他方法或被其他方法调用，方法也允许调用自身，这种调用称为递归调用。类或结构中声明的方法调用时要用"."运算符，如"MyClass.getTotal(name);"。

2.2.3 语句与注释

1. 语句

语句是指一行或一段代码，它是构成程序的基本单位。在 C# 中，一行代码必须以英文";"结束，一段代码必须放在一对"{ }"内。

C# 中的语句具有以下特性：

- 严格区分大小写。
- 具有字符过滤性。C# 编译器会忽略代码中包含的空格、回车符和"Tab"键字符，这使得编程人员编写代码具有较大的自由度（一行内可以写多个语句或者一个语句可以写多行）。
- 代码中出现的"{"和"}"都是成对出现的，用来标记代码块，"{ }"中包裹的代码可以看作是一个整体。"{ }"可以嵌套。

2. 注释

注释是 C# 程序中必要的构成元素之一，用于解释语句或代码段。通过注释可以帮助编程人员和使用人员快速了解当前语句的功能，特别是在大型应用程序中，因为整个项目内的代码繁多，所以加入合理的注释必不可少。注释不会影响程序的运行，编译时编译器会忽略注释内容。在 C# 程序中，有两种添加注释的方法。

（1）多行注释

多行注释放在"/* */"之间。例如：

```
/*
方法名称：ListAll
功能：显示所有符合条件的记录
*/
```

（2）单行注释

以"//"符号开头，在一行内将注释内容完成，可以写在语句之后，也可以单独占一行。

例如：

```
//常量的声明
const float pi=3.14159f;
float area;      //变量的声明
```

2.3 变量和常量

在程序执行过程中，数值发生变化的量称为变量，数值始终不变的量称为常量。

变量和常量都是用来存储数据的。变量和常量有很多类型，后面会一一介绍这些类型。变量和常量都必须有名字才能区分开，在 C# 中，变量和常量的命名也要遵循标识符的命名规则，同时，变量或常量的名称应尽量有意义，并且不宜过长。

例如：_MyObject、@vint_1、str3、f_Sum 等都是合法的变量名，而 123ab、if、v*rer 等都是不合法的变量名。

2.3.1 变量

变量必须声明后才能使用。变量只能用在表达式中，不能代替对象名或关键字。变量存储的值可能会发生改变，但变量的名称不变。

变量的声明如下：

```
<datatype> <dataname>
```

说明：

- <datatype> 是指定义变量的类型，如整型或字符串型（具体的数据类型在 2.4 节中介绍），也可以是类或者结构。
- <dataname> 是指变量的名称，指定变量的名称以后才能在代码中使用这个变量。

【实例 2-1】声明一个整型变量，并给整型变量赋值。

```
int i;                    //声明整型变量 i
i = 10;                   //给变量 i 赋值 10
```

以上代码先声明一个变量 i，再给这个变量 i 赋初值。C# 还强调了变量的初始化，规定：如果变量没有被初始化，则不能对该变量进行操作，否则编译时会报错。

【实例2-2】运行下面这段代码，查看其运行结果。

```
public static void Main()
{
    int output;                          //声明一个整型变量output
    Console.WriteLine(output);           //调用系统的方法输出变量的值
}
```

当程序运行时，编译器会提示出错，出错信息为：不能操作未初始化的变量output。这是因为在上面这段代码中，声明了一个变量output，但是并没有对它初始化就直接使用了。

2.3.2 常量

常量是指在使用过程中不会发生变化的量。通常全局都使用常量定义。在变量前面加上const，即将变量定义为一个常量。常量必须在初始化时赋值，指定了值后就不能再次更改。

【实例2-3】常量的定义与赋值。

```
const int i = 10;          //初始化时给常量赋值
i = 20;                    //错误，不能给常量赋值
const int z;               //错误，必须在初始化时赋值
```

上面这段代码中，首先声明了一个常量i，并给i赋初值10；随后给常量i赋值，这种修改常量值的做法是错误的；最后一行声明一个常量z，但却没有同时给它赋初值，这种做法也是错误的。

常量的使用有以下几个好处：
- 可以定义不明确的数字和字符串，使程序更具可读性。
- 可以使程序更易于修改。例如，设置一个温度的标准值为10℃，当温度超过这个标准之后就报警，以后如果需要改变报警的门限值时，则只要将这个标准值改变就可以了，而不用去修改所有调用了这个门限值的代码。
- 可以使程序的安全性更好。例如，当程序员在初始化常量之后又对其赋值时，编译时会报错。

> **注意**：一般命名变量时可以由两部分组成，第1部分用于指出变量的类型，例如整型变量可以以I开头；第2部分作为该变量的唯一标志。如果是常量，一般命名以C开头。

2.4 数据类型

数据类型是指程序中的数据在内存的存储形式。对于不同的数据类型可以进行不同的操作。根据数据在内存中存储位置的不同，C#中的数据类型可分为两大类：值类型和

引用类型。其中，值类型和引用类型又包含很多类型。C# 语言中的数据类型如表 2-2 所示。本节介绍 C# 中常用的数据类型。

表 2-2　C# 语言中的数据类型

类别		描述
值类型	简单类型	有符号整型：sbyte、short、int 和 long
		无符号整数：byte、ushort、uint 和 ulong
		unicode 字符型：char
		实数型：float、double 和 decimal
		布尔型：bool
	枚举类型	枚举定义：enum name{}
	结构类型	结构定义：struct name{}
	可空类型	具有 null 值的值类型扩展，如 int?，表示值可为 null 的 int 类型
引用类型	类类型	基类 object
		字符串 string
		自定义类 class name
	接口类型	接口定义：interface I {}
	数组类型	一维数组、二维数组和多维数组
	委托类型	委托定义：delegate int D {}

2.4.1　常用的值类型

值类型是指直接包含值的数据类型。将一个值类型变量赋值给另一个类型变量时，将复制包含的值。C# 的值类型包括简单类型、枚举类型、结构类型和可空类型。简单类型是 C# 最常用的值类型，它一般是 C# 预置的值类型，包括整型、浮点型、decimal 型和 bool 型。

1. 简单类型

简单类型是 C# 预置的数据类型，简单类型可以直接被初始化。C# 中简单类型包括 13 种不同的数据类型，这些数据类型在存储空间大小、取值范围、表示精度和用途等方面都有所区别。

（1）整型数据类型

整型数据类型包括 9 种，如表 2-3 所示。

表 2-3　整型数据类型

名称	大小	范围
sbyte	有符号的 8 位整数	−128 ~ 127
byte	无符号的 8 位整数	0 ~ 255
char	16 位的 unicode 字符	u+0000 ~ u+ffff

(续表)

名称	大小	范围
short	有符号的 16 位整数	−32 768 ～ 32 767
ushort	无符号的 16 位整数	0 ～ 65 535
int	有符号的 32 位整数	−2 147 483 648 ～ 2 147 483 647
uint	无符号的 32 位整数	0 ～ 4 294 967 295
long	有符号的 32 位整数	−9 223 372 036 854 775 808 ～ 9 223 372 036 854 775 807
ulong	无符号的 32 位整数	0 ～ 18 446 744 073 709 551 615

如果使用的整数超过了 ulong 的范围，将发生错误。对于没有任何显式声明的 int、uint、long 或者 ulong 的整型变量，系统将默认为 int 类型。

【实例 2-4】定义 uint、long 和 ulong 型变量。

```
uint ui = 12U;            //声明 uint 型变量
long tt = 12L;            //声明 long 型变量
ulong ul = 12UL;          //声明 ulong 型变量
```

（2）浮点数据类型

浮点数据类型包括 3 种，如表 2-4 所示。

表 2-4 浮点数据类型

名称	大小	范围
float	32 位单精度浮点数	±1.5e−45 ～ ±3.4e+38
double	64 位双精度浮点数	±5.0e−324 ～ ±1.7e+308
decimal	128 位高精度十进制数	±1.0×10e−28 ～ ±7.9×10e+28

如果声明变量时没有指定为 float 类型，则编译器一般会默认为 double 类型。

【实例 2-5】定义变量为 float 类型。

```
float f = 13.5F;          //声明一个 float 类型变量
```

decimal 型变量用来表示精度更高的浮点数，一般常用于财务运算。

> **注意**：由于 decimal 数据类型用于表示高精度的数据，一般的数据操作中大都不使用 decimal 类型，除非要求必须要使用 decimal 数据类型，否则尽量不要使用 decimal 类型变量存储数据。

（3）布尔型

布尔型包含布尔值 true 和 false，布尔值和整数值不能互相转换。在 C# 中，当值被声明为 bool 类型后，其值只能使用 true 或 false，不能使用 0 表示 false、非 0 值表示 true。

2. 枚举类型

枚举提供了一种整数与字符相对应的方式，与整型变量相对应的字符必须是有某种特殊关联的。例如，可以为一周中的 7 天对应一组整数常数，将其声明为一个枚举类型，然后在代码中使用这 7 天的名称而不是它们对应的整数值。

枚举类型的声明格式如下：

```
enum enumName
{
    state1 = intvalue1,
    state2 = intvalue2,
    …
}
```

枚举类型的声明包括枚举标识符、枚举名和枚举内部的一组字段。枚举内部的字段必须是一个内置的有符号（或无符号）整数类型（如 byte、int32 或 uint64）。字段是静态文本字段，其中的每一个字段都表示常数。同一个值可以分配给多个字段。

【实例 2-6】将一个星期声明为一个枚举类型。

```
//声明一个关于星期的枚举类型，其中每个整数代表1天
enum weekDay
{
    Monday = 1,          //枚举中1对应的字符
    Tuesday = 2,         //枚举中2对应的字符
    Wednesday = 3,       //枚举中3对应的字符
    Thursday = 4,        //枚举中4对应的字符
    Friday = 5,          //枚举中5对应的字符
    Saturday = 6,        //枚举中6对应的字符
    Sunday = 7           //枚举中7对应的字符
}
```

这段代码声明了一个关于星期的枚举类型，并给一个星期中的每一天都赋了一个整型值。需要注意的是，每个值之间用逗号（,）隔开，最后一个值后没有任何符号。声明了枚举类型变量，就可以通过有意义的名称进行相应的操作。

【实例 2-7】使用枚举类型取代不直观的数字。

```
//声明一个枚举类型，其中每个整数代表1天
enum weekDay
{
    Monday = 1,          //枚举中1对应的字符
    Tuesday = 2,         //枚举中2对应的字符
    Wednesday = 3,       //枚举中3对应的字符
    Thursday = 4,        //枚举中4对应的字符
    Friday = 5,          //枚举中5对应的字符
    Saturday = 6,        //枚举中6对应的字符
    Sunday = 7           //枚举中7对应的字符
}
//声明一个枚举变量
weekDay wd = weekDay.Sunday;
//比较枚举值，并根据枚举值输出信息
switch (wd)
{
```

```csharp
        case weekDay.Monday:                            // 如果是星期一
            Console.WriteLine("this is Monday");        // 输出信息
            break;
        case weekDay.Tuesday:                           // 如果是星期二
            Console.WriteLine("this is Tuesday");       // 输出信息
            break;
        case weekDay.Wednesday:                         // 如果是星期三
            Console.WriteLine("this is Wednesday");     // 输出信息
            break;
        case weekDay.Thursday:                          // 如果是星期四
            Console.WriteLine("this is Thursday");      // 输出信息
            break;
        case weekDay.Friday:                            // 如果是星期五
            Console.WriteLine("this is Friday");        // 输出信息
            break;
        case weekDay.Saturday:                          // 如果是星期六
            Console.WriteLine("this is Saturday");      // 输出信息
            break;
        case weekDay.Sunday:                            // 如果是星期天
            Console.WriteLine("this is Sunday");        // 输出信息
            break;
        default:                                        // 如果不是一个星期中的任何一天
            Console.WriteLine("no such day");           // 输出信息
            break;
}
```

这段代码说明了如何使用枚举，代码开头声明了一个关于星期的枚举类型，然后在switch语句中对每个枚举值进行比较，确定对应的选项，最后将相应选项中的值输出到界面上。从上面的代码中可以看出，枚举型数据的使用使代码脱离了单纯的无意义的整数，代之以有意义的描述信息，使得代码更易于理解。

从上面的例子可以看出，使用枚举数据类型主要有以下三个特点。

- 易于维护：由于枚举可以使用有意义的描述，因而可以给变量赋予合法的、期望的值。
- 代码清晰：由于枚举使用有意义的描述代替整数，使得代码的可读性增强。
- 易于编程：由于枚举使用有意义的描述代替整数，代码可读性增强，使得编程人员可以更好地理清思路。

> **注意**：枚举只能进行简单的数字与字符的对应，不要尝试将数字与复杂的字符相对应。例如，枚举中不能包含类似tre+re=5的表达式项。一般来说，枚举中的每一项之间需要具有某种关系，不要将某些没有任何联系的值放在一起。

3. 结构类型

结构类型用于处理一些复杂的数据结构，它将一系列相关的变量组织为一个实体，定义为一个结构类型（struct），每个变量称为结构的成员。结构类型的变量值由各个成员的值组合而成，因此结构类型属于值类型。结构类型的定义方式与类很相似，为了与类做对比，结构将在后面的第3章详细讲述。

4. 可空类型

可空（nullable）类型也是值类型，它是包含 null 值的值类型。简而言之，可空类型可以表示所有基础类型的值加上 null。因此，如果声明一个可空的布尔类型变量（System.Boolean），就可以从集合 {true,false,null} 中选值为其赋值。可空类型在编写关系数据库程序中很有用，因为在数据库表中遇到未定义的列是很常见的事情。可空类型是在 .NET 2.0 引入的，有了可空数据类型的概念，在 C# 中就可以用很方便地表示没有值的数值型数据了。

定义一个可空变量类型，只需在底层数据类型后添加问号（?）后缀。在 C# 中，System.Nullable <T> 类型提供了一组所有可空类型都可以使用的成员，问号后缀记法实际上是创建一个泛型 System.Nullable <T> 结构类型实例的简写。与非可空变量一样，局部可空变量必须赋给一个初始值。

【实例 2-8】声明一些局部可空类型变量。

```
//定义一些局部可空类型变量
int? nullableInt = 1;
double? nullableDouble = 5.64;
bool? nullableBool = null;
char? nullableChar = 'a';
```

也可以用如下方式实现这些变量的声明。

```
//定义一些局部可空类型变量
Nullable<int> nullableInt = 1;
Nullable<double> nullableDouble = 5.64;
Nullable<bool> nullableBool = null;
Nullable<char> nullableChar = 'a';
```

2.4.2 引用类型

引用类型又称为对象，用于存储对实际数据的引用。引用类型的赋值通常是赋予一个变量的使用权，这样任意使用者修改变量都会影响其他使用者。C# 中的引用类型包含类、接口、数组和委托等。系统预定义的引用类型包括 object 类型和 string 类型。

- object 类型：在 C# 的统一类型系统中，所有类型（系统预定义、用户自定义的类型、引用类型和值类型）都是直接或者间接地从 object 类型继承的。可以将任何类型的值赋给 object 类型的变量。将值类型变量转化为对象的过程称为"装箱"，将对象类型的变量转化为值类型的过程称为"取消装箱"。
- string 类型：string 类型表示 unicode 字符的字符串。字符串不可改变，一个字符串一旦创建，该字符串就不能更改了。

【实例 2-9】string 类型变量的赋值操作。

```
string s1 = "a string";              //声明一个 string 类型变量，并赋初值
string s2 = s1;                      //声明一个 string 类型变量，并将 s1 的值赋给 s2
//调用系统自定义的输出方法输出 s1 的值，结果为"a string"
Console.WriteLine("s1 is" + s1);
//调用系统自定义的输出方法输出 s2 的值，结果为"a string"
Console.WriteLine("s2 is" + s2);
```

```
s1 = "new string";                      //给s1赋新值
//调用系统自定义的输出方法输出s1的值，结果为"new string"
Console.WriteLine("s1 now value is" + s1);
//调用系统自定义的输出方法输出s2的值，结果为"a string"
Console.WriteLine("s2 now value is" + s2);
```

这段代码首先声明了一个字符串变量s1并赋初值，然后声明了字符串变量s2，并将s1的值赋给它，最后将结果输出到屏幕。重新给s1赋值并将s1和s2的值打印出来，这时s1的值变了，s2却没变。这是因为系统重新开辟了一个空间来存储"new string"字符串，然后将s1所指的位置指向这个空间，而s2仍然指向存储字符串"a string"的空间。所以给s1赋值并不能更改原先已经存在的字符串"a string"的值。

类、接口和委托都是面向对象程序设计中的一些主要概念，这些将在后面章节详细介绍，这里只详细说明数组这一引用类型。

1. 数组

数组是一种常用的引用数据类型，是由抽象类System.Array派生而来的。在内存中，数组占用一块连续的内存，元素按顺序连续存放在一起。数组中的每一个元素通过其下标（索引）来访问或修改，不同的下标表示数组中不同的元素。C#中，数组的下标是从0开始的，数组的长度（或称为大小）是指数组中包含的元素个数。

数组的维数是指用来确定和每个数组元素关联的索引（下标）个数，如表示每个数组元素只需要有一个索引的称为一维数组，需要两个索引的称为二维数组，需要三个索引的称为三维数组……一般地，称维数超过1的数组为多维数组。一般常用的是一维数组和多维数组中的二维数组。

C#中多维数组的每个维度的起始值都是0，多维数组的长度（大小）是每个维度的长度之积。如MyArr[4][3][2]数组的长度（大小）为4*3*2=24。数组必须先声明才能使用，C#中数组声明的格式如下：

```
type[] arrayName;
```

其中type是类型名，是指数组元素的类型，arrayName是数组名，可以是C#中任意有效的标识符。例如：

```
int[]    iNo;
string[] strName;
color[]  colGroup;       // color是自定义的类类型
```

声明数组时并没有真正创建数组，创建数组需要使用new操作符，使用new操作符后才真正创建了数组对象，为数组对象分配内存空间。可以在声明数组的同时创建数组对象，例如：

```
int[]  iNo = new  int[10];
```

也可以先声明数组，然后再创建数组对象，例如：

```
int[]  iNo;
iNo = new  int[10];
```

这两种方法实际是等价的。

下面将分别介绍一维数组、多维数组的声明、初始化与赋值的方法。

2. 一维数组

一维数组是指只包含一个下标的数组。

【实例 2-10】一维数组的声明。

```
int[] interArray;                //声明一个整型数组
string[] stringArray;            //声明一个字符串数组
```

声明数组时还可以初始化数组的大小,并能在初始化时给数组赋值。

【实例 2-11】四种初始化一维数组的方法。

```
//第一种方法,先声明并创建一个数组,然后再逐个元素赋初值
int[] array = new int[5];                    //声明了一个大小为 5 的整型数组
array[0] = 1;                                //给数组元素 array[0] 赋值
array[1] = 1;                                //给数组元素 array[1] 赋值
array[2] = 1;                                //给数组元素 array[2] 赋值
array[3] = 1;                                //给数组元素 array[3] 赋值
array[4] = 1;                                //给数组元素 array[4] 赋值
//第二种方法,声明的同时赋初值
int[] array1 = new int[5] {1,3,5,7,9};       //声明了一个大小为 5 的整型数组,并赋初值
//第三种方法,声明的同时赋初值,是第二种方法的简化
int[] array2 = {1,3,5,7,9};                  //声明了一个数组,同时赋初值并限定大小
//第四种方法,先声明数组,再创建数组的同时赋初值
int[] array3;                                //声明一个数组
array3 = new int[] {1,3,5,7,9};              //然后创建数组并赋初值
//array3 = {1,3,5,7,9};                      //这种赋值的方法是错误的
```

在上面这段代码中,第一种方法是先声明一个数组,同时给出数组大小,然后再对每个数组元素赋值。第二种方法是声明一个数组的同时给数组赋初值并限定该数组的大小,如果元素个数超过设定的数组大小则报错。第三种方法也是在声明数组后给数组赋初值,是第二种方法的简化,没有直接限定元素个数而是通过元素的多少来限制数组的大小,不会存在元素超过限制的问题。第四种方法是先声明一个数组,然后通过 new 操作符来限定数组大小并给数组赋初值。需要注意的是:在声明数组后不能采取给一个数组名赋初值的方法给整个数组赋值,这种方法是错误的。

3. 多维数组

多维数组是指维数大于 1 的数组,常用的是二维数组和三维数组。二维数组用来存储二维表中的数据。多维数组声明时必须指定该数组的维度,并指出每个维度的长度。

【实例 2-12】多维数组的声明。

```
int[,] array = new int[4, 2];            //声明一个二维数组,是一个 4 行 2 列的数组
int[, ,] array1 = new int[4, 2, 3];      //声明一个三维数组,维度的长度分别为 4、2、3
```

上面这段代码中声明了两个数组。注意:"="操作符左边的方括号([])内的逗号,有几个维度则需要相对应的逗号,逗号的个数比数组的维度数小 1。"="号操作符右边的方括号([])则是说明每个对应维度的长度。在声明数组的同时限定了数组的大小。

给多维数组赋值,也和一维数组一样,可以依次给每个元素赋值,也可以在初始化

时就赋予初值。

> **技巧**：对于初期不确定数组的维度和值的情况，可以先声明一个数组，到了具体使用该数组时，再使用 new 操作符来设定它的大小。

【实例 2-13】演示四种给二维数组赋值的方法。

```
//第一种方法
//声明一个二维数组，同时给每个数组元素赋初值并同时限定了数组的大小
int[,] array2 = new int[,] { { 1, 2 }, { 3, 4 }, { 5, 6 }, { 7, 8 } };
//第二种方法
//声明一个二维数组，并设定数组的大小，再通过逐项赋值
int[,] array4 = new int[4, 2];
array4[0][0] = 1;                       //给第一个元素赋值
array4[3][1] = 2;                       //给最后一个元素赋值
//array4[1][3] = 5;                     //错误，列值 3 超出数组维度的界限
//第三种方法
int[,] array5;                          //声明一个数组，然后再通过 new 操作符赋值
array5 = new int[,] { { 1, 2 }, { 3, 4 }, { 5, 6 }, { 7, 8 } }; //正确
//array5 = {{1,2}, {3,4}, {5,6}, {7,8}}; //错误，不能直接赋值
//第四种方法
int[,] array6 = new int[10, 10];        //通过这种方式让每个元素的值都为 10
```

第一种方法是在声明数组的同时直接初始化赋值，这样就同时限定了数组长度。第二种方法通过逐项赋值法给数组每个元素赋初值，注意下标不要超出边界。第三种方法是声明数组后，通过 new 方法给数组赋值。第四种方法则是通过声明时初始化整个数组，给数组每个元素都赋予同一个值。注意：new 方法是用来真正给数组分配内存空间的。

上面两个实例所讲的二维数组都是每一行都有相同元素个数的二维数组，这种二维数组称为二维矩形数组，是最常用的二维数组。另外，C# 还支持另一种类型的二维数组，称为二维交错数组。二维交错数组是指每个元素又都是数组的一维数组，但元素数组的长度可以不同。例如：

```
int[][]  array7=new  int[3][]
{
    new  int[]{1,2,3},
    new  int[]{2,4,6,8},
    new  int[]{11,12}
}
```

array7 就是一个二维交错数组，这个数组包括 3 行数据，第 1 行是长度为 3 的一维数组，第 2 行是长度为 4 的一维数组，第 3 行是长度为 2 的一维数组，每行的数据长度是不相同的。

2.5 运算符和表达式

运算符是指在表达式中处理数据运算的符号，用于指挥计算机进行某种操作。接受一个操作数的运算符称为一元运算符（如 ++、!），接受两个操作数的运算符称为二元运

算符（如 +、/、>=），接受三个操作数的运算符称为三元运算符（如 ?:，此为 C# 中唯一的三元运算符）。

表达式是指由操作数、运算符和括号按一定规则组成的式子。表达式可以很简单，也可以很复杂，通过表达式可以模拟现实世界中的各种操作。

2.5.1 运算符

运算符是用来对变量进行操作的符号，表 2-5 列出了 C# 中所有的运算符。

表 2-5 运算符

类别	运算符
算术运算符	+、-、*、%、/
逻辑运算符	&、|、^、!、~、&&、||、true、false
字符串连接运算符	+
递增、递减运算符	++、--
移位运算符	>>、<<
关系比较运算符	==、!=、<、>、<=、>=
赋值运算符	=、+=、-=、*=、/+、%=、&=、|=、^=、<<=、>>=
成员访问运算符	.
索引运算符	[]
数据类型转换运算符	()
条件运算符	?:
对象创建运算符	new
类型信息运算符	as、is、sizeof、typeof
溢出异常控制运算符	checked、unchecked
间接寻址运算符	*、->、[]、&

C# 有非常严格的类型安全检查，因此，如果代码中出现用赋值运算（如 =）代替比较运算（如 ==）的形式，就会在编译时产生一个编译错误。

下面介绍几个常用运算符的使用方法。

1. 条件运算符（?:）

条件运算符是 C# 中唯一的三元运算符，它是 if...else 的简化形式，功能为根据条件返回表达式的值。

语法如下：

> condition?first_expression:second_expression

条件运算符中包含 3 个参数，"?"前面为条件 condition，如果条件为真则返回第一个表达式 first_expression 的值，如果条件为假则返回第二个表达式 second_expression 的值。

【实例 2-14】if…else 语句与条件运算符的使用。

```
if(x != 0.0)                        //判断 x 是否与 0.0 相等
{
    s = Math.Sin(x)/x;              //如果不相等则调用系统定义的数学函数进行计算
}
else
{
    s = 1.0;                        //如果相等,则将 s 赋值为 1.0
}
//判断 x 是否等于 0.0,如果不等于 0.0 则将 Math.Sin(x)/x 的值赋给 s,否则将 1.0 赋给 s
s = x != 0.0 ? Math.Sin(x)/x : 1.0; //条件运算符的等价形式
```

从代码中可以看出,使用条件运算符减少了代码的行数,使程序显得更加紧凑。

2. 溢出异常控制运算符

溢出异常控制运算符用来检测变量在操作过程中是否超出了变量的范围。checked 用于声明代码需要进行溢出检测,如果发生溢出就抛出异常。unchecked 用于声明代码不需要进行溢出检测,如果发生溢出不会抛出异常但会丢失数据。

【实例 2-15】演示 checked 和 unchecked 运算符的使用。

```
byte b = 255;       //声明一个 byte 型变量,并赋初值为 255
checked             //声明代码块需要进行溢出检测
{
    b++;            //抛出异常,由于 byte 型变量最大为 255,所以当再次加 1 时抛出异常
}
byte c = 255;       //声明一个 byte 型变量,并赋初值为 255
unchecked           //声明代码块不需要进行溢出检测
{
    c++;            //不抛出异常,但由于 byte 型变量最大为 255,所以导致 c 数据丢失,c 变为 0
}
```

在上面的代码中,通过 checked 操作符检测 byte 类型变量 b 是否超出范围,如果超出范围则抛出异常。用 unchecked 操作符声明变量 c 不需要检测,因此,变量 c 超出范围时,不会抛出异常。

3. as 运算符

as 运算符一般用于将一个对象转换为其兼容的类型,并且不抛出异常。

【实例 2-16】演示 as 运算符的使用。

```
object o1 = new Test();        //定义一个 object 类型变量 o1
object o2 = 123;               //定义一个 object 类型变量 o2,并赋初值
string s1 = o1 as string;      //将 o1 强制转化为 string
string s2 = o2 as string;      //将 o2 强制转化为 string
```

代码执行后,s1 的值为 null,s2 的值为字符串 "123"。由此可以看出,当进行类型转换时,如果类型兼容就能成功地转换,如果类型不兼容就会返回值 null。注意:as 后面的类型不能为值类型。

4. is 运算符

is 运算符用来检测对象是否与特定的类型兼容。

【实例 2-17】使用 is 运算符进行类型判断。

```
string s1 = "a string";        //声明一个变量 s1 并赋初值
if(s1 is object)               //判断 s1 是否为 object 类型变量
{
    return true;               //如果是则返回 true
}
```

在这段代码中，由于 s1 是 string 类型变量，而 string 是从 object 继承而来，所以返回 true。运算符是有优先级的，表 2-6 列出了 C# 中运算符的优先级。[①]

表 2-6 运算符的优先级

优先级	类别	运算符
1	基本	()、f(x)[①]、a[x][②]、++、--、new、typeof、sizeof、checked、unchecked
2	单目	+、-、!、~、++x、--x、(T)x[③]
3	乘法与除法	*、/、%
4	加法与减法	+、-
5	移位运算	<<、>>
6	关系运算	<、>、<=、>=、is
7	条件等（不等）	==、!=
8	位逻辑与	&
9	位逻辑异或	^
10	位逻辑或	|
11	条件与	&&
12	条件或	||
13	条件	?:
14	赋值	=、*=、/=、%=、+=、-=、<<=、>>=、&=、^=、|=

一般来说，不使用优先级来获取计算结果，而是采用括号（）来改变运算符的运算顺序，这样可以使代码更整洁，也可避免潜在的错误。

技巧：使用复杂的操作符取代一些简单操作符能够减少代码量，使程序更加紧凑。例如，用 x++ 取代 x=x+1，用 x+=5 取代 x=x+5。

2.5.2 表达式

表达式是指由操作数、运算符和括号按一定规则组成的式子。表达式中包含变量和操作符。通常，表达式分为赋值表达式、运算表达式、条件表达式等。

【实例 2-18】赋值表达式和运算表达式。

```
if(x != 0.0)                   //判断 x 是否与 0.0 相等，条件表达式
{
```

[①]表示方法或函数　[②]表示数组　[③]表示强制类型转换

```
        s = Math.Sin(x)/x;      // 如果不相等,则调用系统定义的数学函数并计算,计算表达式
    }
    else
    {
        s = 1.0;                // 如果相等,则给变量赋值,赋值表达式
    }
```

在上面这段代码中,有条件表达式 x!=0.0、计算表达式 Math.Sin(x)/x 和赋值表达式 s = 1.0,通过流程控制语句和表达式的组合,最终计算出变量 s 的值。

2.6 流程控制

流程控制是指通过对各种情况的判断来决定程序的执行步骤。一般流程控制分为条件控制、循环控制和跳转控制三种。

2.6.1 条件语句

条件语句是指根据是否满足条件或根据表达式的值控制代码的执行分支。C# 有两类条件语句:一类是有两个分支结构的 if 语句,它用于判断特定的条件是否满足;另一类是比较表达式与多个不同的值是否相同的 switch 语句。

1. if 语句

if 语句的语法非常直观,是最常用的条件选择语句,if 语句的一般格式如下:

```
if(条件表达式)
{
    操作1
}
else
{
    操作2
}
```

若条件表达式的值为真,则执行操作 1 代码块,否则执行操作 2 代码块。if 语句执行的流程图如图 2-2 所示。

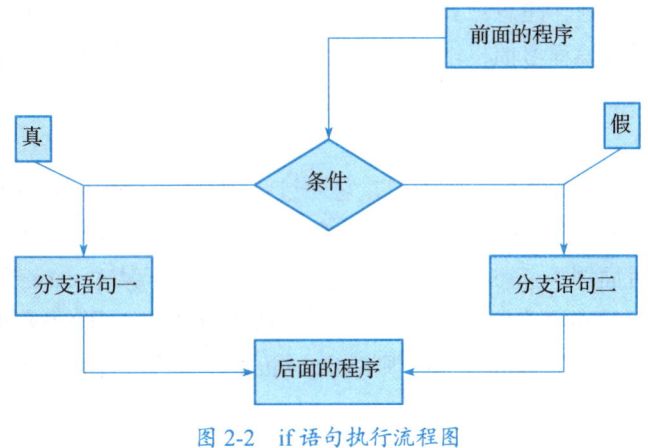

图 2-2 if 语句执行流程图

【实例 2-19】演示 if...else 语句的使用。

```
if(x != 0.0)                    // 判断 x 是否与 0.0 相等
{
    s = Math.Sin(x)/x;          // 如果不相等则调用系统定义的数学函数计算 s 的值
}
else
{
    s = 1.0;                    // 如果相等，则将 s 赋值为 1.0
}
```

在上面这段代码中，根据条件 x != 0.0 的判断结果执行不同的代码块。

如果有多个条件需要进行判断，可以通过添加多个 else if 子句来判断，每个分支对应一种处理方法；也可以嵌套使用 if 语句。注意，嵌套使用 if 语句时一定要用 {} 将内部的 if 语句括起来，避免造成程序逻辑的混乱。

【实例 2-20】通过添加 else if 子句进行多分支判断。

```
int n = 100                     // 声明一个整型变量并赋初值 100
if(n<10)                        // 如果 n 小于 10
{
    Console.WriteLine("n 小于 10");
}
// 如果大于或等于 10 且小于 50，用括号来决定代码执行顺序而不要仅用运算符优先级
else if((9 < n) && (n < 50))
{
    Console.WriteLine("n 大于或等于 10 且小于 50");
}
// 如果大于或等于 50 且小于 100，用括号来决定代码执行顺序而不要仅用运算符优先级
else if((49 < n ) && (n < 100 ))
{
    Console.WriteLine("n 大于或等于 50 且小于 100");
}
else                            // 如果大于或等于 100
{
    Console.WriteLine("n 大于或等于 100");
}
```

这段代码通过添加 else if 子句得到了多个判断分支，通过判断得到最后的结果，else if 子句的添加没有限制。注意：如果 if 或者 else 后只有一行表达式可以不用花括号 {}，但是为了养成良好的编程习惯，不管 if 或者 else 后边是否只有一行表达式，都建议用花括号 {} 将其括起来。

2. switch 语句

switch 语句是一个多分支选择语句，它通过将控制传递给其内嵌的一个 case 语句来处理多个选择。switch 语句特别适合于从一组互斥的分支中选择一个分支来执行，其格式是 switch 参数后面跟一组 case 语句。当表达式的值等于某个 case 子句的值时，就执行这个 case 子句后面的语句；如果都不符合，则执行 default 子句规定的操作（如果有 default 子句），如果没有 default 子句，则跳出 switch 语句，执行其后面的语句。switch 语句的一般格式如下：

```
switch(控制表达式)
{
    case 常量值 1:
        表达式 1;break;
    case 常量值 2:
        表达式 2;break;
    ...
    [ default:
        表达式 n+1;break;]
}
```

需要注意的是，每个 case 子句后面都需要一个返回语句 break，否则将导致程序执行逻辑的混乱。switch 语句执行的流程图如图 2-3 所示。

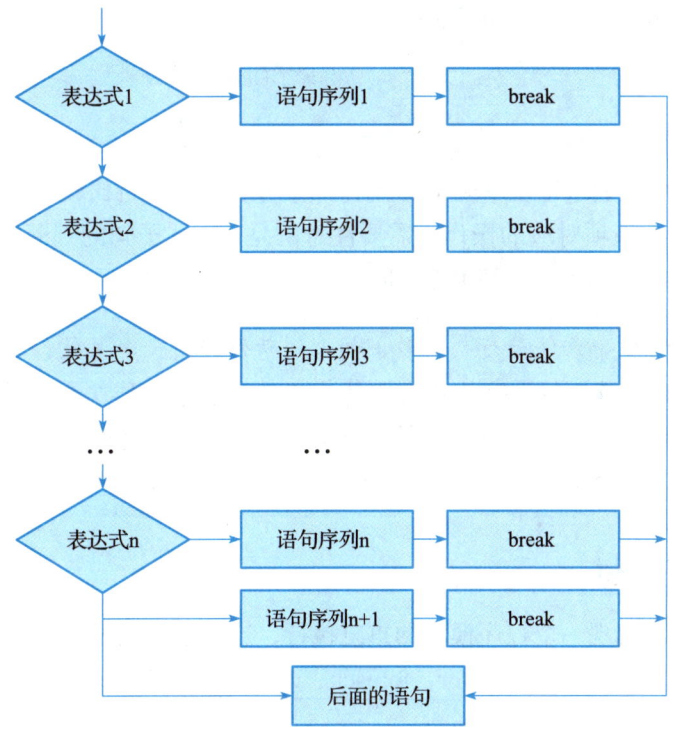

图 2-3　switch 语句执行流程图

switch 语句在使用过程中需要注意以下几点：
- 控制表达式的数据类型可以是 sbyte、byte、short、ushort、uint、long、ulong、char、string 或者枚举类型。
- 每个 case 子句中的常量必须属于或者能隐式转换成控制表达式的数据类型。
- 每个 case 子句中的常量不能相同，否则编译时会出错。
- switch 语句中最多只能有一个 default 子句。
- 每个 case 子句后面需要使用 break 语句或者跳转语句。

【实例 2-21】switch 语句的使用。

```
string ss = "ok";
```

```
switch(ss)                                    //判断操作类型
{
case "ok":                                    //如果字符串是 ok
    Console.WriteLine(" 操作已完成 ");         //输出对应的文字
break;
case "cancel" :                               //如果字符串是 cancel
    Console.WriteLine(" 操作已取消 ");
break;
case "wait":                                  //如果字符串是 wait
    Console.WriteLine(" 请等待 ");
break;
case "abort":                                 //如果字符串是 abort
    Console.WriteLine(" 操作已由于异常中止 ");
break;
case "warning":                               //如果字符串是 warning
    Console.WriteLine(" 非法操作 ");
break;
default:                                      //如果都不是
    break;
}
```

在这段代码中，通过字符串变量 ss 与每一个分支条件进行比较，当与其中的一项匹配后，便选择执行该项对应的操作。需要注意的是，case 子句的判断条件必须是常量，并且任何两个 case 子句的常量都不能相同，但 case 子句的顺序是没有限定的。

> **技巧**：需要对多个条件进行判断时，如果判断条件是一个变量，则优先考虑使用 switch 语句；如果条件是需要计算或者是多个条件组合的情况，则使用 if 语句更合适。例如，若判断条件是 x+y 的值，则优先考虑使用 if 语句，若判断条件为变量 x，则可以优先考虑使用 switch 语句。

2.6.2 循环语句

循环语句可以实现一个程序模块的重复执行，这对于简化程序、组织算法有重要的意义。C# 提供了四种循环语句（for、foreach、while、do…while）。下面分别介绍这四种循环语句的使用方法。

1. for 循环语句

for 循环语句用于循环重复执行一个语句或语句块，直到指定的表达式计算为 false 时终止。for 语句的一般格式如下：

```
for(initial;condition;expression)
{
    statement;
}
```

其中，initial 是指在第一次执行时要计算的表达式，通常是设定的一个用于计数的局部变量。condition 是用来在每次执行指定的操作前要判断的表达式，只有当条件为真时才能够继续执行，如果条件为假，则循环终止。expression 是每次指定的操作执行完成后要进行的操作，通常做循环计数器用。for 循环语句特别适合用于已知循环次数的循环。

for 循环语句执行的流程图如图 2-4 所示。

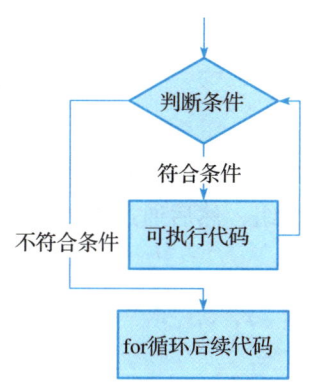

图 2-4　for 循环语句执行流程图

【实例 2-22】for 循环语句的使用。

```
//声明一个循环变量i = 0，当i<100时就执行花括号内的代码，每次执行完成后i加1
//注意这里使用了i++来代替i = i+ 1
for(int i = 0;i<100;i++)                    //判断是否符合循环条件
{
    if(i % 2 == 0)                          //如果是偶数
    {
        Console.WriteLine("偶数 " + i);     //输出偶数信息
    }
    else                                    //如果是奇数
    {
        Console.WriteLine("奇数 " + i);     //输出奇数信息
    }
}
```

这段代码会循环执行 100 次，将 100 以内的偶数和奇数分别输出，当循环计数器 i 的值大于设定的值 100 之后，循环终止。代码中用一元运算符 i++ 来代替赋值语句，使代码更紧凑。

for 循环语句可以嵌套使用，即在一个 for 循环语句中嵌入另一个 for 循环语句。下面这段代码演示了 for 语句的嵌套使用。

【实例 2-23】for 循环语句的嵌套。

```
for(int i = 0; i < 100; i++)                //外循环
{
    for(int j = 0;j< 10;j++)                //内循环
    {
        Console.WriteLine(i+" 与 " + j);    //输出值
    }
}
```

外循环通过循环计数器 i 来控制运行次数，内循环通过循环计数器 j 来控制循环次数。外循环每循环一次，内循环执行 10 次，故循环完成时，内循环共执行了 1000 次。

2. foreach 循环语句

foreach 语句为数组或对象集合（集合的概念将在第 7 章介绍）中的每个元素重复一

种操作。foreach 循环语句的一般格式如下：

```
foreach(initial)
{
    statement;
}
```

其中，initial 为循环的判断语句，statement 为符合条件需要执行的操作。

【实例 2-24】定义一个整型数组，然后通过 foreach 循环遍历数组中的每个元素，最后将它们输出。

```
int[] numbers = { 4, 5, 6, 1, 2, 3, -2, -1, 0 };   //声明一个整数数组
foreach (int i in numbers)                          //遍历数组中的每个元素
{
    Console.WriteLine(i);                           //输出每个元素
    i++;                                            //错误
}
```

注意：不要尝试更改数组中的值，如果需要改变数组中的值，请使用 for 循环来实现。

【实例 2-25】输出并更改数组中每个元素的值。

```
int[] numbers = { 4, 5, 6, 1, 2, 3, -2, -1, 0 };   //声明一个整数数组
for (int i = 0;i<9; i++)                            //遍历数组中的每个元素
{
    Console.WriteLine(i);                           //输出数组元素
    numbers [i]++;                                  //将数组元素的值加 1
}
```

上面这段代码循环执行了 9 次，访问了数组中的每个元素，先输出数组元素的值，然后再更改这些元素的值。

3. while 与 do…while 循环语句

while 循环语句首先判断是否满足条件，条件满足就执行某些操作，直到条件不满足时终止。while 循环语句的一般格式如下：

```
while(condition)
{
    statement;
}
```

其中，condition 为判断条件，statement 为需要执行的操作。当不知道循环需要执行的次数而只知道执行的条件时，使用 while 循环比较合适。while 循环语句执行的流程图如图 2-5 所示。

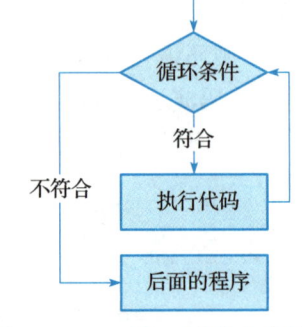

图 2-5 while 循环语句执行流程图

【实例 2-26】while 语句的使用。

```
int x = 8;                      //初始化一个整型变量
while(x<100)                    //如果 x 值小于 100
{
    Console.WriteLine(x);       //输出每个元素
    x = x * 2;                  //将 x 的值乘以 2
}
```

在这段代码中，while 判断的条件为 x 的值是否小于 100，当 x 的值大于或等于 100 后跳出循环，否则就将 x 的值乘以 2。

do…while 循环语句是 while 循环的另一个版本，do…while 循环中循环体必须至少执行一次。do…while 循环语句的一般格式如下：

```
do
{
    statement;
} while(condition)
```

其中，statement 为循环体需要执行的操作，condition 为判断条件。do…while 循环适合用于不知道循环次数而只知道执行条件、但循环体内容至少要执行一次的情况。do…while 循环语句的执行流程图如图 2-6 所示。

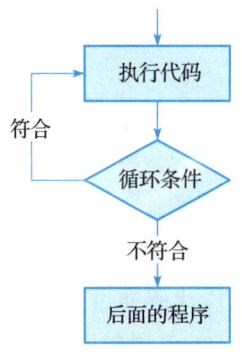

图 2-6 do…while 循环语句执行流程图

【实例 2-27】do…while 语句的使用。

```
int x = 180;
do
{
    Console.WriteLine(x);      //输出每个元素
    x = x * 2;                 //将 x 的值乘以 2
}while(x < 100)                //判断是否大于 100
```

在这段代码中，首先执行 {} 内的内容，虽然 x 的值已经大于 100 了，但是仍然会执行一次；然后判断执行条件，因条件不满足而退出循环。如果是用 while 循环，则循环体内容一次都不会执行。

> **技巧**：如果循环次数是确定的，则优先考虑使用 for 或者 foreach 循环语句。如果循环次数不确定，则优先考虑使用 while 或者 do…while 循环语句。例如，如果希望计算 100 次 x+y 的值，则优先使用 for(int i=0;i<100;i++) 语句，用变量 i 限定计算次数。如果希望在 x+y<100 时输出 x+y 的值，则优先使用 while((x+y) <100) 语句，根据条件判断是否需要继续计算。

2.6.3 跳转语句

跳转语句是指在程序执行过程中可以从一行代码立即转到另一行代码的语句。C# 中有 goto、break、continue、return 和 throw 等实现跳转功能的语句，其中 goto 语句会导致程序结构混乱，尽管 C# 中仍保留了 goto 语句，但是不推荐使用。下面分别介绍 break、continue、return 和 throw 语句的用法。

1. break 语句

break 语句用于终止最近的循环（for、while、foreach、do…while）或它所在的 switch 语句，将控制传递给终止语句后面的语句（如果有的话）。

2. continue 语句

continue 语句必须用于 for、foreach、while、do...while 循环中，但是和 break 不同，它只是退出当前的循环，并在循环的下一次开始处重新执行，而不是退出整个循环。

【实例 2-28】continue 语句的使用。

```
for (int i = 0; i < 10; i++)              //for 循环
{
    if (i < 8)                            // 判断是否小于 8
    {
        continue;                         // 如果小于 8，就跳出当前循环
    }
    Console.WriteLine(i);                 //输出当前值
}
```

这段代码通过一个 for 循环，输出所有大于或等于 8 且小于 10 的整数（8,9,10），其中，continue 语句用于跳出当前的循环，返回 for 语句开始循环处开始下一次循环。但是需要注意的是，continue 语句只是跳出了当前的循环，并没有完全地跳出整个循环。

3. return 语句

return 语句用于终止其所在的方法的执行并将控制返回给调用方法。它还可以返回一个可选值。如果方法为 void 类型，则可以省略 return 语句。在 C# 中，终止当前运行的类的方法并返回调用该方法的类，采用的都是 return 语句。

4. throw 语句

throw 语句用于在程序执行期间出现异常情况时抛出异常信号。该语句的使用将在后面第 9 章中详细介绍。

2.7 常用的预处理器指令

预处理器指令不会被转化为可执行的代码，而只是影响编译过程的一些指令。通过使用预处理器指令可以使代码可读性更强，或者使程序员有选择地编译某些代码。下面主要介绍 #region 与 #endregion、#if...#else 与 #endif 两组预处理器指令。

2.7.1 #region 与 #endregion

#region 与 #endregion 预处理器指令主要用于把一段代码标记为一个块，从而提高代码的可读性。

【实例 2-29】#region 与 #endregion 预处理器指令的使用。

```
#region                                   //预处理器指令开始
Console.WriteLine("begin");               //输出信息
Console.WriteLine("end");
#endregion                                //预处理器指令结束
```

注意，这一组指令必须以 #region 开头，以 #endregion 结尾。当使用 #region 与

#endregion 预处理器后，在编辑器中可以将这一块代码收缩为一行，使阅读更加方便。

2.7.2 #if...#else 与 #endif

#if...#else 与 #endif 这一组预处理器指令用于告诉编译器是否编译某段代码，这样可以根据当前环境需要选择代码的执行。

【实例 2-30】#if...#else 与 #endif 预处理器指令的使用。

```
#if (DEBUG && !VC_V7)          // 如果是 debug 并且不是 vc_v7 版本，则执行下面的语句
        Console.WriteLine("DEBUG is defined");
#else                          // 不符合则执行下面的语句
        Console.WriteLine("DEBUG and VC_V7 are not defined");
#endif                         // 执行完成
```

这组预处理器指令以 #if 开头，以 #endif 结束。

习　题

1. 下面哪些输入变量声明是正确的？

```
int a@shag;
string s_ew;
byte s+ewd;
int a = 10;
string s = 10;
int a = "100";
```

2. 引用类型和值类型的区别是什么？

3. continue 关键字的用处是什么？

4. #region 与 #endregion 的作用是什么？

5. 编写一段代码，判断一个值的大小。如果这个值大于 100，则输出"值太大"的信息，否则输出"值合适"的信息。

6. 编写一段代码，在代码中需要声明一个 3 行 3 列的数组，然后利用循环语句将数组中的每个值都输出。

7. 编写一段代码，将 842317965 按 123456789 顺序输出。

第 3 章
类和结构

　　类和结构都是对现实世界的抽象，都包含数据和处理数据的方法。例如，"人"可以被抽象为一个类，它可以包含"姓名""性别""年龄"等特征，并有"呼吸"和"吃饭"等方法。本章将介绍面向对象和类的基本知识，内容包括：

※ 面向对象程序设计
※ 类的定义
※ 类的初始化、赋值和析构
※ 类的方法
※ 类的属性
※ 结构

3.1 面向对象程序设计

　　要了解面向对象的设计思想，需要知道面向对象的由来，还要掌握面向对象的基本概念，理解面向对象中的各种机制的特点。本节将通过一个例子详细介绍面向对象的各种概念。

3.1.1 面向对象程序设计的由来

　　面向对象程序设计的英文是 Object-Oriented Programming，也就是在各种场合经常见到的缩写 OOP。对象作为编程实体，最早是于 1960 年由 Simula 67 语言引入的。面向对象程序设计在 20 世纪 80 年代末成为主流的设计思想，这主要应归功于 C++——C 语言的扩充版。在图形用户界面（GUI）日益风行的情况下，面向对象程序设计很好地适应了 GUI 的发展。GUI 和面向对象程序设计的紧密关联在 Mac OS X 中可见一斑。Mac OS X 是由面向对象的 C 语言编写的，该语言是一个仿 Smalltalk 的 C 语言扩充版。面向对象的设计思想也使事件处理式的程序设计更加广泛地被应用（虽然这一概念并非仅存在于面向对象程序设计中）。有一种说法是，GUI 的引入极大地推动了面向对象程序设计的发展。

　　在早期的程序设计中，主张将程序设计为一系列函数的集合。传统的软件开发方法——结构化程序设计方法存在以下几个问题：

- 软件的重用性差。重用性是指某个事物产生之后，不需要经过修改或稍微修改便可重复使用的性质。软件重用性是软件工程追求的目标之一。传统方法开发的软件由于将所有的处理全放在一个函数中，因此导致软件的重用性很差。
- 软件的可维护性差。软件工程特别强调软件的可维护性，其原因在于软件的可维护性直接与项目的成本挂钩。在软件开发过程中，始终将可读性、可修改性和可测试性作为评定软件质量的重要指标。实践证明，用传统方法开发出来的软件，维护费用和成本很高，其原因是软件可修改性差、维护困难，导致可维护性差。
- 开发出来的软件不能满足用户需要。结构化方法将目标系统整体功能自顶向下地不断分解，把复杂的处理分解为较简单的子处理，这样一层一层地分解下去，直到分解成若干个容易实现的子处理为止；然后编写相应的代码来描述各个最底层的子处理，因此，结构化方法是围绕实现处理功能的"过程"来构造系统的。用这种方法设计出来的系统结构常常是不稳定的，用户需求的变化往往造成系统结构的较大变化，从而需要付出很大代价才能实现这种变化。由于开发初期，用户的需求是不明确的，随着开发的不断深入会发生很大改变，而改变可能会导致软件结构的调整。因此，结构化软件很难满足现在日益复杂的大型软件。

在面向对象的程序设计中，每个对象都能接收数据、处理数据并将数据传送给其他对象。当设计完一个模型后就可以在其他地方使用，具有很好的重用性。同时由于将数据与方法封装在一个模块中，只需要修改模块便可以完成软件的维护，使其具有很好的维护性。由于具有很好的可修改性，当遇到需求不确定的用户时，可以先设计一个相对宽泛的结构，等待用户需求明确后再进行升级。

3.1.2 面向对象的概念举例

提到"狗"的概念，人们就会想到一种有眼睛、鼻子、四条腿等特征的动物。每条狗都有自己的特点，人们会根据狗的某些特点判断出是什么狗。这里就将"狗"看作一个类，这个类定义了狗是哪种类型的动物，具体到每个人养的狗就是一个"对象"，是符合"狗"这一概念的一个具体的动物。

母狗会生小狗，产下的小狗或多或少地都会具有父母的特性，但同时又会有自己的特点，这就是继承机制。其中，父母相当于父类，它定义了继承这个类的所有子类所需要的一些特性；生下的小狗相当于子类，它带有父类规定的各种特性，但同时又会有自己的特性。

例如，母狗生下来的小狗，有的小狗是黄色毛，有的小狗是黑色毛；有的小狗跑得很快，有的小狗却跑得慢。这就是多态性，多态性是指子类继承父类的同一方法后却有不同的实现。

例如，狗有吠的能力，老虎也有吠的能力，但狗和老虎不是同一个类型的物种，即不属于同一个类。吠的能力就像类中的接口，它指定了对象必须具有的功能，而类则是指定了对象是什么。

> **技巧**：进行面向对象设计时，可以将现实生活与程序联系起来。如设计一个人员管理系统时，首先考虑将人设计为一个类，然后考虑现实中人有哪些特点，能够做哪些事情，最后将这些特征体现在类的设计中。

3.2 类的定义

类是面向对象程序设计的一个基本概念，是对同一种事物的抽象描述。类作为面向对象编程的操作单元，掌握定义类的方法是面向对象设计中最基本的要求。类由数据和成员函数构成，用于描述对象的特征和功能，其中，数据保存类的状态，成员函数描述类的功能。本节介绍 C# 中定义类的方法。

3.2.1 类的声明

在 C# 中，声明类的语法格式如下：

```
[accesslevel] class classname
{
    data member;
    function member;
}
```

其中，accesslevel 表示类的访问级别，它是可选项。类的访问级别分为 public、internal、protected、private 四个级别，如果访问级别不选则默认为 internal 级别。class 是声明类的关键字，必选。classname 为类的名称，必选。data member 表示数据成员，可选。function member 表示成员函数，可选。

【实例 3-1】 声明一个 Dog 类。

```
public class Dog
{
    public string   Type;        // 品种
    public string   FurColor;    // 毛色
    public int      FurLength;   // 毛的长短
    public string   EarShape;    // 耳朵形状

    public void barking()
    {
        Console.WriteLine("The dog is barking.");
    }
}
```

上面的代码中，声明了一个"Dog"类，这个类中包括 4 个数据成员：Types、FurColor、FurLength 和 EarShape，还包括一个成员函数 barking。

3.2.2 类的数据成员

类的数据成员包含类的数据（字段、常量、时间）。数据成员可以是静态成员或实例数据。一般来说，除非特别声明了数据成员是静态的，否则数据成员都是实例成员。

在类中，数据成员用于存储类的状态，只有非常量的数据成员是可以更改的。

【**实例 3-1**】声明一个 person 类，包含了年龄、姓、名、国籍和性别等数据成员，其中性别被设计为私有字段，也就是说，从类的外部不能访问这个字段，其他字段为公有字段，从类的外部就可以访问。

```
class person                        //声明一个 person 类
{
    public int age;                 //年龄，公共字段
    public string firstname;        //姓
    public string secondname;       //名
    public string nation;           //国籍
    private string sexual;          //私有，性别
}
```

声明的这个类在 VS 中存储后，其结构展开如图 3-1 所示。

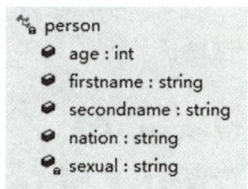

图 3-1 个人信息类的结构图

类声明之后，实例化便可以访问类的公有数据成员，但不能访问类中定义为私有的数据成员。

【**实例 3-2**】实例化类产生了一个对象，并给对象赋值，最后将对象的值输出到界面。

```
person newman = new person();              //实例化类，产生一个 newman 对象
newman.age = 18;                           //给 newman 对象的 age 字段赋值
Console.WriteLine(newman.age);             //访问 newman 对象的年龄信息并输出
newman.firstname = "zhang";                //给 newman 对象的 firstname 赋值
Console.WriteLine(newman.firstname);       //输出对象的姓

newman.nation = "China";                   //给 newman 对象的 nation 赋值
Console.WriteLine(newman.nation);          //输出对象的国籍信息
newman.secondname = "san";                 //给 newman 对象的 secondname 赋值
Console.WriteLine(newman.secondname);      //输出对象的名
//newman.sexual = "man";                   //不能给 newman 对象的性别赋值
```

注意，私有属性没有办法从类的外面赋值和访问。输出结果如下：

```
18
zhang
China
san
```

3.2.3 类的成员函数

类的成员函数提供了操作类中数据的某些功能，包括方法、属性、构造函数等。在 C# 中不存在与类不相关的函数，所有的函数都必须存在于类中。本节主要介绍以下几种类型的成员函数：

- 方法：是与特定类相关的函数，可以是静态方法也可以是实例方法。
- 属性：将数据字段封装起来，访问方式同类的公共字段一样，但可以控制字段的读写属性，从而控制字段的访问方式。
- 构造函数：是在实例化对象时自动调用的函数，一个类可以有一个或多个构造函数。它们必须与所属的类同名，并且不能有返回类型。构造函数一般用于在类实例化时为类的各个字段设置初始值。

【实例 3-3】定义一个包含成员函数的类。

```
class FunctionExample                          //声明一个类
{
    private string nameExample;                //私有字段
    //设置一个仅可读的属性
    public string NameExample
    {
        get { return nameExample; }            // 不能设置属性值
    }
    //一个方法
    public string changeExampleName()
    {
        nameExample = nameExample + "changded"; // 设置新的值
        return nameExample;                     // 返回值
    }
}
```

上面这段代码中声明了一个类 FunctionExample，这个类有一个私有字段 nameExample，有一个仅可读的公有属性 NameExample，这样就确定了在类的外部没有任何途径可以修改 nameExample 这个字段，然后定义了一个方法 changeExampleName，通过这个方法可以修改并得到修改过的 nameExample 值。这个类的结构如图 3-2 所示。

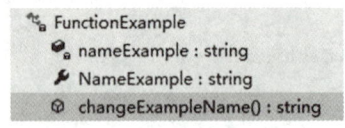

图 3-2 FunctionExample 类的结构图

> **注意**：一般设计类时，数据成员都被设置为私有的，用以防止其他程序直接修改这些字段。如果需要修改这些字段，需要通过类指定的方法进行。

3.2.4 类的静态成员

类的静态成员是指类的静态数据成员和静态函数。这种类成员通常不用实例化就能使用，也就是说，在类的生存周期一直存在。

（1）静态数据成员的声明语法格式

```
[accesslevel] static staticName;
```

其中 accesslevel 为静态数据成员的访问级别，分为 public、protected、private 三个级别，默认为 private 级别，可选。static 为关键字，必选。staticName 为静态数据成员的名称，必选。

（2）静态函数的声明语法格式

```
accesslevel static returntype staticFunctionName(parament list)
```

其中 accesslevel 为静态函数的访问级别，分为 public、protected、private 三个级别，默认为 private 级别，可选。static 为关键字，必选。returntype 表示静态函数的返回值，必选。staticFunctionName 为静态函数的名称，必选。parament list 为静态函数的形式参数。参数列表中的每个参数必须包含参数的类型和在方法中被引用的名称。如果方法的返回值不是 void，则必须将 return 与返回值一起使用。

【实例 3-4】声明一个名为 FunctionExample 的类，FunctionExample 类中包含一个静态字段 nameExample 和一个静态方法 changeExampleName。

```
class FunctionExample                                    //声明一个类
{
    public static string nameExample;                    //静态字段
    //一个静态方法
    public static string changeExampleName()
    {
        nameExample = nameExample + "changded";          //改变字段的值
        return nameExample;                              //返回
    }
}
```

FunctionExample 类的结构如图 3-3 所示。

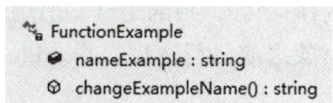

图 3-3　FunctionExample 类的结构图

如果要访问这个类中的字段和方法，不需要实例化类，只需要用类名加静态字段名或静态方法名即可。

【实例 3-5】给类的静态字段赋值，再调用类的静态方法改变字段的值，最后获取静态字段值并输出结果。

```
FunctionExample.nameExample = "right";                   //给类的静态字段赋值
FunctionExample.changeExampleName();                     //调用类的静态方法
Console.WriteLine(FunctionExample.nameExample);          //获取类的静态字段并输出值
```

注意，在整个操作过程中都没有实例化类，而是直接使用类名加静态字段名或静态方法名完成操作的。

3.2.5 类成员的保护机制

类成员的保护机制是指通过使用访问修饰符关键字来限定在类的外部是否有权限访问类的成员。一个成员只能有一个访问修饰符。如果在成员声明中未明确给出访问修饰符，则该成员使用默认的访问修饰符。访问修饰符分为以下三种：

- public：指定所声明的编程元素没有访问限制。公共访问级别是允许的最高访问级别，对所声明为 public 的成员没有访问限制。
- private：指定所声明的编程元素是私有访问级别。私有访问级别是允许的最低访问级别。声明为 private 级别的元素只有在声明它们的类和结构体中才是可访问的，同一体中的嵌套类型也可以访问当前体中的私有成员。在类或结构中定义为私有的成员，在类或结构外引用它们会导致编译错误。
- protected：protected 表示所声明的成员是受保护的。受保护的成员在声明它的类中可访问，并且可由其派生类（派生类的概念将在第 4 章介绍）访问。仅当需要访问派生类中的成员时，基类的受保护成员在派生类中才是可访问的。

> 说明：设置访问权限时需要综合考虑类的安全性和使用的灵活性，不能仅为了安全将所有的成员设置为私有，那将导致其他类无法使用该类；也不能为了使用方便将所有的成员设置为公有，使其他类可以任意使用这个类的成员。

3.2.6 object 类

object 类是所有类的基类，通常使用 object 类进行参数的传递，然后再将 object 类转为需要的变量类型。object 类提供给继承的类使用的方法有：

- Equals：支持对象间的比较。它可以比较自己与指定的 object 对象是否相等，也可以比较指定的两个 object 对象是否相等。如果相等则返回 true，否则返回 false。注意，这个方法默认为引用相等，指的是这些引用是否为同一对象。
- Finalize：在自动回收对象之前执行清理操作。Finalize 是受保护的，因此只能通过此类或派生类访问它。
- GetHashCode：生成一个与对象的值相对应的数字以支持哈希表的使用。
- ToString：生成描述类的实例的可读文本字符串。

3.3 类的初始化、赋值和析构

类的初始化是指实例化一个类后类的初始值，赋值是指实例化类后如何操作类的数据成员，析构则是指将实例化的类释放时需要进行的操作。通过这些操作，用户可以自己控制类实例化成对象后该对象的生存周期，以及生存期的行为。

3.3.1 类的初始化

类的初始化是指在实例化类时,在类的构造函数执行之前执行的操作。在类实例化时,类会调用构造函数来对类的各项进行最初始的赋值,但是,在构造函数被调用之前,类还会执行一系列的操作,如静态成员的调用,实例成员的执行等。

【实例 3-6】定义两个类:一个信息显示类,一个示范类。信息显示类中有一个构造函数(构造函数的概念在 3.3.2 小节介绍)用于输出信息。示范类中有一个静态成员,一个实例成员,一个构造函数。具体代码如下:

```
class showInfo                                              //声明信息显示类
{
    //类的构造函数,要求传入参数字符串
    public showInfo(string info)
    {
        Console.WriteLine(info);                            //输出信息
    }
}
class InitialExample                                        //声明一个示范类
{
    public static showInfo ssi = new showInfo("静态成员");   //静态成员
    public showInfo si = new showInfo("实例成员");           //实例成员
    //构造函数
    public InitialExample()
    {
        Console.WriteLine("构造函数");                       //输出信息
    }
}
static void Main(string[] args)
{
    InitialExample fe = new InitialExample ();              //实例化示范类
    Console.ReadLine();                                     //等待用户输入
}
```

上面代码中通过实例化对象,可以看到输出信息的顺序是静态成员、实例成员、构造函数,也就是说先执行静态成员,然后执行实例成员,最后执行构造函数。上面代码的输出结果如下:

```
静态成员
实例成员
构造函数
```

在类的初始化中有以下几个规则:

- 类成员变量初始化先于类的构造函数。
- 静态成员变量先于实例变量。
- 子类成员变量先于父类成员变量(子类和父类的概念在第 4 章介绍)。
- 父类构造函数先于子类构造函数。

3.3.2 类的构造函数

类的构造函数指类实例化时自动调用的与类名相同的一个特殊函数,其功能一般为初始化类的字段、属性、方法等成员。

【实例 3-7】定义一个类,在类中定义一个构造函数。

```
class InitialExample                            //声明一个示范类
{
    //实例成员
    public int init;
    //构造函数
    public InitialExample()
    {
        init = 10;                              //给字段赋值
        Console.WriteLine(" 构造函数 ");        //输出信息
    }
}
```

上面这段代码是声明了一个不需要参数的构造函数,并在构造函数中给类的一个数据字段赋初值。类或结构可能有多个接收不同参数的构造函数,程序员可以通过在初始化时传递不同的参数来调用不同的构造函数。构造函数使得程序员可设置默认值、限制实例化以及编写灵活且便于阅读的代码。如果没有为对象提供构造函数,则默认情况下 C# 将创建一个构造函数,该构造函数实例化对象,并将所有成员变量设置为表 3-1 所示的默认值。

表 3-1 默认构造函数设置的默认值

bool	false
byte	0
char	'\0'
decimal	0.0M
double	0.0D
enum	表达式 (E)0 产生的值,其中 E 为 enum 标识符
float	0.0F
int	0
long	0L
sbyte	0
short	0
struct	将所有的值类型字段设置为默认值,并将所有的引用类型字段值设置为 null
uint	0
ulong	0
ushort	0

用户也可以通过将默认的构造函数设置成为私有函数来限制使用者使用这个构造函数。

> **注意**：构造函数作为类的初始化手段，不要随意地设置为私有。程序员可以通过构造函数设置类的初始值。例如，设计一个关于人的类，可以通过构造函数设置某个具体的人（即一个对象）的年龄、性别等特性。

【实例 3-8】声明了一个与薪水相关的类，该类包含一个私有成员 Salary，该成员只能通过 GetSalary 方法访问。同时该类中将没有参数的构造函数设置为私有级别，这样就使得类在被实例化时必须传递参数。

```
class structFunctionExample
{
    private int Salary;                 //薪水值，私有的，不能直接访问
    //得到当前薪水值
    public void GetSalary()
    {
        Console.WriteLine(Salary);  //输出当前薪水值
    }
    //将不带参数的构造函数设为私有，默认不能使用
    private structFunctionExample()
    {
    }
    //带一个参数的构造函数
    public structFunctionExample(int SumSalary)
    {
        Console.WriteLine("这是一个参数的构造函数");
        Salary = SumSalary;             //初始化薪水值
    }
    //带两个参数的构造函数
    public structFunctionExample(int daySalary, int days)
    {
        Console.WriteLine("这是两个参数的构造函数");
        Salary = days * daySalary;      //初始化薪水值
    }
}
static void Main(string[] args)
{
    //structFunctionExample tempSF = new structFunctionExample();
    //错误，不能调用
    structFunctionExample tempSF = new structFunctionExample(1000);
    //实例化类时调用一个参数的构造函数
    tempSF.GetSalary();                 //将当前值输出，结果为1000
    structFunctionExample tempSF1 = new structFunctionExample(100, 30);
    //实例化类时调用拥有两个参数的构造函数
    tempSF1.GetSalary();                //将当前值输出，结果为3000
}
```

在上面的代码中，当类实例化时，编译器会根据传递参数的数目自动选择调用匹配的构造函数。在主函数中，类实例化时在括号中输入需要初始设置的参数值，最后得到一个期望的对象。代码运行的输出结果如下：

```
这是一个参数的构造函数
1000
```

```
这是两个参数的构造函数
3000
```

3.3.3 类的析构函数

类的析构函数用于指定在实例化的类（即对象）消亡时应当进行的操作。一个类只能有一个析构函数，无法继承或重载析构函数，也不能调用析构函数，它们是被自动调用的。

析构函数既没有修饰符，也没有参数。在 C# 中，不需要太多地关心内存管理，但是当应用程序中使用封装窗口、文件和网络连接这类非托管资源时，应当使用析构函数释放这些资源，同时还可以调用 Collect 方法强制进行资源的回收。

下面这段代码演示了如何声明一个析构函数。

```
class Car
{
    ~ Car()                          //析构函数
    {
                                     //清除操作的语句
    }
}
```

注意，程序员不能主动调用析构函数。如果没有声明析构函数，系统会自动回收类的资源。

3.3.4 按成员赋值

按成员赋值是指在类实例化为对象时，虽然调用了构造函数来赋值，但是在以后需要改变对象的状态时，就需要重新赋值。

> **注意**：给字段赋值时，一般通过方法来进行，直接访问字段的方式会导致很多不确定的因素。例如，设置一个人的性别应只有男、女两种选择，如果设置这两种选择外的值则会造成系统的混乱。当通过方法设置时，可以过滤掉不正确的赋值。

【实例 3-9】声明一个类，在类中有一个私有字段、一个公有字段、一个读取私有字段值的方法和一个设置私有字段值的方法。

```
class GiveValue
{
    public string typeofname;                //类型名，公有字段
    private string name;                     //名称，私有字段，不能直接访问
    //设置私有字段 name 的值
    public void SetName(string newname)
    {
        name = newname;                      //设置字段值
    }
    //获取私有字段 name 的值
    public string GetName()
    {
```

```
            return name;                        //返回值
        }
    }
    static void Main(string[] args)
    {
        GiveValue tempGV = new GiveValue();      //实例化类
        tempGV.typeofname = "ming";              //给对象的typeofname字段赋值，
                                                 //输出结果
        Console.WriteLine(tempGV.typeofname);
        tempGV.SetName("jie");                   //设置私有字段的值，并读取字段输出
        Console.WriteLine(tempGV.GetName());
    }
```

在 GiveValue 类中设置了两个方法来改变私有字段 name 的值。在主函数中实例化类后，直接给公有字段 typeofname 赋值，调用 SetName 方法给私有字段 name 赋值。注意，不能直接对私有字段 name 进行赋值操作。因为公有字段可以直接赋值，所以不需要设置方法来改变该字段的值。上面代码的输出结果如下：

```
ming
jie
```

3.4 类的方法

在 C# 中，类的方法就是类提供给调用者能够进行的操作。类的方法提供了改变类状态的方式，同时屏蔽了使用者对类中有些字段的直接操作。本节介绍类方法的基本知识，以及如何有效地设计类的方法。

3.4.1 方法的声明方式

类中方法声明的语法格式如下：

```
[accesslevel] returntype methodname(parameter list)
{
    statement;
}
```

accesslevel 代表访问级别，包括 public、protected、private 三种，默认级别为 private，可选。returntype 表示函数的返回类型，必选。methodname 表示方法名称，必选。parementer list 表示参数列表，可选，其中每个参数必须包含参数的类型和在方法中被引用的名称，即参数列表格式为：类型 参数名 1, 类型 参数名 2, ……statement 表示具体的操作方式，如果 statement 中没有 return 语句，或者 return 语句中没有给出返回值，则方法的返回值必须是 void；如果方法的返回值不是 void，必须将 return 与返回值一起使用，来指定返回类型的值。

【实例 3-10】在类中声明方法。定义一个类，在类中声明三个方法，每个方法完成一种类型的运算。具体代码如下：

```
class operateClass
{
    // 声明加的方法
    public int addNumber(int num1, int num2)
    {
        return num1 + num2;              // 返回相加的结果
    }
    // 声明除的方法
    public int devideNumber(int num1, int num2)
    {
        return num1 / num2;              // 返回相除的结果
    }
    // 声明乘的方法
    public int multiplyNumber(int num1, int num2)
    {
        return num1 * num2;              // 返回相乘的结果
    }
}
```

上面的代码中声明了一个简单的运算类，提供了加法、除法和乘法的运算。每个方法都返回一个整型值。通过实例化这个类便可以使用该类的方法了，使用这些方法时可以完全不需要知道方法的实现细节。

3.4.2 方法设计的一般准则

类中方法的设计虽然没有一个固定的规则，但还是有一些基本准则的。

（1）最好将统一的操作抽象出来，这样可以简化代码，提高代码的重用率。

【实例 3-11】定义一个类和一个简单的抽象方法。

```
class personInfo
{
    // 几个公有字段
    public int age;              // 年龄字段
    public string name;          // 姓名字段
    public string sexual;        // 性别字段
}
// 抽象的方法，给类 personInfo 赋值
void FillInfo(personInfo pi, int aimage, string aimname, string aimsexual)
{
    pi.age = aimage;             // 设置年龄字段值
    pi.name = aimname;           // 设置姓名字段值
    pi.sexual = aimsexual;       // 设置性别字段值
}
```

上面的代码中声明了一个简单的 personInfo 类，同时还声明了一个 FillInfo 方法，该方法用于给类赋值。以后只要将需要赋值的类和需要的参数值传入此方法中，便可以完成此类的赋值操作。

（2）每个方法尽量只做一件事，不要把所有操作放在一个方法中，这样可以把每个方法变为最小单元，方便代码的重用。

（3）尽量利用现有成熟的方法，不要尝试自己写一个不明确的方法，这样才能提高效率。

> **注意**：方法中的代码不要太长，否则会造成方法难以管理。将方法的功能单一化就是有效减少代码行数的方法。

3.4.3 方法中的参数

方法中的参数是操作方法所需要的条件。参数的传递一般有两种类型：一种是虽然在方法中改变了传入的参数值，但当控制传递回调用的过程时，却不保留改变的值，这种类型叫作传值；另一种是在方法中改变了传入的参数值，当控制传递回调用的过程后，仍然保留更改后的值，这种类型叫作传引用。

下面这段代码声明了用一个转换类来转换字符串。代码中包含一个转换类，该类中有一个转换字符的方法；还有一个测试类，用于进行传参测试。在主函数中实例化一个测试类和一个参数转换类。调用参数转换类对测试类和字符串进行操作。具体代码如下：

```csharp
//声明一个操作类，专门用来改变参数值
public class operateClass
{
    //改变参数值的方法
    public void changeValue(string waitValue)
    {
        waitValue = "changed";                      //初始化变量
        Console.WriteLine(waitValue);               //输出变量
    }
}
//声明一个拥有测试的类，里面有一个公共的字段
public class testEx
{
    public string nameS;                            //公共字段
}
//主函数
static void Main(string[] args)
{
        string aimValue = "initial";                //声明一个字符串变量
        testEx te = new testEx();                   //声明一个对象，并且给对象赋值
        te.nameS = "another initial";
        operateClass oc = new operateClass();       //声明一个转换类的对象
        Console.WriteLine(aimValue);                //输出两个值
        Console.WriteLine(te.nameS);
        oc.changeValue(te.nameS);                   //调用转换方法转换两个值
        oc.changeValue(aimValue);
        Console.WriteLine(te.nameS);                //输出转换过之后的值
        Console.WriteLine(aimValue);
        Console.ReadLine();                         //等待用户输入值
}
```

在主函数中，首先输出转换前的值 initial 和 another initial，然后调用转换类中的转换方法，输出转换值 changed 和 changed，最后输出转换之后的参数值，值没有改变，还是原来的 initial 和 another initial，说明方法并没有改变传递进入的参数值。上面代码的

执行结果如下:

```
initial
another initial
changed
changed
another initial
initial
```

如果想永久地改变传入的参数值,有三种方法:一是传递引用类型的变量,如实例化类后的对象;二是在方法编写时将参数声明为 ref 类型;三是将参数声明为 out 类型。上述三种方法都能保存修改的值。

下面的代码演示了四种传递参数的方法,通过运行结果可以查看这四种方式是否改变了传递参数的值。

```csharp
//定义一个操作类
public class operateClass
{
    //一般的传值方法
    public void changeStringValue(string waitValue)
    {
        waitValue = waitValue + "changed";        //修改参数变量的值
        Console.WriteLine(waitValue);              //输出修改后的值
    }
    //ref 传递参数的方法
    public void changeRefValue(ref string value)
    {
        value = "ref changed";                     //初始化参数变量
        Console.WriteLine(value);                  //输出赋值后的值
    }
    //传递对象参数的方法
    public void changeClassValue(testEx waitValue)
    {
        //修改传入的对象参数的字段变量
        waitValue.nameS =waitValue.nameS + "class changed";
        Console.WriteLine(waitValue.nameS);        //输出修改后的字段变量值
    }
    //out 类型的参数处理方法
    public void changeOutValue(out string value)
    {
        //value = value + "ddd";                   //错误,因为 out 型参数编译器会默认为未赋值
        value = "out changed";                     //设置初始值
        Console.WriteLine(value);                  //输出参变量的值
    }
}
//定义一个测试类,包含一个公共属性
public class testEx
{
    public string nameS;                           //声明一个公有字段变量
}
static void Main(string[] args)
{
    //定义变量并初始化
    string aimValue1 = "one state";
```

```
        string aimValue2 = "out state";
        //string aimValue2;            // 对于声明参数为 out 型的方法，传入的参数可以是未赋值的
        string aimValue3 = "ref state";
        //string aimValue3;            // 错误，对于声明参数为 ref 型的方法，传入的参数必须是已经赋值的

        testEx te = new testEx();                   // 实例化一个 testEx 类对象，并初始化
        te.nameS = "class state";
        operateClass oc = new operateClass();       // 实例化一个 operateClass 类对象

        Console.WriteLine(aimValue1);               // 输出变量的当前值
        Console.WriteLine(aimValue2);               // 输出变量的当前值
        Console.WriteLine(aimValue3);               // 输出变量的当前值
        Console.WriteLine(te.nameS);                // 输出对象中的字段值

        oc.changeStringValue(aimValue1);            // 调用 operateClass 类对象的转化方法
        oc.changeOutValue(out aimValue2);           // 调用 operateClass 类对象的转化方法
        oc.changeRefValue(ref aimValue3);           // 调用 operateClass 类对象的转化方法
        oc.changeClassValue(te);                    // 调用 operateClass 类对象的转化方法

        Console.WriteLine(aimValue1);               // 输出转换操作后变量的值
        Console.WriteLine(aimValue2);               // 输出转换操作后变量的值
        Console.WriteLine(aimValue3);               // 输出转换操作后变量的值
        Console.WriteLine(te.nameS);                // 输出转换操作后变量的值

        Console.ReadLine();
    }
```

在上面的代码中，定义了一个操作类 operateClass 和一个测试类 testEx。在 operateClass 类中，定义了四个方法：一个是一般的传值方法，一个是 ref 型的传参方法，一个是 out 型的传参方法，一个是传入对象参数的方法。在主函数中声明了三个变量和一个 operateClass 类的对象，一个 testEx 类的对象，然后调用 operateClass 类中的几个方法输出相应结果。

代码运行后输出的结果如下：

```
one state
out state
ref state
class state
one statechanged
out changed
ref changed
class stateclass changed
one state
out changed
ref changed
class stateclass changed
```

ref 和 out 型参数的区别是 ref 型的参数必须要初始化，而 out 型的参数不用初始化。out 和 ref 在方法中调用时，需要在参数的前面加上这两个关键字。

ref、out 型参数和对象类型的参数在函数中改变后，回到主调函数时改变的值被保存了下来，而作为传值的参数在回到主调函数时，参数值没有改变，仍旧是原来的值。

> **注意**：进行参数传递时，一般不要将参数设置为 ref 或者 out 类型，除非是需要方法返回一个以上的值时才会考虑使用。例如，通过一个方法希望获取一个 int 型的值和一个 string 型的值，则可以考虑使用 ref 或 out 关键字来保存一个返回值。

3.4.4 静态方法与非静态方法

静态方法指不需要实例化类就可以使用的方法，非静态方法指需要将类实例化后才能调用的方法。静态方法类似于全局变量，由 static 关键字标识。具体格式如下：

```
public static int methodName(int num1, int num2)()
public static returntype methodname(parameter list)
{
    statement;
}
```

其中 static 指明了该方法为静态方法。使用静态方法时，用类名加方法名即可。

【实例 3-12】静态方法的使用。

```
static void Main(string[] args)
{
    //直接调用 staticOperate 类的静态方法
    Console.WriteLine(staticOperate.AddNumber(1,2));        //结果为3
    Console.WriteLine(staticOperate.devideNumber(4, 2));    //结果为2
    Console.WriteLine(staticOperate.multiplyNumber(3, 4));  //结果为12
    Console.WriteLine(staticOperate.minusNumber(5, 2));     //结果为3

    //实例化类，并调用实例化方法
    staticOperate so = new staticOperate();
    so.insNumer(10);                                         //调用输出方法
    Console.ReadLine();
}
//静态类
public class staticOperate
{
    //静态加方法
    public static int AddNumber(int num1, int num2)
    {
        return num1 + num2;                                  //返回相加的结果
    }
    //静态乘方法
    public static int multiplyNumber(int num1, int num2)
    {
        return num1 * num2;                                  //返回相乘的结果
    }
    //静态除方法
    public static int devideNumber(int num1, int num2)
    {
        return num1 / num2;                                  //返回相除的结果
    }
    //静态减方法
```

```
        public static int minusNumber(int num1, int num2)
        {
            return num1 - num2;                    //返回相减的结果
        }
        //实例化输出方法
        public void insNumer(int num)
        {
            Console.WriteLine(num);                //输出指定值
        }
    }
```

上面的代码中声明了一个操作类 staticOperate，类中有加、减、乘、除四个静态方法，还有一个输出方法。在主函数中，不需要实例化操作类就可以直接调用加、减、乘、除四个方法；如果想使用输出方法，就必须实例化类后才能调用。对于静态方法，不能实例化后使用，而是必须直接用类名加上方法名的方式使用。

3.4.5 方法的返回值

方法可以向调用方返回值。如果方法的返回类型（方法名称前列出的类型）不是 void，则方法中应该使用 return 关键字来返回值。

如果语句中 return 关键字的后面是与方法返回类型匹配的值，则该语句将这个值返回给方法调用方。return 语句关键字还会停止方法的执行。

如果方法的返回类型为 void，那么可使用没有值的 return 语句来停止方法的执行。如果没有 return 关键字，方法执行到代码块末尾时即会停止。具有非 void 返回类型的方法才能使用 return 关键字返回值。

> **技巧**：使用 return 直接返回简单的操作值可以有效地节省空间。例如，可以用 return x+y 代替 int z=x+y;return z;，这样就节省了存储变量 z 的空间。

【实例 3-13】return 返回语句的使用。

```
static void Main(string[] args)
{
    returnValue rv = new returnValue();                //实例化 returnValue 类
    //通过调用方法返回的值给类 returnExample 的对象赋值
    returnExample tempRe = rv.returnNow(10);
    //输出对象的两个值
    Console.WriteLine(tempRe.num1);                    //结果为 10
    Console.WriteLine(tempRe.num2);                    //结果为 20
    Console.ReadLine();
}
//定义一个 returnExample 类，包含两个公有字段
public class returnExample
{
    public int num1;                                   //字段 1
    public int num2;                                   //字段 2
}
//定义一个 returnValue 类，包含一个有返回值的方法
public class returnValue
```

```
{
    public returnExample returnNow(int num1)
    {
        returnExample re = new returnExample();      //实例化一个类的对象
        re.num1 = num1;                              //设置字段1
        re.num2 = num1 + 10;                         //设置字段2
        return re;                                   //返回值
    }
}
```

上面的代码中定义了两个类,其中类 returnValue 中包含一个返回值为类 returnExample 的方法,即类 returnValue 中的 returnNow 方法返回的是一个 returnExample 类的对象。在 returnNow 方法中,实例化一个 returnExample 对象后,设置对象的两个公有字段。在主函数中通过调用 returnValue 中的方法返回一个对象来初始化 returnExample 类的对象,然后再输出对象中的两个字段值。

3.4.6 方法的重载

方法的重载是指在同一个类的内部可以定义同名的方法,但这些同名方法的参数列表或者类型要不同。参数的重载能够使程序具有更好的可读性。用户调用方法时,系统会自动根据参数列表或类型选择合适的方法,而不是通过返回值来区分要调用的方法。

【实例 3-14】演示方法的重载。

```
static void Main(string[] args)
{
    operateClass oc = new operateClass();            //实例化操作类
    float f1 = 1.234f;                               //定义变量并赋初值
    float f2 = 2.334f;                               //定义变量并赋初值
    int num1 = 12;                                   //定义变量并赋初值
    int num2 = 32;                                   //定义变量并赋初值
    //调用操作类的相加方法,并输出计算结果
    Console.WriteLine(oc.AddThing(f1, f2));          //两个浮点数相加,结果为 3.568
    Console.WriteLine(oc.AddThing(num1, num2));      //两个整数相加,结果为 44
    Console.WriteLine(oc.AddThing("122", "221"));
                    //两个字符串相加,结果为"122221"
    Console.ReadLine();
}
//定义一个操作类
class operateClass
{
    //浮点数相加
    public float AddThing(float f1, float f2)
    {
        Console.WriteLine("浮点相加");                //输出操作类型
        return f1 + f2;                              //返回操作结果
    }
    //整数相加
    public int AddThing(int num1, int num2)
    {
        Console.WriteLine("整数相加");                //输出操作类型
        return num1 + num2;                          //返回操作结果
```

```
        }
        //字符串相加
        public string AddThing(string num1, string num2)
        {
            Console.WriteLine(" 字符串相加 ");        //输出操作类型
            return (num1 + num2);                    //返回操作结果
        }
}
```

上面的代码中定义了一个操作类 operateClass，其中包含三个名称相同的方法，但是参数的类型不同。第一个方法是对两个 float 类型参数进行操作，第二个方法对两个 int 类型参数进行操作，第三个方法是对两个字符串类型参数进行操作。调用时，编译器会自动进行参数匹配，与哪个方法匹配成功就调用哪个方法。

3.5 类的属性

类中除了有数据成员和方法成员之外，还有属性成员，属性成员也称类的属性。类的属性类似于类的字段（数据成员），但同时又具有类中方法的一些特性，它能够进行简单的计算，但是不能进行复杂的计算。类的属性可看作是一种特殊的数据成员，它是由对类的数据成员进行封装而来的。使用属性可更改外部代码对类的数据成员的访问权限。下面将介绍如何定义类的属性，并介绍在程序代码中如何访问类的属性。

3.5.1 属性的定义

属性是对类中的数据进行的封装，所有的属性都是针对数据字段进行操作的。
例如，下面的代码说明了类的属性的定义。

```
class propertyClass
{
    private string tempString;                    //私有字段，外部不能访问
    //封装私有字段的属性，外部可以访问
    public string TempString
    {
        get { return tempString; }                //获取字段值
        set { tempString = value; }               //设置字段值
    }
}
```

上面这段代码中声明了一个类，类中包含一个私有字段 tempString，这个私有字段在类外是不能访问的；然后封装这个私有字段为一个属性，这个属性为外界提供了访问类中私有数据字段的接口。

类中定义属性成员的格式为：

```
public 类型 属性名
{
    get{  }
```

```
        set{ }
}
```

在属性定义中，访问修饰符一般为 public，因为属性通常需要在类外被访问。属性定义中包含一个 set 访问器和一个 get 访问器。set 访问器用于为属性赋值，get 访问器用于获取属性的值。

3.5.2 属性的访问

数据的访问性是指外部是否可以读取或设置类的字段。如果不希望程序员可以随意更改属性的值，则需要创建只读属性，即只提供 get 操作的属性。一般不要仅提供支持 set 操作的属性，如果无法提供 get 操作的属性，可以改用一个方法来实现该功能，此时方法名称应以 Set 开头，后面跟属性名，如方法名 SetTempString。

为所有属性提供适当的默认值，要确保属性的默认值不会导致安全漏洞或设计效率低下。C# 允许按任意顺序设置属性，即便这样做可能会导致出现暂时无效的对象状态也如此。如果属性 setter 引发异常，则保留以前的值，但应避免从属性 getter 中引发异常。属性 getter 应是没有任何前提条件的简单操作。如果 getter 可能会引发异常，则应考虑将该属性重新设计为一个方法。此项建议不适用于索引器。索引可以因参数无效而引发异常。

> **技巧**：在 C# 中封装数据成员时，一般采用属性而不是方法。通过属性成员可以设置数据的访问权限，如是否可以设置，是否可以读取。因此，C# 中的属性更多的是用于对数据的封装。

属性定义后才可以使用，属性的引用格式为：

对象名.属性名

例如，对于 3.5.1 中定义的类 propertyClass，如果实例化此类的一个对象 objProp（propertyClass objProp=new propertyClass();），则引用类中的属性格式即为 objProp.TempString。

【实例 3-15】演示如何访问属性。

```
class propertyClass
{
    private string tempString;                    //私有字段
    //能够设置和读取的属性
    public string TempString
    {
        get { return tempString; }                //读取字段值
        set { tempString = value; }               //设置字段值
    }
    private string getPro = "just Get";           //声明私有字段并设置初始值
    //设置一个仅能读取的属性
    public string GetPro
    {
```

```
            get { return getPro; }                    // 读取字段值
        }
    }
    static void Main(string[] args)
    {
        propertyClass pc = new propertyClass();   // 实例化属性类
        pc.TempString = "set proper";             // 给属性 TempString 赋值
        //pc.GetPro = "set wrong";                错误，不能设置可读属性
        // 读取属性值并输出
        Console.WriteLine(pc.TempString);         // 输出属性字段值
        Console.WriteLine(pc.GetPro);             // 输出属性字段值
        Console.ReadLine();
    }
```

上面的代码中声明了一个属性类 propertyClass，该类中有两个私有字段，一个是可读写的属性，一个是只读的属性。在主函数中通过实例化属性类，可以设置可读写属性的值，但是不能设置仅可读的属性。

3.6 结构

结构是不同的数据类型组成的一个新的数据类型，通常是将一系列相关的变量组织在一起成为一个实体，这个实体就称为结构。组成结构的每个变量称为结构的成员。例如，学生学籍记录中一般包括学生姓名、性别、年龄、家庭住址等，将这四个变量组合在一起形成一个结构变量，使用起来又方便、又直观。

C# 中，结构除了包含变量外，也可以像声明类一样，包含属性和方法，因此，C# 中结构也和类一样，也是数据和方法的集合。它也可以包含字段、属性和方法，但是结构和类不同，结构是值类型，而类是引用类型。结构类型的变量值由各个成员的值组合而成。下面将介绍结构的定义、结构的使用以及比较结构和类之间有哪些相同和不同的地方。

3.6.1 结构的定义

结构的定义和类的定义相似，声明结构的语法格式如下：

```
[accesslevel] struct structname
{
    statement;
}
```

其中，accesslevel 代表访问级别，包括 public、protected、private 三种，默认为 private 访问级别，可选。struct 为声明结构的关键字，必选。structname 为结构名，必选。statement 为字段、属性、方法等成员的声明。

【实例 3-16】演示结构的声明。

```
public struct Student
```

```csharp
{
    private string name;                    // 姓名字段
    private string gender;                  // 性别字段
    private int age;                        // 年龄字段
    private string address;                 // 住址字段
    public Student(int agenum)              // 与结构同名的构造函数
    {
        age=agenum;
        name="";
        address="";
    }
    public string Name()                    // 访问私有变量成员的方法
    {
        return name;
    }
    public string Address                   // 属性
    {
        get { return address; }             // 获取住址字段值
        set { address = value; }            // 设置住址字段值
    }
}
```

上面的代码声明了一个结构，这个结构的声明和类很相似，包含了字段、属性和方法，需要注意的是，结构中的字段不能够进行初始化。结构变量中各成员的使用方法也和类相似。

3.6.2 结构的使用

结构的使用和类基本一样，但是结构是值类型，可作为参数进行传递，当从调用函数回到主调函数后不会改变原来结构的值。声明一个结构类型变量时，可以像类一样使用 new 操作符，也可以不使用 new 操作符，而是像 int、float 等简单类型一样，采用"结构名称.结构变量名称"这样的方式。

> **注意**：结构是值类型，因此作为参数传递时，结构的值被改变后并不能够保存。结构只是将数据提供给方法。

【实例 3-17】结构变量作为方法参数的应用。

```csharp
static void Main(string[] args)
{
    diagramExam dexam = new diagramExam();   // 使用 new 操作符声明一个结构型变量
    // 给结构变量赋值，并输出值
    dexam.angleValue = 10;
    dexam.edgeValue = 10;
    Console.WriteLine("Edge is " + dexam.edgeValue + " and angle is " + dexam.angleValue);
    // 直接声明一个结构型的变量
    diagramExam dexam2;
    // 给结构变量赋值，并输出值
    dexam2.angleValue = 20;                  // 设置字段值
    dexam2.edgeValue = 20;                   // 设置字段值
```

```
            Console.WriteLine("Edge is " + dexam2.edgeValue + " and angle is " +
        dexam2.angleValue);
            //实例化一个转换类
            operateChange oc = new operateChange();
            //调用转换方法转换结构
            oc.changeValue(dexam, "diagram1");              //调用转换方法
            oc.changeValue(dexam2, "diagram2");             //调用转换方法
            //输出转换后的值
            Console.WriteLine("Edge is " + dexam.edgeValue + " and angle is " +
        dexam.angleValue);
            Console.WriteLine("Edge is " + dexam2.edgeValue + " and angle is " +
        dexam2.angleValue);
            Console.ReadLine();
        }
    //图的结构
    struct diagramExam
    {
        //声明边和角度
        public int edgeValue;
        public int angleValue;
    }
    //转换操作的类
    class operateChange
    {
        //转换的方法
        public void changeValue(diagramExam de,string objectname)
        {
            de.edgeValue = 50;                              //设置值
            de.angleValue = 50;                             //设置值
            Console.WriteLine("objectname is " + objectname + " Edge is " +
        de.edgeValue + " and angle is " + de.angleValue);   //输出值
        }
    }
}
```

上面的代码中定义了一个简单的图的结构 diagramExam，一个转换操作的类 operateChange。在主函数中，结构变量声明时可以使用 new 操作符，也可以直接声明，使用"."操作符访问结构中的字段。代码执行的输出结果如下：

```
Edge is 10 and angle is 10
Edge is 20 and angle is 20
objectname is diagram1 Edge is 50 and angle is 50
objectname is diagram2 Edge is 50 and angle is 50
Edge is 10 and angle is 10
Edge is 20 and angle is 20
```

从上面的代码运行结果可以发现，调用 operateChange 类的转换方法进行结构值的更改，但是回到主函数后结构变量的值仍然不变。这是由于结构是值类型，因此不能够保存转换后的值。

3.6.3 结构与类的比较

类是引用类型，而结构是值类型。引用类型的内存是在堆中分配的，并且由垃圾回收器来管理；值类型则在栈上或以内联的形式分配内存，且在它们不再被使用时会被自

动释放。通常，值类型的分配和释放开销更小，但是，如果在存在大量的装箱和拆箱操作的情况下，则使用值类型的性能优势可能不如使用引用类型。如果所定义类型的变量占用的内存空间不大，且通常生存期短或要嵌入其他对象中，则应考虑使用结构而不是类。

要将某种类型定义为结构，这种类型需要具备以下所有特征：
- 它在逻辑上表示单个值，与基元类型（整型、双精度型等）类似。
- 它的实例大小小于 16 字节。
- 它是不可变的。
- 它不必频繁被装箱。

如果这些条件中有一个或多个没有被满足，则应该创建引用类型（类）而不是结构。否则，可能会对所开发软件的性能产生负面影响。

1. 如何定义一个类，类由几部分组成？
2. 类如何赋初值？类如何释放它所占用的资源？
3. 描述 private、public 和 protected 三种修饰符表示的访问权限。
4. 在 C# 中，一般的类如果没有写默认的构造函数，编译器会为它自动生成一个吗？
5. 编写一段代码，代码中定义一个"猫"类，类中包含猫的年龄、重量和跑的方法。
6. 编写一段代码完成下面功能：输入五个数字，再计算出五个数字的平均值。要求必须通过一个类来完成计算和输出。
7. 编写一段代码，模拟猫听到老鼠的声音后，完成捕捉老鼠的功能。要求代码中包含三个类：一个"猫"类、一个"老鼠"类和一个"声音"类。

第4章 继 承

继承是指一个类派生于另一个类，并拥有该类的所有成员字段和函数，能够增加代码的重用率。本章将介绍类的继承机制的基础知识，内容包括：

※ 继承机制简介
※ 类的多态性
※ 类继承的类型
※ 类的抽象与密封特性

4.1 继承机制简介

继承是面向对象的核心内容，它非常符合软件工程的理念。继承机制使代码具有很高的重用性，让设计者能够根据需求继承不同的类，省去了重新编写功能代码的过程。下面将介绍继承的基本概念，并指出什么时候需要使用继承机制。

4.1.1 继承的定义

继承就是让一个类获取另一个类的所有方法和属性，并能够根据自己的需求将获取的方法进行适当的修改。例如，交通工具具有运输物品或人的功能，飞机继承自交通工具，所以具有了运输物品或人的功能。汽车指有四个轮子的、能够快速行驶、运输物品或人的工具，小轿车继承自汽车，所以小轿车也是有四个轮子、能够快速行驶、能运输物品或人的工具。

一般地，如果在类 A 的基础上构建类 B，就称类 B 继承了类 A，类 A 是类 B 的基类（base class，也称父类），类 B 是类 A 的派生类（derived class，也称子类）。

继承的语法格式如下：

```
[accesslevel] class 派生类名：基类名
{
    statement;
}
```

其中，accesslevel 代表访问级别，包括 public、protected、private 三种，默认为 private

访问级别,可选。class 为声明类的关键字,必选。派生类名和基类名中间以冒号(:)分隔开,必选。statement 为类中字段、属性、方法等成员的声明。

【实例 4-1】通过定义一个汽车类,演示类的继承。

```csharp
static void Main(string[] args)
{
    littleCar lc = new littleCar();         //声明一个小汽车的类对象
    lc.CarRun();                            //调用"跑"的方法
    Console.ReadLine();
}
//汽车类
class carClass
{
    private string carName;                 //车名字段
    //车名属性
    public string CarName
    {
        get { return carName; }             //获取车名
        set { carName = value; }            //设置车名
    }
    //车"跑"的方法
    public void CarRun()
    {
        Console.WriteLine(carName + " is running");//输出
    }
}
//声明小汽车类,继承自汽车类
class littleCar:carClass
{
    public littleCar()                      //新定义一个方法
    {
        CarName = "little car";             //设置车名
    }
}
```

在上面的代码中,定义了一个汽车类的基类 carClass,还定义了一个小汽车类 littleCar,小汽车类继承自汽车类,是汽车类的派生类(或称子类)。在主函数中实例化了一个小汽车类的对象 lc,小汽车类中并没有定义 CarRun 方法,因为小汽车类是汽车类的派生类,所以可以使用继承自汽车类的 CarRun 方法。

4.1.2 继承中的基本概念

下面是两对继承中的重要概念,在后续的章节中会经常使用。

- 基类与派生类:基类指在继承中被继承的类,派生类则指继承后的类。例如,汽车为基类,小汽车为派生类。
- 子类与父类:子类和父类如同它们的名字一样。父类为包含最基本功能的类,子类指除了包含父类的基本方法外还包含自身特定的方法。

基类与派生类、子类与父类是相对应的概念,需要成对出现。实际上,基类与父类相对应,派出类与子类相对应。

4.1.3 何时使用继承

继承是非常有用的编程技术，但并不是任何情况下都要使用继承。下面给出了适合和不适合使用继承的几种情况：

- 如果类 A 和类 B 毫不相关，不能为了使 B 的功能更多些而让类 B 继承类 A。
- 如果类 B 从逻辑上来说是类 A 的一种，则可以让类 B 继承类 A。例如，小汽车是汽车的一种，因此可以让小汽车类继承汽车类。
- 若类 B 在逻辑上是类 A 的一部分，则不要让类 A 从类 B 继承，而是需要采取组合的方式。

> **技巧**：判断是否使用继承时，可以联系到现实世界。如果现实中两者有父子或者从属关系，则使用继承，否则就不需要使用继承。

【实例 4-2】声明一个"头"类，包含眼睛、鼻子、嘴等信息，其中每个信息都由单一的类实现。

```
//眼睛类
class personEye
{
    // "看东西"的方法
    public void LookThing()
    {
        Console.WriteLine("Look Something");        //输出
    }
}
//鼻子类
class personNose
{
    // "闻东西"的方法
    public void SmellThing()
    {
        Console.WriteLine("Smell Something");       //输出
    }
}
//嘴类
class personMouth
{
    // "吃东西"的方法
    public void EatThing()
    {
        Console.WriteLine("Eat Something");         //输出
    }
}
//头类
class personHead
{
    public personEye pe = new personEye();          //一个眼睛对象
    public personMouth pm = new personMouth();      //一个嘴对象
    public personNose pn = new personNose();        //一个鼻子对象
}
static void Main(string[] args)
```

```
        {
            personHead ph = new personHead();       //声明一个头类的对象
            ph.pe.LookThing();                       //调用"看东西"方法
            ph.pm.EatThing();                        //调用"吃东西"方法
            ph.pn.SmellThing();                      //调用"闻东西"方法
            Console.ReadLine();
        }
```

上面的代码中,"眼睛""鼻子""嘴"都属于"头"的一部分,因此采用的是类的组合方式,而不是采用类的继承方式。

在代码中是否使用继承,怎样使用,需要特别注意现实的情况,并不是所有的属于关系都可以使用继承。例如,鸵鸟属于鸟类,但是鸟能够飞,鸵鸟却不能飞。因此不能让"鸵鸟"类简单地继承"鸟"这个基类,否则鸵鸟也具有能飞的特性,这就与现实情况不相符了。

4.2 多态性

多态性也是面向对象程序设计的一个强大机制,即为名称相同的方法提供不同的实现方式。继承自同一基类的不同派生类可以为同名的方法定义不同的功能,同一方法作用于不同类的对象,可以有不同的解释,产生不同的执行结果。例如,飞机和汽车都属于交通工具,但飞机的启动方式和汽车的启动方式是不一样的,它们都有自己的实现方式。多态性就是让程序能够根据实际情况编写符合实际的方法。

使用多态性的一个主要目的是为了接口重用。简单地说,就是派生类的对象可以作为基类的对象处理,而不必为每一种派生类定义一个新的同名方法。

4.2.1 多态性的定义

多态性就是指根据类本身的特性编写适合自己的方法和属性。但是,通过重写方法不能覆盖原来的方法,仍然可以通过一定的格式访问原来的方法。例如,父亲和儿子的面貌就算非常相似,还是会有许多不同的。

> **注意**:多态性和重载不同。多态性指子类和父类对同一事件的实现方式不同,而重载则是指对一种操作根据参数的不同选择不同的操作方式。例如,父亲吃饭,儿子也吃饭,但是父亲可能是用筷子吃饭,而儿子是用汤勺吃饭,两人吃饭的方式不同,这就是多态性。同样对于吃饭,北方人习惯吃面食而南方人习惯吃大米,这就是重载。

【实例4-3】演示多态性的示例。

```
static void Main(string[] args)
{
    //声明一个派生类,并调用方法输出
```

```
        devierExample de = new devierExample();
        de.BaseOutput();                           //输出结果为devier output
        //声明一个基类,并调用方法输出
        baseExample be = (baseExample)de;
        be.BaseOutput();                           //输出结果为base output
        Console.ReadLine();
    }
//基类
class baseExample
{
    public string baseName;                        //基类中的名称字段
    //基类的输出方法
    public void BaseOutput()
    {
        Console.WriteLine("base output");          //输出信息
    }
}
//派生类
class devierExample:baseExample
{
    public string devierName;                      //派生类中的名称字段
    //派生类的输出方法
    public void BaseOutput()
    {
        Console.WriteLine("devier output");  //输出信息
    }
}
```

上面的代码中有一个基类,在基类中有一个用于输出的方法;还定义了一个派生类,派生类重写了基类的输出方法,但是该方法的名称和基类输出方法的名称一样。在主函数中声明了一个派生类的对象,并调用输出方法,此时调用的是派生类中重写后的输出方法,然后将派生类对象强制转化为基类对象,当再次调用输出方法时,调用的是基类的方法。由此可以看出,基类的方法还是存在的,并未被派生类的方法覆盖。

4.2.2 虚方法

如果基类中定义了一个方法成员,又希望基类的派生类在继承该方法的同时改变该方法的具体实现,通常是将基类中的该方法成员定义为虚方法,在派生类中重写同名的方法成员,从而实现多态性。

虚方法是为了让派生类的实例完全覆盖继承自基类的方法和属性,避免调用时出现潜在的、不可预测的错误。这有些类似于家中的门锁更换,门锁换了以后,原来的钥匙一般就无法使用了,但如果有个别原来的钥匙还能使用,就会使家处在不安全的环境中。

虚方法通过 virtual 关键字标识,被标记为 virtual 的方法都是虚方法。

【实例 4-4】将方法设置成为虚方法。

```
//基类
class baseExample
```

```csharp
{
    public string baseName;                         //基类的名称字段
    //基类的输出方法,虚方法
    public virtual void BaseOutput()
    {
        Console.WriteLine("base output");           //输出基类
    }
}
```

在代码中声明了一个基类 baseExample,基类中包含一个名称字段和一个虚方法。注意:虚方法是由 virtual 关键字指出的。

4.2.3 派生类中虚方法的重载

声明了虚方法,并不代表派生类中的方法就一定能完全地覆盖基类的方法,还需要在派生类中重写这个方法。只有重写了方法才能实现派生类的这个方法完全覆盖基类中对应的这个方法。

【实例 4-5】虚方法重载。

```csharp
static void Main(string[] args)
{
    //声明一个派生类的对象,并调用方法输出
    devierExample de = new devierExample();
    de.BaseOutput();                                //输出结果为 devier output
    //声明一个基类的对象,并调用方法输出
    baseExample be = (baseExample)de;
    be.BaseOutput();                                //输出结果为 devier output
    //声明一个基类的对象,并调用基类的方法
    baseExample bee = new baseExample();
    bee.BaseOutput();                               //输出结果为 base output
    Console.ReadLine();
}
//基类
class baseExample
{
    public string baseName;                         //基类中的名称字段
    //基类的输出方法,虚函数
    public virtual void BaseOutput()
    {
        Console.WriteLine("base output");           //输出指定字符
    }
}
//派生类
class devierExample:baseExample
{
    public string devierName;                       //派生类中的名称字段
    //派生类的输出方法,覆盖基类的方法
    public override void BaseOutput()
    {
        Console.WriteLine("devier output");         //输出指定字符
    }
}
```

上面的代码中包含一个基类，基类中定义了一个虚方法用于输出，还包含一个派生类，派生类继承了基类，并重写了基类的输出方法。主函数中使用两个类来输出相关信息：首先声明了一个派生类对象，然后调用派生类的输出方法，输出结果为"devier output"；其次，将派生类的对象转换为基类后再次调用输出方法，由于派生类将基类的输出方法覆盖了，所以输出结果仍然为"devier output"；最后声明一个基类对象，再调用输出方法，输出结果为"base output"。

4.3 继承的类型

继承机制允许子类继承父类的方法和属性，然而子类不能通过在自身名称前加入修饰符来声明继承方式，而是只能通过设置父类的属性或者方法的访问级别来控制子类的访问。继承的类型有三种，分别为公有、受保护和私有。

4.3.1 公有继承

公有继承是指父类的所有公有属性和方法，子类都能够使用。例如，"狗有毛"这个属性，派生类——小狗也具有这个属性。

> **注意**：公有继承一般不继承数据字段，但访问数据的方法可以继承。如果继承了父类的数据字段，可能会导致数据使用上的混乱。

【实例 4-6】演示子类使用父类的公有属性。

```csharp
static void Main(string[] args)
{
    devierExample de = new devierExample();   //声明一个派生类对象
    //使用派生类方法
    de.outputDInfo("ok");                     //输出结果为 nowok
    //使用基类方法
    de.outputInfo("ok");                      //输出结果为 oldok
    Console.ReadLine();
}
//基类
class baseExample
{
    //基类的输出方法
    public void outputInfo(string info)
    {
        Console.WriteLine("old" + info);      //输出指定字符
    }
}
//派生类
class devierExample: baseExample
{
    //派生类的输出方法
    public void outputDInfo(string din)
```

```
        {
            Console.WriteLine("now" + din);      //输出指定字符
        }
    }
```

上面的代码中声明了一个基类,基类中包含一个公有的方法,当派生类继承了基类后,派生类中也有了基类的这个方法,因此,在主函数中,派生类的对象可以直接调用在基类中实现的输出方法。

4.3.2 受保护的继承

受保护的继承是指在基类中定义的属性和方法可以在派生类中访问和使用,但在派生类或者基类的外部不能直接访问和使用。类似于家中的房门钥匙,只有父母和孩子能够拥有,而外人没有权限拥有。

【实例 4-7】演示受保护继承类型的使用。

```
static void Main(string[] args)
{
    devierExample de = new devierExample();  //声明一个派生类对象
    de.outputDInfo("ok");                    //使用派生类方法,输出结果为 nowok
    de.BaseOutput("ok");                     //使用基类方法,输出结果为 oldok
    Console.ReadLine();
}
//基类
class baseExample
{
    //基类的输出方法,受保护类型,只能在派生类中使用
    protected void outputInfo(string info)
    {
        Console.WriteLine("old" + info);     //输出指定值
    }
}
//派生类
class devierExample: baseExample
{
    //派生类的输出方法
    public void outputDInfo(string din)
    {
        Console.WriteLine("now" + din);      //输出指定值
    }
    //派生类的重写方法,同时调用了基类的 protected 类型的输出方法
    public void override BaseOutput(string din)
    {
        outputInfo(din);                     //调用基类的方法
    }
}
```

上面的代码中包含一个基类,在基类中有一个受保护的输出方法。派生类中声明了一个新的输出方法,又重写了基类声明的受保护的方法。主函数中声明了一个派生类对象,但是在主函数中不能直接调用基类中受保护的方法 outputInfo,而只能调用派生类中重写的方法 BaseOutput。

4.3.3 私有继承

私有继承是指在基类中声明的私有方法和属性不能在派生类和基类的外部使用，只能由基类自己使用。这类似于个人的存款密码，只有自己知道，其他人无法得知也无法使用。通常，在定义类时，数据成员应声明为私有类型（private），而其他成员（如方法、属性等）则应根据需要选择受保护类型（protected）或公有类型（public）。

下面这段代码说明了私有类型在派生类中无法继承的情况。

```
class baseClass
{
    private  string name;                    //基类的私有字段
    public string classname;                 //基类的公有字段
}
class childClass : baseClass
{
    public void outputinfo()                 //输出方法
    {
        Console.WriteLine(this.classname);   //只能调用父类的公共字段输出
    }
}
```

上述代码中，子类 childClass 是无法访问父类 baseClass 的私有字段 name 的。

4.4 抽象与密封

抽象是指将字段、属性和功能等封装在一个不能实例化的类中。密封是指将类设计成一个单独的类，该类不能被任何类继承。抽象与密封是与继承相关的两个很重要的概念，由此又有抽象类与抽象方法、密封类与密封方法等概念。

抽象类是使用 abstract 关键字创建的、仅用于继承用途的类和类成员。密封类是使用 sealed 关键字定义的，可以防止继承以前标记为 virtual 的类或某些类成员。

如果某个类不想被其他类继承，或者不希望它中间的方法被访问，则可以将该类设置为密封的。如果某个类只用于被继承，可将其设置为抽象类，从而防止该类被实例化。

【实例 4-8】抽象类与密封类的声明。

```
//抽象类
abstract class abstractExample
{
    public string className;                //抽象类中名称字段
    //输出名称方法
    public void outPutName()
    {
        Console.WriteLine(className);       //输出字段值
    }
}
//密封类
```

```
sealed class sealedExample
{
    public string sealName;                    //密封类名称
    //输出名称方法
    public void outputSealName()
    {
        Console.WriteLine(sealName);           //输出字段值
    }
}
```

从上面的代码可以看出，与声明普通类相比，声明抽象类或密封类只是在类前面加了 abstract 或 sealed 关键字而已。

4.4.1 抽象类与抽象方法

由于抽象类不能实例化，因此抽象类只能作为基类使用，用于创建派生类，这是抽象类的主要用途。定义抽象类的语法格式如下：

```
abstract class classname
{
    statement;
}
```

其中，abstract class 为定义抽象类的关键字，必选；classname 为定义的抽象类的类名，必选；statement 为抽象类中成员的声明。

例如，下面的代码定义了一个抽象类。

```
//抽象类
abstract class abstractExample
{
    public string className;                   //抽象类中名称字段
    //输出名称字段的方法
    public void outPutName()
    {
        Console.WriteLine(className);          //输出字段值
    }
}
```

抽象类中定义的成员可以是抽象成员，也可以是非抽象成员。从抽象类中派生出的类，可以是新的抽象类，也可以是非抽象类。如果派生类是非抽象类，则该派生类必须实现基类中的所有抽象成员。

抽象方法只能存在于抽象类的定义中，非抽象类中不能包含抽象方法。

抽象方法的定义格式为：

```
[accesslabel] abstract 返回值类型 方法名（参数列表）；
```

其中，accesslabel 为访问限制，包括 public、protected、private 三种，但抽象方法只能是 public 或 protected 类型的，因为抽象方法必须在派生类中实现，如果定义成 private 类型，则派生类中就无法实现这个方法。注意，抽象方法只需要给出方法的函数头部分，以分号结束,不包含花括号及实现部分。如果给出花括号,编译时会报错。

> **技巧**:如果不想提供某个方法的具体实现,可将该方法设置成抽象方法,让继承该类的子类去实现。

【实例 4-9】抽象类和抽象方法。

```
static void Main(string[] args)
{
    deliverAbstract da = new deliverAbstract();        //声明一个继承了抽象类的派生类对象
    //调用派生类中重写了抽象类的抽象方法
    da.abstractOutput("base abstract method");
    da.outPutName("base method");                      //调用抽象类中非抽象方法
    //不能实例化抽象类
    //abstractExample ae = new abstractExample();
    //ae.outPutName("wrong");                          //错误,不能调用
    Console.ReadLine();
}
//抽象类
abstract class abstractExample
{
    private string className;                          //抽象类名称字段
    //输出名称字段的方法
    public void outPutName(string name)
    {
        className = name;                              //设置类名
        Console.WriteLine(className);                  //设置类名
    }
    public abstract void abstractOutput(string outinfo); //抽象方法
}
//派生类
class deliverAbstract : abstractExample
{
    //实现抽象类中的抽象方法
    public override void abstractOutput(string outinfo)
    {
        Console.WriteLine(outinfo);                    //输出指定字符串
    }
}
```

上面的代码中定义了一个抽象类 abstractExample,抽象类中包含一个私有字段、一个非抽象方法和一个抽象方法,还定义了一个继承抽象类的派生类,在派生类中实现了抽象方法。在主函数中声明了一个派生类的对象,然后调用派生类中实现的抽象方法输出指定的字符串信息,再调用继承自基类的方法 outPutName 输出信息。注意,不要尝试实例化抽象类,如果将抽象类实例化,系统会抛出异常。当子类继承了抽象类后,必须实现抽象类中的抽象方法。如果不实现抽象类中的抽象方法,系统同样会抛出异常。实现抽象方法需要在方法前添加 override 关键字。

4.4.2 密封类与密封方法

与抽象类正好相反，密封类不能用作基类。如果某个类不想被其他类继承，或者不希望它中间的方法被访问，则可以将此类设置为密封的。密封类定义的语法格式如下：

```
sealed class classname
{
      statement;
}
```

sealed class 为定义密封类的关键字，必选；classname 为定义的密封类的类名，必选；statement 为密封类中成员的声明。

密封类不能用作基类，因此它不能是抽象类。密封类主要用于防止派生。由于密封类不能作为基类被继承，因此可以将不希望别的类拥有的功能都设计到密封类中。

如果允许某个类作为基类，同时希望类中的某个方法能够被派生类继承，但不能被派生类重写，可以将不允许被派生类重写的方法定义为密封方法。密封方法的定义格式为：

```
[accesslabel] sealed 返回值类型 方法名(参数列表)
{
    statement;
}
```

下面的代码演示了如何使用密封类与密封方法。在代码中有一个密封类，这个类不能被继承，当派生类尝试继承时就会报错。

```csharp
static void Main(string[] args)
{
    sealClass sc = new sealClass();                    //实例化密封类
    Console.ReadLine();
}
//密封类，不能被继承
sealed class sealClass
{
    private string sealName;                           //字段值
    //属性，封装 sealName
    public string SealName
    {
        get { return sealName; }
        set { sealName = value; }
    }
    //输出方法
    public void outputSealName(string info)
    {
        sealName = "seal";                             //设置字段值
        Console.WriteLine(sealName + info);            //输出字段值
    }
}
// 不能继承密封类
//class devierSeal : sealClass
//{ }
```

注意，不要尝试将密封类作为基类，如果要继承密封类，系统会抛出异常。

1. C# 中继承指什么？多态性又指什么？
2. 什么是虚方法？
3. 受保护继承的特点是什么？
4. 抽象类是什么？使用抽象类时需要注意什么？
5. 编写一段代码，模拟现实世界中的人的各种特征，需要包含年龄、性别等属性，并体现出可以生育的特性。

第 5 章
接　　口

接口在 C# 中扮演着重要的角色，其主要目的是为不相关的类提供一种公共的规范，使得它们可以共享相同的行为。由于 C# 中不支持派生类继承自多个父类，要想继承多个类的行为，需要通过继承接口来实现。本章介绍接口的基本知识，内容包括：

※ 接口概述
※ 接口的定义
※ 接口的实现方式

5.1 接口概述

在计算机领域中，接口（interface）本来是一种与语言无关的技术，它是伴随着组件化程序设计而产生的。在 C# 中，采用接口这一概念实现类的多重继承。C# 中的接口是一组方法、属性、事件或索引器的声明，由类继承接口后在类中具体实现接口中定义的成员。一个类可以同时继承多个接口。本节将介绍接口的基本概念以及接口的组成。

5.1.1 接口的概念

在 C# 中，接口是一种引用类型，它是一个特殊的抽象类，定义了一组方法、属性、事件或索引器，但不提供这些成员的具体实现，具体实现由继承接口的类完成。接口可以包含方法、属性、事件或索引器的声明，但不能包含任何字段，也不提供属性、方法的实现，实现是在类中完成的。也就是说，接口是对方法的抽象。要想让同样的方法成员在不同的类里面出现，可以使用接口给出方法成员的声明，任何需要使用该方法的类只需实现这一接口即可。

接口的成员总是公共的，接口不包含任何类型的访问修饰符。接口的成员可以包括方法、属性、事件和索引器。继承接口的类必须实现接口的所有成员。一个类可以实现多个接口。

当一个类继承接口后，可以在类中定义实现的方式。这样做的好处是：当不知道所需要的具体类是什么，但是知道这个类完成了什么功能，具有什么属性时，就可以通过传入实现了这种指定功能与属性的接口的类来完成。

接口也可以继承其他的接口。有了接口，通过接口可以对使用同一方法的不同类进行约束,让它们都继承同一接口,这样既便于统一管理,又便于调用。

接下来介绍几种在后面的定义和实现中经常使用的概念。

- 显式:如果类实现了两个接口,并且这两个接口包含具有相同签名的成员,为了区分两个成员,只要明示两个成员分别从哪个接口继承,就能解决类继承接口后的签名唯一性问题。
- 嵌套接口:可以在一个接口中定义另一个接口,外部接口称为"包含接口",内部接口称为"嵌套接口",这样就能使接口的功能多样化。
- 基接口:当接口 1 继承了接口 2 时,接口 2 被称为"基接口",接口 1 被称为"子接口"。使用接口继承可以使一系列子接口拥有相同的方法。
- 签名:指在程序中某一个变量的唯一标识。有了签名就能够避免误操作。

5.1.2 接口的组成

接口由方法、属性、事件和索引器的声明组成。接口中不能包含构造函数和字段,不能包含运算符的重载,不允许在成员上加修饰符,如声明为静态属性(如果需要声明为静态类型,可以通过继承了该接口的类实现)。

一般来说,接口中的属性与索引器用于指明该属性是否为读写、可读或可写的;方法用于指明该方法的返回值和所需的参数列表;事件是一种特殊的成员,用于表示类或结构中的某种操作发生时的通知机制。索引器允许通过索引访问类或结构的成员,类似于数组的访问方式。接口的组成如图 5-1 所示。

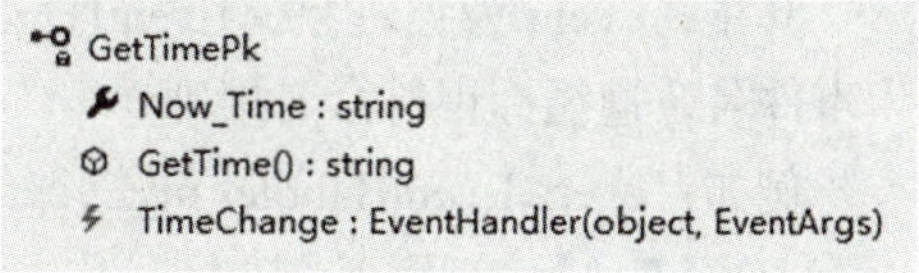

图 5-1 接口的组成

5.2 接口的定义

接口的定义是指规定接口的名称,并指定接口中需要包含哪些方法、属性或者索引器等,如规定接口中方法的名称、方法的返回值类型等。本节将介绍 C# 中接口的声明,以及继承接口的各种方式。

5.2.1 接口的声明方式

接口的声明格式如下:

```
[modifiers] interface interfacename [implements baseinterfaces]
{
    [interfacemembers]
}
```

其中,modifiers 控制属性和方法的可见性,是可选项,默认为 public。接口不能够显式地声明为 private 或者 protected 类型。基接口和子接口的可见性必须一致。interfacename 表示接口的名称，必选。implements 指示命名接口实现先前定义的接口，是可选项。baseinterfaces 表明由 interfacename 实现的接口名称列表，以逗号分隔，是可选项。interfacemembers 是接口成员，它只能是方法、属性、事件或索引器等成员，而不能包括数据成员，是可选项。注意，方法和属性的声明必须是公有的，接口中只包含接口成员的声明，不包含具体实现，接口的实现是由继承接口的类完成的。

> **注意**：接口中没有字段，也不允许赋予成员的访问权限。

接口中方法成员的声明格式如下：

```
returntype methodname(parameters);
```

例如：void Jumping();

接口中属性成员的声明格式如下：

```
type attributename{get; set;}
```

例如：string username{get; set;}

事件成员的声明格式如下：

```
event EventHandler eventname;
```

其中，event 为关键字，EventHandler 为事件的类型，通常为委托类型，eventname 为事件名，遵循标识符命名规则。

例如：event EventHandler myEvent;

【实例 5-1】声明一个接口。

```
interface GetTimePk
{
    // 当前时间，属性
    string Now_Time
    {
        get;
        set;
    }
    string GetTime();                        // 得到时间，方法
    //static string GetTime(int);            // 错误，不能将方法声明为静态类型
    event EventHandler TimeChange;           // 修改时间事件
}
```

在上面的代码中，GetTimePk 是接口名，Now_Time 是属性的声明，GetTime 是方法的声明，TimeChange 是事件的声明。代码中注释掉的 GetTime(int) 声明，声明为静态方法是错误的做法，接口定义中不能赋予成员访问权限。

5.2.2 接口的继承方式

一个接口可以从零个或多个接口继承，一个类可以继承零个或多个接口。例如，工具是一个概念，它指能够帮助人进行某种操作的一类物品。螺丝刀（螺钉旋具）也是一个概念，它是能够帮助人拧螺钉的一类工具。如果螺丝刀不能帮助人进行工作，那么就

不能称它为工具了。

一般来说，继承接口都是公有类型的继承，但也可以通过私有化类成员使接口的行为变成私有成员。

> **注意**：私有化操作只是通过实例化一个继承了接口的类来完成的，并不是改变了接口的继承属性。

【实例 5-2】演示如何通过私有化类成员使接口的行为变成私有成员。

```
// 接口 GetTime
interface GetTime
{
    // Now_Time 属性
    string Now_Time
    {
        get;
        set;
    }
    string GetTime();              // 方法
}
// 继承了 GetTime 接口的 ControlTime 类
class ControlTime:GetTime
{
    #region GetTime 成员
    // 实现接口 GetTime 中声明的属性 Now_Time
    public string Now_Time
    {
        get{}
        set{}
    }
    // 实现接口 GetTime 中声明的方法 GetTime()
    public string GetTime()
    {
    }
    #endregion
}
class ControlTimePa
{
    // 声明一个私有 ControlTime 类，实现接口方法的私有化
    private ControlTime CT = new ControlTime();
}
```

在上面的代码中包含一个接口（GetTime）和两个类（ControlTime 类、ControlTimePa 类）。ControlTime 类继承了接口，通过在 ControlTimePa 类中声明一个私有的 ControlTime 对象，实现了接口中定义的方法的私有化。

5.3 接口的实现

接口的实现是指编写接口中规定的属性、方法和事件的具体内容。接口规定了继承者需要完成的方法、属性等的格式，但是没有提供具体的实现，具体实现一般由继承接

口的类来完成,即由继承接口的类实现具体的功能。本节介绍类对接口的实现、多接口的继承和抽象类与接口的区别。

5.3.1 类对接口的实现

类要实现接口,必须实现接口中定义的所有属性、方法和事件。属性的实现就是在类中指定属性的赋值与获取方式,方法的实现是在类中指明方法具体的运行方式,事件的实现是指在类中定义事件具体的实现过程。

【实例 5-3】在类中实现接口的属性与方法。

```
// 接口 GetTime
interface GetTime
{
        // 当前时间, 属性
        string Now_Time
        {
            get;
            set;
        }
        string GetTime();              // 获取当前时间的方法
}
// 接口 TimePick, 继承了接口 GetTime
interface TimePick : GetTime
{
        void SetTime();                // 设置时间的方法
}
// 类 TimeOperate 继承了接口 TimePick
// 由于 TimePick 继承了接口 GetTime
// 所以 TimeOperate 必须同时实现接口 TimePick 和接口 GetTime 中声明的方法
class TimeOperate:TimePick
{
        #region TimePick 成员
        // 实现了 TimePick 接口规定的方法

        public void SetTime()
        {
            // 设置为当前时间
            Now_Time = DateTime.Now.ToString();
            // DateTime.Now 为返回系统当前时间
        }
        #endregion
        #region GetTime 成员
        // 实现 GetTime 接口规定的属性
        public string Now_Time
        {
            get
            {
                return Now_Time;        // 获取时间
            }
            set
            {
                Now_Time = value;       // 设置时间
```

```
        }
    }
    // 实现 GetTime 接口规定的方法
    public string GetTime()
    {
        return Now_Time;              // 返回当前时间
    }
    #endregion
}
```

在上面的代码中，TimeOperate 类继承了接口 TimePick，而接口 TimePick 又继承了接口 GetTime，因此在 TimeOperate 类中要实现接口 TimePick 的所有属性和方法，包括继承自基接口 GetTime 的属性和方法。

实现了接口，就可以访问接口规定的方法和属性了。

要访问接口的成员，首先要有一个类继承该接口，然后创建该类的对象，再使用"对象名.成员名"的格式即可。

【实例 5-4】访问接口中的方法和属性。

```
// 方式一
// 声明一个 TimeOperate 型的对象 tempTO
TimeOperate tempTO = new TimeOperate();
tempTO.SetTime();                    // 通过 tempTO 对象访问类中定义的接口的方法
tempTO.GetTime();                    // 通过 tempTO 对象访问类中定义的基接口的方法
// 方式二
TimePick tempTp = new TimeOperate(); // 声明一个 TimePick 型的 TimeOperate 接口
tempTp.GetTime();                    // 通过 tempTp 接口访问接口中的方法
tempTp.SetTime();                    // 通过 tempTp 接口访问基接口中的方法
```

代码中的方式一是声明一个 TimeOperate 对象来访问接口成员，方式二是通过声明一个 TimePick 型的 TimeOperate 接口来访问接口成员。

5.3.2 多接口继承

多接口继承是指一个类继承了多个接口，并实现了继承的接口中的所有方法。多接口继承可以让类具有更多的方法和属性。

> **注意**：多接口继承的目的是为了规定类能够实现更多的方法，而不是提供给类许多已经实现了的方法。因此除非必要，不应为了让类变得全能而继承多个接口。

【实例 5-5】一个类继承多个接口，并实现每个接口定义的方法。

```
// 接口 GetTime
interface GetTime
{
    // 当前时间，属性
    string Now_Time
    {
        get;
```

```csharp
        set;
    }
    // 得到当前时间的方法
    string GetTime();
}
// 接口 TimePick
interface TimePick
{
    void SetTime();          // 设置时间的方法
}
// 类 TimeOperate 继承了接口 TimePick 和 GetTime
class TimeOperate : TimePick, GetTime
{
    #region TimePick 成员
    // 实现了 TimePick 接口规定的方法
    //DateTime.Now 为返回系统当前时间的方法
    public void SetTime()
    {
        Now_Time = DateTime.Now.ToString();      // 设置当前时间
    }
    #endregion
    #region GetTime 成员
    // 实现 GetTime 接口规定的属性
    public string Now_Time
    {
        get
        {
            return Now_Time;                     // 获取当前时间
        }
        set
        {
            Now_Time = value;                    // 设置当前时间
        }
    }
    // 实现 GetTime 接口规定的方法
    public string GetTime()
    {
        return Now_Time;                         // 返回当前时间
    }
    #endregion
}
```

上面这段代码中，类 TimeOperate 继承了接口 TimePick 和 GetTime，所以必须实现两个接口规定的方法 SetTime 和 GetTime 以及属性 Now_Time。

5.3.3 显式地实现接口

显式地实现接口意味着类在实现接口的方法时，需明确指明该方法归属于哪个接口。这种做法的好处在于能保证签名的唯一性，并能够隐藏一些方法，以避免误操作。例如，为一个表设置时间时，所设置的时间可能增加当前的时间，也可能减少当前的时间，为便于区分，要增加时间时就通过"增加时间"按钮实现，要减少时间时就通过"减少时间"按钮实现。

【实例 5-6】访问两个接口都定义的相同命名的方法。

```csharp
// 接口 AddTime
interface AddTime
{
        void changeNowTime();
}
// 接口 ReduceTime
interface ReduceTime
{
        void changeNowTime();
}
// TimeOperate 类继承了接口 AddTime 和 ReduceTime
// 由于接口 ReduceTime 和 AddTime 中有相同签名的方法 changeNowTime
// 需要显式地实现
class TimeOperate : AddTime, ReduceTime
{
        #region AddTime 成员
        // 显式地实现 AddTime 的方法 changeNowTime
        void AddTime.changeNowTime()
        {
            Console.WriteLine(" 增加现在时间 ");
        }
        #endregion
        #region ReduceTime 成员
        // 显式地实现 ReduceTime 的方法 changeNowTime
        void ReduceTime.changeNowTime()
        {
            Console.WriteLine(" 减少当前时间 ");
        }
        #endregion
}
```

上面这段代码中，由于接口 AddTime 和 ReduceTime 都有 changeNowTime 方法，当类 TimeOperate 继承了接口 AddTime 和 ReduceTime 后，要访问这两个接口中的方法，不能通过声明一个对象后用"对象名.方法名"来访问。因为两个接口中的方法同名，通过"对象名.方法名"无法区分出访问的是哪一个接口中的方法，所以必须通过声明一个 AddTime 型或 ReduceTime 型的 TimeOperate 接口才能正确访问，即必须在类 TimeOperate 中显式地实现 changeNowTime 方法。

【实例 5-7】访问显式实现后的接口的方法。

```csharp
AddTime tempATime = new TimeOperate();// 声明一个 AddTime 型的 TimeOperate 接口
tempATime.changeNowTime();              // 访问 AddTime 接口规定的 changeNowTime 方法
// 声明一个 ReduceTime 型的 TimeOperate 接口
ReduceTime tempRTime = new TimeOperate();
tempRTime.changeNowTime();              // 访问 ReduceTime 接口规定的 changeNowTime 方法
// 声明一个 TimeOperate 型的对象 tempTO，但是不能访问 changeNowTime 方法
TimeOperate tempTO = new TimeOperate();
```

在上面的代码中，tempATime 是一个 AddTime 型的 TimeOperate 接口，它可以访问由它自己定义的方法 changeNowTime 输出"增加当前时间"，tempRTime 是一个

ReduceTime 型的 TimeOperate 接口，它可以访问自己定义的 changeNowTime 方法输出“减少当前时间”。

5.3.4 抽象类与接口的区别

在 C# 中，抽象类和接口都可以定义抽象行为，这两种机制有相似之处，但两者在定义和使用上还是有一些关键区别的。

1. 相同点

两者的相同点如下：

- 都不能被实例化。
- 都可以包含方法声明。
- 必须在派生类实现所定义的成员。

2. 不同点

两者的不同点如下：

- 抽象类可以有实现代码，而接口不能拥有任何实现代码。
- 一个类可以实现多个接口，但只能继承一个抽象类。
- 抽象类可以包含实例成员，但接口不可以（C# 8.0 之后可以有实例成员，但仍然不能有实现）。
- 接口成员不能使用访问修饰符，默认为 public，抽象类成员可以有不同的访问级别。
- 接口支持扩展，抽象类不能直接扩展，需要继承。

总体而言，抽象类可以定义一些子类中不改变的基本行为和属性，它提供了一种基于继承的机制，允许多个类共享相同的基类，并且可以包含一些默认的实现。而接口更多的是定义了一种行为规范，提供了一种基于约定的机制，允许一个类实现多个接口，从而实现多重继承的效果，但接口只能声明成员而不能提供实现。选择使用抽象类还是接口取决于实际应用中的具体设计和需求。

习　题

1. 接口是什么？接口可以包含哪些内容？

2. 接口能否继承接口？如果可以，写出一个简单的接口继承接口的例子；如果不可以，说明原因。

3. 类如何才能正确地实现接口？给出一个简单的例子。

4. 什么是显式实现接口，显式实现接口有何优点？

5. 抽象类和接口的区别是什么？

第 6 章

字符串与数字的操作

字符串是由零个或多个字符组成的有限序列,数字是表示数的符号。在程序设计中最常使用的就是字符串和数字,通过字符串传递消息,通过数字计算。本章将介绍字符串和数字的相关知识,内容包括:

※ 字符串简介
※ 字符串的转换操作
※ 数字的转换操作

6.1 字符串简介

字符串用来存储一系列字符,一旦声明就不能更改。例如,人的姓名在计算机系统中就适合存储为字符串。本节将介绍字符串的表示,以及 C# 中经常用到的两个字符串类,通过这两个类可以非常方便地进行字符串操作。

6.1.1 字符串的表示

字符串常用的表示法是使用一个字符型的数组表示,其中每个字符占用一个或两个字节,且在末尾使用一个结束符。C# 中不用考虑这些,只需声明一个字符串变量即可。字符串中的字符可以是中文、英文或其他任何字符,在前面第 2 章中已经介绍过如何声明字符串。需要注意的是,C# 中有一类字符是系统设定的转义符,如需将这些转义符变为字符串,可以使用符号"@"或者"\"来转变,但最好采用"@"来转变,这样可以使程序更加清晰易读。C# 中的转义符如表 6-1 所示。

表 6-1 C# 中的转义符

转 义 符	意 义
\'	单引号
\"	双引号
\\	反斜杠
\0	空

（续表）

转 义 符	意 义
\a	响铃警报
\b	退格
\f	换页
\n	换行符
\r	回车符
\t	水平制表符
\v	垂直制表符
\e	退出

【实例 6-1】将转义符转化为字符串示例。

```
string changeSymbol = "c:\folder\n\r\' 明 \'\' 杰 \'";    //声明一个字符串
Console.WriteLine(changeSymbol);                          //输出字符串
string changSymbol2 = @"c:\folder\n\r\' 明 \'\' 杰 \'";   //声明一个字符串
//输出结果为 c:\folder\n\r\' 明 \'\' 杰 \'
Console.WriteLine(changSymbol2);
string changSymbol3 = "c:\\folder\\n\\r\\' 明 \\'\\' 杰 \\'";//声明一个字符串
//输出结果为 c:\folder\n\r\' 明 \'\' 杰 \'
Console.WriteLine(changSymbol3);
```

上面的代码中，声明了三个字符串变量，字符串变量的输出结果中有很多转义符号在里面，但三个变量的输出结果是一样的，即三种声明字符串的方式，从效果上来说是一样的。但是，很明显 changeSymbol3 的声明方式可读性不强，有些用户可能会不明确"\\"符号表示什么。

6.1.2 String 类

String 类是用来处理字符串的类。一旦声明为 String 类型的变量并赋值，其值就不能改变了。String 类中封装了很多字符串操作的方法。

创建字符串变量，一般可用以下两种声明方法：

- 通过 new 操作符来声明。new 操作包含 6 种方法，也就是可以通过 6 种方式来初始化声明的字符串类型变量。
- 直接声明变量并赋值。

上面两种创建字符串的方法效果相同。

【实例 6-2】声明一个 String 类型的变量。

```
char[] aa = {'2','3'};              //声明一个字符数组
//声明一个字符串变量，并将字符数组作为参数传入，初始化字符串类型变量
String ddd = new String(aa);
Console.WriteLine(ddd);             //输出，结果为"23"
String sd = "ewewe";                //声明一个字符串变量，并赋初值
Console.WriteLine(sd);              //输出，结果为"ewewe"
```

在上面的代码中，提供了两种声明 String 类型变量的方式：第一种是使用 new 操作符，并传入字符数组来初始化 String 类型变量；第二种是直接声明并赋值。

String 类中的方法将在 6.2 节中介绍。

6.1.3 StringBuilder 类

StringBuilder 类用于表示可变字符串，其中装载的字符串的值可以改变。通过调用类中的方法改变自己的值（具体方法将在 6.2 节中介绍）。声明 StringBuilder 类型的变量只能通过 new 操作符来进行，可用 6 种方式给 StringBuilder 类型变量赋初值。

> **技巧**：String 类包含了默认的构造函数，因此直接赋值便可以创建一个字符串对象。由于赋值后字符串是不能更改的，因此应尽量采用 StringBuilder 类生成的字符串变量存储字符串的值。

【实例 6-3】声明一个 StringBuilder 类型变量。

```
string teste = "mingjie";              //声明一个字符串变量
//声明 StringBuilder 类型变量，并设置其大小
StringBuilder sb1 = new StringBuilder(5,7);
//声明 StringBuilder 类型变量，并用字符串初始化
StringBuilder sb2 = new StringBuilder(teste);
Console.WriteLine(sb2.ToString());    //输出值
```

上面的代码中声明了两个 StringBuilder 类型变量 sb1 和 sb2，第一个变量 sb1 在初始化时声明了初始长度为 5，最大长度为 7，如果给这个变量赋值成长度为 8 的字符串，系统就会报错；第二个 StringBuilder 类型变量 sb2 在声明的同时用已声明的字符串变量 teste 初始化，因而它的输出结果为字符串 "mingjie"。

6.2 字符串的转换操作

字符串的转换操作是指在声明了一个字符串后，通过各种方法从这个字符串中获取相应的信息。本节将介绍字符串的分割、获取字符串的子串、两个字符串比较、两个字符串的合并以及字符串的查找替换等操作。

6.2.1 字符串的分割

字符串的分割是指将已有的字符串按照一定的规则进行拆分，以获取新的子字符串。例如，一个字符串 "c://test.txt@192.168.100.1@admin"，可以通过分割字符串获取文件名称、机器地址和用户名的信息。声明一个 string 类型的变量后，可以通过调用 string 类型的 split 方法进行字符串的分割。

【实例 6-4】使用 split 方法分割字符串。

```
char[] sp = {',','.',';','\\' };                //声明一个分隔符号的数组
string splitString = @"ming,jie.zhang;wan\yi";  //声明一个字符串
string[] tempsplit = splitString.Split(sp);     //按照数组中的分隔符号进行分割
foreach (string s in tempsplit)                 //输出数组中的所有字符串
{
    Console.WriteLine(s);
}
char[] sp2 = { ',' };                           //声明一个分隔符号的数组
string splitString2 = "ming,jie,zhang,wan,yi";  //声明需要被分割的字符串
//调用 Split 方法分割字符串,返回数组长度
string[] tempsplit2 = splitString2.Split(sp2,5);
foreach (string s in tempsplit2)                //遍历数组

{
    Console.WriteLine(s);                       //输出信息
}
string[] tempSplit3 = splitString2.Split(',');  //调用 Split 方法分割字符串
for (int i = 0; i < tempSplit3.Length; i++)     //遍历数组
{
    Console.WriteLine(tempSplit3[i]);           //输出信息
}
//输出原始字符串,结果为 ming,jie,zhang,wan,yi
Console.WriteLine(splitString2);

Console.ReadLine();
```

上面的代码中给出了分割字符串的三种方式,返回的都是字符串数组,并且分割后原来字符串的值没有变化。第一种方式是先声明一个字符数组,数组中包含所有需要作为分隔标记的字符,然后将此数组作为参数传入 Split 方法中;第二种方式是声明一个分隔符字符数组,将其作为参数传入 Split 方法的同时并限定分割完成后数组中元素的数目;第三种方式是直接将分隔字符作为参数传入 Split 方法中。注意,所有用于标记分割字符串的分隔符在分割后的数组中都不存在。

6.2.2 子串的获取

子串是指原有字符串中包含的字符的组合。C# 中一般通过 Substring 方法获取子串。例如,对于字符串 "c://test.txt",可以通过获取子串 "test" 判断是否正确选择了文件。

【实例 6-5】获取字符串的子串。

```
string childString = "ming,jie,zhang,wan,yi";   //声明一个字符串
string temp1 = childString.Substring(2, 5);     //获取从第二位开始,长度为 5 的子串
//获取从第五位开始到字符串尾部的子串
string temp2 = childString.Substring(5);
Console.WriteLine(temp1);                       //输出字符串 temp1
Console.WriteLine(temp2);                       //输出字符串 temp2
```

在上面的代码中,先声明了一个字符串 childString,然后通过两种方法获取子串:第一种方法限定了子串在原字符串中的位置和长度;第二种方法只是限定了子串在原字符串中的位置,长度默认为从限定的位置到原字符串的末尾。

> **注意**：因为字符串一旦赋值后就不能改变，所以获取的子串需要存储在新的字符串中。如果不声明新的字符串来存储，则无法保存结果。在整个过程中，原字符串的值一直不变。

6.2.3 字符串的比较

字符串型的比较是指两个字符串的值是否一致，这与一般引用类型的比较不同，后者比较的是两者是否指向内存中的同一位置。字符串的比较可以通过比较操作符"=="进行，也可以通过调用 string 类中封装的方法进行。

【实例 6-6】三种比较字符串的方式。

```
//声明两个字符串
string compareString1 = "mingtian";
string compareString2 = "jingtian";
if (compareString1 == compareString2)          //利用比较运算符进行比较
{
    Console.WriteLine(" 字符串相等 ");         //输出"字符串相等"信息
}
else
{
    Console.WriteLine(" 字符串不相等 ");       //输出"字符串不相等"信息
}
// 比较两个字符串是否相等，如果相等结果为 0
// 如果结果小于 0，则字符串 compareString2 大于字符串 compareString1
// 否则 compareString1 大于 compareString2
if (string.Compare(compareString1, compareString2) == 0)
{
    Console.WriteLine(" 字符串相等 ");         //输出"字符串相等"信息
}
else
{
    Console.WriteLine(" 字符串不相等 ");       //输出"字符串不相等"信息
}
// 比较两个字符串的子串是否相等，如果相等结果为 0
// 如果结果小于 0，则字符串 compareString2 大于字符串 compareString1
// 否则 compareString1 大于 compareString2
if (string.Compare(compareString1, 4, compareString2, 4, 4, true) == 0)
{
    Console.WriteLine(" 字符串相等 ");         //输出"字符串相等"信息
}
else
{
    Console.WriteLine(" 字符串不相等 ");       //输出"字符串不相等"信息
}
```

上面的代码给出了三种字符串的比较方式（string 类中还封装了许多比较方法）：第一种是直接用比较运算符进行比较；第二种是用 string 类的静态方法 Compare 进行比较；第三种也是用 Compare 方法，但是传入的参数与第二种方式不同，它比较的是两个字符串的子串，且比较时不区分两个字符串的大小写。通常采用字符串类型封装的方法

（Compare 方法）进行字符串的比较，而不是直接用比较运算符来比较。

6.2.4 字符串的合并

字符串的合并是指将多个字符串合并成一个总的字符串。例如，将字符串"c:\\"和字符串"test.txt"连接起来，组成一个完整的文件名。字符串的合并可以通过 string 类进行，也可以通过 StringBuilder 类进行。

1. string 类型的字符串合并

string 类提供了很多静态方法来完成字符串的合并操作，同时也可以通过"+"运算符来完成字符串的连接，但是它们都需要额外的空间来存储连接后的字符串。

【实例 6-7】使用 string 类的方法连接字符串。

```
//声明字符串
string compositeString1 = "mingjie";
string compositeString2 = "zhangsan";
//方法一：通过 + 运算符连接两个字符串
string compositeString3 = compositeString1 + compositeString2;
//方法二：通过静态方法连接两个字符串
//注意，大括号{}内的序号必须为开始的连续数字，并且与后面参数的个数相同
string compositeString4 = string.Format("{0}{1}", compositeString1,
compositeString2);
//方法三：通过 Concat 方法连接两个字符串
string compositeString5 = string.Concat(compositeString1,
compositeString2);
//方法四：通过在已有的字符串中插入字符串完成字符串的连接
string compositeString6 = compositeString1.Insert(compositeString1.Length,
compositeString2);
//输出信息 compositeString1 为 mingjie，compositeString2 为 zhangsan
//compositeString3 到 compositeString5 结果都为 mingjiezhangsan
Console.WriteLine(compositeString1);        //输出信息
Console.WriteLine(compositeString2);        //输出信息
Console.WriteLine(compositeString3);        //输出信息
Console.WriteLine(compositeString4);        //输出信息
Console.WriteLine(compositeString5);        //输出信息
Console.WriteLine(compositeString6);        //输出信息
```

上面的代码中给出了四种 string 类中合并字符串的方式：第一种方法是采取"+"运算符连接字符串；第二种方法和第三种方法都是通过 string 类的静态方法连接字符串；第四种方法是将一个字符串插入到已有的字符串结尾来实现字符串的合并。这四种合并方法都需要一个额外的字符串变量存储合并后的值，这也进一步说明了 string 类型的字符串在声明值后，值就不能改变了。

2. StringBuilder 类型的字符串合并

StringBuilder 类是存储可变字符串值的类。合并字符串时可以不用额外声明一个字符串变量来存储结果。

【实例 6-8】使用 StringBuilder 类合并字符串。

```
//声明字符串变量
string compositeString1 = "mingjie";            //给字符串变量 compositeString1 赋值
```

```
string compositeString2 = "zhangsan";         //给字符串变量 compositeString2 赋值
string compositeString3 = "lisi";             //给字符串变量 compositeString3 赋值
string compositeString4 = "wangwu";           //给字符串变量 compositeString4 赋值
StringBuilder sb = new StringBuilder();       //声明 StringBuilder 对象 sb
//添加字符串进入 StringBuilder 对象
sb.Append(compositeString1);                  //添加字符串
sb.Append(compositeString2);                  //添加字符串
sb.Append(compositeString3);                  //添加字符串
sb.Append(compositeString4);                  //添加字符串
//StringBuilder 转化为字符串
string compositeString5 = sb.ToString();
//输出 compositeString5,结果为 mingjiezhangsanlisiwangwu
Console.WriteLine(compositeString5);
StringBuilder sb2 = new StringBuilder();      //声明一个 StringBuilder 对象
//插入数据进入 StringBuilder 对象
sb2.Insert(0, compositeString1);              //插入数据
sb2.Insert(0, compositeString2);              //插入数据
sb2.Insert(0, compositeString3);              //插入数据
sb2.Insert(0, compositeString4);              //插入数据
string compositeString6 = sb2.ToString();     //转化为字符串
//输出 compositeString6,结果为 wangwulisizhangsanmingjie
Console.WriteLine(compositeString6);
```

上面的代码给出了两种合并字符串的方式：第一种是利用 StringBuilder 对象的 Append 方法，四个字符串变量连接后只需要一个 StringBuilder 对象就可以存储；第二种是利用 StringBuilder 对象的 Insert 方法，同样只需要一个 StringBuilder 对象存储结果。

一般地，合并字符串时，尤其当不知道需要合并的字符串的具体数目时，采用 StringBuilder 类可以很好地减少存储空间，提高程序运行效率。

> **技巧**：合并字符串时应尽量少用"+"操作符。对于不确定合并次数，或者不确定需要合并多少个字符串的操作，应尽量采用 StringBuilder 的 Append 方法，这样可以尽量减少用于存储中间字符串的空间，从而节省存储空间。

6.2.5 字符串的格式

字符串的格式是指字符串的起始位置的字符，以及字符串的长度等信息。当用字符串作为输入时，通常对字符串有一定的格式要求，例如，首尾不能有空字符，或字符串位数必须是多少，等等。

【实例 6-9】规范字符串的输入格式。

```
//需要从头部和尾部删除的字符，以一个字符数组存储
char[] deleteNumber ={'0','1','2','3','4','5','6','7','8','9','s',' '};
string trimString = " 4ssfasfasfa523s4s ";                //声明一个字符串
//规范字符串的首尾
string trimString1 = trimString.Trim(deleteNumber);       //删除数组中的字符
string trimString2 = trimString.TrimStart(deleteNumber);  //从开头删除数组中字符
string trimString3 = trimString.TrimEnd(deleteNumber);    //在结尾删除数组中字符
Console.WriteLine(trimString1);                           //输出信息 fasfasfa
Console.WriteLine(trimString2);                           //输出信息,结果为 fasfasfa523s4s
```

```csharp
Console.WriteLine(trimString3);                    //输出信息，结果为4ssfasfasfa
string padString = "mingjie";                      //声明字符串
//右对齐字符串，如果字符串长度大于指定的长度10，则为当前的字符串
//否则在字符串左侧用指定字符'0'进行填充
string padString1 = padString.PadLeft(10, '0');
//左对齐字符串，如果字符串长度大于指定的长度10，则为当前的字符串
//否则在字符串右侧用字符'0'进行填充
string padString2 = padString.PadRight(10, '0');
Console.WriteLine(padString1);                     //输出信息
Console.WriteLine(padString2);                     //输出信息
string lowString = "MingJie";                      //声明一个变量
Console.WriteLine(lowString.ToLower());            //输出结果, mingjie
Console.WriteLine(lowString.ToUpper());            //输出结果, MINGJIE
```

上面的代码中介绍了三种格式化字符串的方法：第一种是通过声明一个字符数组，然后调用 Trim 方法删除字符串头部和尾部相对应的字符，调用 TrimStart 方法删除字符串头部相对应的字符，调用 TrimEnd 方法删除字符串尾部相对应的字符；第二种是将字符串对齐，调用 PadLeft 或 PadRight 方法来规范字符串的对齐格式，并指定字符在字符串左侧或右侧填充；第三种是调用 ToLower 和 ToUpper 方法将字符串中字符全部变为小写字母，或者全部变为大写字母。对字符串格式进行处理的方法还有一些，在以后章节用到时会做相应介绍，也可以查看 string 对象中的方法进行学习，此处不再一一赘述。

6.2.6 字符串的替换、查找与删除

字符串的替换是指将字符串中的某类子串用另一子串替换，查找是指判断字符串是否包含一个子串，删除是指删除字符串中的某位置后的几个连续的字符。例如，对于字符串 "c://test.txt"，通过查找 ".txt" 字符串可判断文件的格式是否正确。

【实例 6-10】使用 string 类和 StringBuilder 类中的方法进行字符串的替换、查找与删除操作。

```csharp
string tempString = "mingjieZhangSanWanyi";        //声明一个字符串
if (tempString.Contains("jie"))                    //判断是否包含jie字符串
{
    Console.WriteLine(" 包含指定字符串 ");          //输出信息
}
else
{
    Console.WriteLine(" 不包含指定字符串 ");        //输出信息
}
int locationIndex=tempString.IndexOf("Zhang");     //获取 Zhang 子串所在的位置
if (locationIndex > -1)                            //如果存在则输出相对应信息
{
    //如果存在则获取该子串
    string temp1 = tempString.Substring(locationIndex, 5);
    Console.WriteLine(temp1 + " 位于字符串的 " + locationIndex + " 位 ");
    string temp2 = tempString.Remove(locationIndex, 5);    //移除该子串
    Console.WriteLine(temp2);
}
else
{
```

```
        Console.WriteLine(" 不包含指定字符串 ");        // 输出信息
    }
    string temp3 = tempString.Replace("San", "");      // 替换 San 字符为空格
    Console.WriteLine(temp3);                          // 输出信息
```

上面这段代码中实现了在字符串中查找子串、删除子串以及替换子串的功能，其中用到了 Contains、IndexOf、Remove 和 Replace 等方法，这几个方法在字符串操作中经常会被用到。Contains 方法用于判断字符串对象中是否包含给定的子字符串，结果为布尔值（包含则返回 true，不包含返回 false）；IndexOf 方法用于查找给定子串首次出现的位置，如果子串在字符串对象中不存在，则返回值为 −1；Remove 方法用于删除从指定位置开始的指定长度的字符串，如果长度值未指定，则删除从指定位置开始到最后位置的所有字符；Replace 方法用于把字符串中参数 1 子串替换为参数 2 子串，在替换子串时，如果没有查找到需要替换的子串，则返回的结果仍然为原字符串。

6.2.7 字符串的其他操作

这里所讲的字符串的其他操作主要是指数字转换为字符串与日期转换为字符串的操作。例如，将字符串"2020-10-01"转化为日期格式类型的数据。

【实例 6-11】将数字和日期转换为规定格式的字符串。

```
DateTime dt = DateTime.Now;                            // 获取当前时间
string temp1 = dt.ToShortTimeString();                 // 转化为时间字符串
string temp2 = dt.ToShortDateString();                 // 转化为年月日格式字符串
string temp3 = dt.ToString("yyMMdd-HH:mm:ss");         // 转化为指定格式的字符串
// 输出信息
Console.WriteLine(temp1);
Console.WriteLine(temp2);
Console.WriteLine(temp3);
// 转化为进制的字符串
int num1 = 212;
Console.WriteLine(num1.ToString("x"));                 // 输出信息
```

上面代码中给出了如何将时间和数字转换为指定格式的字符串。需要注意的是，在 C# 中，日期格式数据中 yy 代表年、MM 代表月份、dd 代表日期、HH 代表小时、mm 代表分钟、ss 代表秒，可以选择任意的组合搭配。数字 x 代表十六进制数（十六进制为数字的一种编码方式，一般计算机系统内部是用十六进制数进行操作的）。

> 说明：如果字符串的格式不符合指定的日期格式，强制转换会导致错误。因此，在字符串转化为其他类型数据的操作时，应尽量保证字符串的格式正确。

6.3 数字的转换操作

数字转换是指从一种类型的数字转换为另一类型的数字或字符串。例如，将整数转换为字符串，或者将可以转换的字符串转换为对应的数字。本节将详细介绍如何转换数

字,以及如何进行数字与字符串之间的转换。

6.3.1 显式的数字转换

显式的数字转换是指将某种类型的数据转换为数字。由于 C# 是强数据类型语言,所以显式的转换才能转换数据类型。

【实例 6-12】强制数据转换示例。

```
object k = 25;                                  //声明一个 object 对象
// 尝试强制转换为整型,浮点型和 decimal 型的数字
int t = int.Parse(k.ToString());
float f1 = float.Parse(k.ToString());           //转换为 float 类型浮点数
decimal d1 = decimal.Parse(k.ToString());       //转换为 decimal 类型浮点数
object o1 = "mingjie";                          //声明一个 object 对象
// 强制转换为数字,由于不能转换为数字,返回 false
bool tryint = int.TryParse(o1.ToString(), out t);
// 如果成功则输出转换成功后的数字,否则输出提示信息
if (tryint)
{
    Console.WriteLine(t);                       //输出信息
}
else
{
    Console.WriteLine(" 无法转换为数字 ");       //输出信息
}
```

上面这段代码演示了如何将其他类型数据转换为数字,通常用 Parse 方法实现转换,更安全的是用 TryParse 方法。TryParse 方法为尝试转换,如果成功则返回 true,并将转换后的值存储在指定的参数变量中;如果失败则返回 false,对参数不进行任何操作。

6.3.2 数字与字符串和其他类型数字类型的转换

由于计算机系统中的传输很多都是用字符串类型进行的,因此,数字与字符串之间的转换、数字各种形式之间的转换就使用得非常频繁。例如字符串 "100" 转换为数字 100。

【实例 6-13】常用的一些数字转换操作示例。

```
static void main(string[] args)
{
    //声明变量
    int n = 10;
    string asciValue = "0A";                    //字符串
    //输出信息,调用十进制到十六进制的转换
    Console.WriteLine(DecimalConver.Convert10To16(n, 2));
    Console.WriteLine(DecimalConver.Convert10To16(n.ToString(), 2));
    //输出信息,调用十六进制到十进制的转换
    Console.WriteLine(DecimalConver.Convert16To10(asciValue.ToString()));
    Console.WriteLine(DecimalConver.Convert16To10(asciValue,2));
    Console.ReadLine();
}
    //静态数据转换方法
```

```csharp
class DecimalConver
{
    /// <summary>
    /// 十进制转换到十六进制
    /// </summary>
    /// <param name="value"> 要转换的数 </param>
    /// <param name="length"> 格式化字符串的长度，不足的补 0</param>
    /// <returns> 转换的十六进制结果 </returns>
    public static string Convert10To16(int value, int length)
    {
        return value.ToString(string.Concat("X", length));
    }
    /// <summary>
    /// 转换十进制到十六进制
    /// </summary>
    /// <param name="value"> 要转换的数 </param>
    /// <param name="length"> 格式化支付串的长度，不足的补 0</param>
    /// <returns> 转换的十六进制结果 </returns>
    public static string Convert10To16(string value, int length)
    {
        if (value == null || value == "")
        {
            return new String('0', length);      // 返回新的字符串
        }
        else
        {
            int x = int.Parse(value);            // 转换为数字
            return x.ToString(string.Concat("X", length));
                                                 // 转换为十六进制的字符串
        }
    }
    /// <summary>
    /// 十进制转换到十六进制
    /// </summary>
    /// <param name="value"> 要转换的数 </param>
    /// <param name="length"> 格式化字符串的长度，不足的补 0</param>
    /// <returns> 转换的十六进制结果 </returns>
    public static string Convert10To16(int64 value, int length)
    {
        return value.ToString(string.Concat("X", length));
    }
    /// summary>
    /// 十六进制转换到十进制
    /// </summary>
    /// <param name="value"> 要转换的数 </param>
    /// <returns> 转换的十进制结果 </returns>
    public static int Convert16To10(string value)
    {
        return int.Parse(value, System.Globalization.NumberStyles.HexNumber);
    }
    /// <summary>
    /// 十进制转换到十六进制
    /// </summary>
    /// <param name="value"> 要转换的数 </param>
```

```
/// <param name="length">格式化字符串的长度，不足的补 0</param>
/// <returns>转换的十进制结果</returns>
/// <returns></returns>
public static string Convert16To10(string value, int length)
{
    return int.Parse(value, System.Globalization.
NumberStyles.HexNumber).ToString(
string.Concat("X", length.ToString()));
}
```

上面这段代码中声明了一个专门用于数据处理的类，里面包含了几个用于数据转换的方法。第一个静态方法和第三个静态方法是十进制转换到十六进制的方法，传入的参数是整数和长度；第二个静态方法也是十进制转换到十六进制的方法，但传入的参数是字符串和长度；第四个静态方法和第五个静态方法都是将十六进制转换到十进制的静态方法，只是一个传入的参数为字符串，另一个传入的参数是字符串值和长度。

> **注意**：静态方法是不用实例化就可以直接使用的方法，方法名相同但是要求传入的参数不同，体现了类设计时方法的重载。在十进制转换到十六进制时都使用了"X"这个格式化标记，当十六进制转换到十进制时都使用了 System.Globalization.NumberStyles 这个限定数字格式的枚举，其枚举值 HexNumber 表示十进制的整数。另外，这段代码中对类中方法的注释风格属于 C# 推荐的良好的注释风格，采用这种注释方法编写的自定义方法，在类外部使用时，系统会提示每个参数的意义。

习 题

1. 字符串 "ftp://admin:1111@192.168.100.6" 是登录 ftp 服务器的标准格式，其中 admin 是用户名，1111 是密码，192.168.100.6 是服务器地址。编写一段代码获取这个字符串中的用户名、密码和服务器地址。

2. 已有字符串 "select from where name"，编写一段代码，添加字符串 "id" "userinfo" 和 "test" 到字符串中，将字符串变成 "select id from userinfo where name = 'test'"。

3. 编写一段代码，提示用户输入字符串，如果用户输入的字符串长度小于 10，则在开头用 "0" 填充到 10 位。

4. 编写一段代码，移除字符串 "C#*123&fs%￥eq……)(" 中的特殊符号，注意 "#" 保留。

5. 编写一段代码，将十六进制数 0A3C4F 转换为十进制数，然后再转换为字符串。

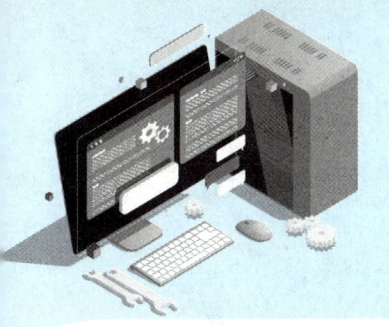

第 7 章
泛型与集合

泛型是 C# 中的一种通用数据类型，其本质上是一个"代码模板"。通过使用泛型，可以极大地提高代码的重用率，减少数据类型间的显式转换和装箱操作时的类型检查工作，从而在一定程度上提升应用程序的性能。

集合是指用于存储某些数据的组合，集合内的数据类型可以相同也可以不同，根据变量类型是否相同可将集合分为泛型集合和非泛型集合。泛型集合是指只包含一种数据类型的集合；非泛型集合是指包含的数据类型不一定唯一的集合。

本章将介绍泛型与集合的相关知识，内容包括：

※ 泛型的定义与使用
※ 集合的基础知识
※ 非泛型集合的使用
※ 泛型集合的使用

7.1 泛型

泛型是 C# 语言中的一种特性，它是一种通用的数据结构，可以存储任何类型的数据。泛型允许程序员在编写代码时，不指定具体的数据类型，而是使用一个占位符来代替，然后在运行时再根据实际需要，将这个占位符替换为具体的数据类型。这样就可以编写出可以处理多种数据类型的代码，而不需要为每种数据类型都编写一份代码。

在 C# 语言中，泛型有两种表现形式：泛型类型（包括泛型类、接口、委托和结构，没有泛型枚举）和泛型方法。无论哪种形式，要使用泛型，必须先声明才能使用。泛型类是使用最多的，下面主要以泛型类为例介绍泛型的声明及使用。

7.1.1 泛型的定义

在 C# 语言中使用尖括号（<>）来定义泛型，尖括号中的参数为类型参数，也称泛型占位符，当通过泛型类型实例化对象或者对泛型方法进行调用的时候，都需要使用一个真实的类型来代替泛型占位符。

1. 泛型类的声明

泛型类的声明格式如下:

```
访问修饰符 class 类名 <T>
{
    泛型类成员定义
}
```

其中,T 为泛型占位符。T 并不是一种类型,它仅代表某种可能的类型。创建泛型类对象时,可以使用任何一种数据类型替换 T。

创建泛型类对象与创建一般类的对象类似,但不能使用占位符 T,必须明确指定一种数据类型替换 T。例如,定义 int 类型的泛型类对象,格式为:

```
泛型类名 <int> 对象名 = new 泛型类名 <int>();
```

泛型类成员定义中也可以使用 T 类型的参数或变量。例如:

```
public void myFun(T[] arr);
```

在创建泛型类对象时,这些成员中的 T 会自动替换为创建对象时指定的数据类型。

例如,创建一个泛型类,然后再声明一个泛型类的对象。

```
public class Test<T>                           //定义泛型类 Test
{
    int item1,item2;
    decimal total1;
    public T obj ;                             //泛型类成员 obj
    public Test (T obj)                        //构造方法 Test()
    {
        this.obj=obj;                          //用参数赋值
    }
}
Test<int>  intTst = new Test<int>();           //声明一个泛型类对象 intTst
```

2. 泛型接口的声明

泛型接口的声明格式如下:

```
interface 接口名 <T>: 基接口
{
    接口体
}
```

从上述格式可以看出,在声明泛型接口时,只是比声明普通接口的格式增加了 <T>。用户可以根据需要自定义泛型接口。例如,通过如下格式可以声明一个泛型接口。

```
interface a <T>
{
    void F();
}
```

实际上,C# 中已经提供了不少泛型接口,这些泛型接口主要用于实现排序比较、相等比较以及泛型集合类型所共享的功能。

在 System 命名空间中，System.IComparable<T> 和 System.IEquatable<T> 泛型接口与它们对应的非泛型接口一样，各自定义了用于排序比较和相等比较的方法供程序人员使用。

ICollection<T> 泛型接口是泛型集合类型的基本接口，它提供添加、删除、复制和枚举元素的基本功能。ICollection<T> 继承自泛型 IEnumerable<T> 和非泛型 IEnumerable。IList<T> 泛型接口使用索引检索的方法扩展了 ICollection<T> 泛型接口。IDictionary<TKey,TValue> 泛型接口使用键－值检索的方法扩展了 ICollection<T> 泛型接口。

3. 泛型委托的声明

在 C# 语言中，声明泛型委托的语法格式如下：

```
访问修饰符 delegate 返回类型 委托名 <T>（形参列表）；
```

从上述格式可以看出，声明泛型委托只是比声明普通委托的格式增加了 <T>。在声明泛型委托时，必须提供泛型占位符实际类型后才能构造委托类型。泛型委托主要用于操作数组和列表。

4. 泛型方法的声明

声明泛型方法的语法格式如下：

```
访问修饰符 返回类型 方法名 <T>（形参列表）
{
    方法体
}
```

从上述格式可以看出，在声明泛型方法时，只是比声明普通方法的格式增加了 <T>。例如，定义一个泛型方法，然后再编写一个调用此泛型方法的方法，主要代码如下：

```csharp
static void swap<T> (ref  T a, ref  T b)
{
    T tt;
    tt=a;
    a=b;
    b=tt;
}
public static void Diaoyong()
{
    int x= 1;
    int y=3;
    swap<int> (ref x, ref y);      //调用泛型方法
    System.Console.WriteLine (x+ " "+y);
    Console.ReadKey();
}
```

7.1.2 使用泛型

泛型定义好以后就可以使用了，在使用泛型时，注意一定要把声明时的 <T> 替换为实际的类型。

【实例 7-1】使用泛型类，在屏幕输出数值 1 和字符串"Hello World!"。

创建一个控制台项目程序,在 Program.cs 中输入以下代码:

```csharp
static void Main(string[] args)
{
        int obj = 1;                                        //定义 int 类型变量 obj,初始值赋为 1
        Test<int> testInt = new Test<int>(obj);//引入泛型
        Console.WriteLine(testInt.obj);            //输出数值 1
        string obj1 = "Hello World!";              //定义 string 类型变量 obj1
        Test<string> testString = new Test<string>(obj1);   //引入泛型
        Console.WriteLine(testString.obj);       //输出字符串 Hello World!
        Console.ReadLine();
    }
}

//定义泛型类 Test
public class Test<T>
{
    public T obj;                                          //泛型对象 obj
    public Test(T obj)                                  //构造方法 Test()
    {
        this.obj = obj;                                  //参数赋值
    }
}
```

程序执行结果如图 7-1 所示。

图 7-1　程序执行结果

【实例 7-2】创建一个泛型方法,实现在数组中查找某一个元素的功能,然后调用泛型方法输出一个值在数组中的位置。

创建一个控制台应用项目,在此项目中创建一个泛型方法 Find,然后在主程序中调用此方法。Program.cs 中的主要代码如下:

```csharp
    static void Main(string[] args)
    {
        int[] arr = { 10, 20, 30, 40, 50, 60, 70, 80, 90 };
        int i = Finder.Find<int>(arr, 50);
        Console.WriteLine("50 在数组中的位置: "+i.ToString());   //输出在数组中的位置
        Console.WriteLine();
    }
```

```
//创建一个公共类 Finder
public class Finder
{
    public static int Find<T>(T[] items, T item)//创建一个泛型方法
    {
        for (int i = 0; i < items.Length; i++)
        {
            if (items[i].Equals(item))
                return i+1;                    //返回在数组中的位置
        }
        return -1;                             //如果不存在指定的数，则返回 -1
    }
}
```

程序执行结果如图 7-2 所示。

图 7-2　程序执行结果

使用泛型编写类型通用的程序，必须考虑到程序中对数据的操作是否能够在所有可能的数据类型上实现，如果不能，则需要选择替代运算，同时可能需要对类型参数 T 进行限定。总之，要保证程序对于所有可能替换类型参数 T 的数据类型都能够正常工作。

7.2　集合简介

集合（collection）是专门用于数据存储和检索的类。集合中可以包含各种类型的数据，集合类中提供了许多方法，因此能够方便地对集合内的成员进行操作。C# 中提供了多种类型的集合类，包括动态数组（arrayList）、栈（stack）、队列（queue）、列表（list）和哈希表（hashtable）等集合类。通过这些类可以完成一些特殊的操作。

1. 集合的使用场合

集合一般用于处理具有相关性的数据。待存入集合的数据需要首先转换成 objcct 类型，然后才能存入集合中。如果不相关的数据被存放在一起，将导致数据的不规则性，且难以进行统一管理。相关的数据不一定是同一种类型的数据，如桌子和椅子，两者不

是同一种类型的物品,但是桌子和椅子却是相关的数据,两者都是家具。

2. 使用集合的优点

通过集合使相关的物品联系起来,能够方便地对集合内的数据进行操作。元素在存储到集合中时,会被自动地赋予标号,通过标号便可以方便地在集合内查找、修改、删除相对应的数据。例如,房间设计时可以将房间分为卧室和书房。当需要进行与学习相关的活动时就进入书房,需要进行与休息相关的活动时就进入卧室。这样既方便对物品进行分类使用,又能让人感觉舒适,还能很好地满足使用需求。

数据从集合中删除后并没有消失,只是不再归属于集合,它还是能被继续使用的。这样就减少了系统重新创建变量的时间,提高了系统的运行效率。

7.3 非泛型集合的使用

非泛型集合是指可以装载不同数据类型的集合,一般先将对象转化为 object 对象,然后再将其加入集合中。使用时还要将 object 对象转化为能转换的、符合使用要求的对象。下面将介绍一些非泛型集合类,以及如何使用这些类。

7.3.1 ArrayList 集合

ArrayList 集合实质上就是复杂的数组。ArrayList 集合的容量可以根据需要进行增减,更改 ArrayList 集合的容量后会重新对集合内的数据进行排序。在 ArrayList 集合中可以添加、插入或移除某一范围内的元素。

创建 ArrayList 集合类对象需要使用 new 操作符,并通过传递一个整数限定集合的初始大小。

【实例 7-3】声明 ArrayList 集合类对象。

下面的代码给出了创建一个 ArrayList 集合类对象的两种方式。

```
// 实例化一个 ArrayList 集合的对象,并初始化大小为 3
ArrayList alTempPara = new ArrayList(3);
ArrayList alTempVoid = new ArrayList();        // 实例化一个 ArrayList 集合的对象
```

创建 ArrayList 集合后,便可以执行向集合内添加元素、删除集合中已经存在的元素或插入元素到指定的位置等操作。需要注意的是:集合中的元素只能是 object 对象。添加元素或者删除元素后,ArrayList 内的元素会重新进行排序。

【实例 7-4】向 ArrayList 集合中添加元素和移除 ArrayList 集合中的元素。

在下面的代码中,通过 Add 方法添加元素到集合中,通过 Remove 方法删除集合中指定的元素。

```
// 实例化一个 ArrayList 集合的对象,并初始化大小
ArrayList alTempPara = new ArrayList(3);
object n = 4;                                  // 创建一个 object 对象
object t = 5;                                  // 创建一个 object 对象
```

```csharp
alTempPara.Add(n);                              // 添加到集合中
alTempPara.Add(t);                              // 添加到集合中
// 遍历输出
foreach (object oo in alTempPara)               // 获取集合内元素
{
    Console.WriteLine(oo);                      // 输出元素
}
alTempPara.Remove(n);                           // 移除元素
alTempPara.Remove(t);                           // 移除元素
Console.WriteLine(alTempPara.Count);            // 输出移除元素后集合内元素的数量
int cc = alTempPara.Count;                      // 获取集合内元素数量
for (int i = 0; i < cc; i++)                    // 遍历输出
{
    if (alTempPara[i] != null)                  // 判断集合是否为空
    {
        Console.WriteLine(alTempPara[i]);       // 输出元素
    }
}
Console.Read();                                 // 等待用户输入
```

ArrayList 集合中的元素从集合中移除后，占用的空间并没有被系统回收，仍然在内存中存在。添加到集合中的元素可以是引用类型的变量，但是都会被转换为 object 后再添加，下面将通过一个实例介绍如何处理这一类添加。

在下面的代码中声明了一个测试类，该类中包含一个公共字段；在主函数中声明一个 ArrayList 集合对象，初始化长度为 3，同时实例化一个测试类对象；调用 Add 方法添加数据到 ArrayList 中，并通过 RemoveAt 方法移除数据。具体代码如下：

```csharp
static void Main(string[] args)
{
        // 实例化一个 ArrayList 集合的对象，并初始化大小
        ArrayList alTemp = new ArrayList(3);

        // 实例化一个 CollectExample 对象，然后赋初值
        CollectExample ceAlExample = new CollectExample();

        ceAlExample.collectName = "just test";
        // 在集合中添加值
        alTemp.Add(10);                                              // 添加元素
        alTemp.Add("string");                                        // 添加元素
        alTemp.Add(ceAlExample);                                     // 添加元素
        alTemp.Add(20);                                              // 添加元素
        // 输出集合中的值
        Console.WriteLine("capacity is " + alTemp.Capacity);         // 输出容量
        Console.WriteLine("count is " + alTemp.Count);               // 输出元素总数
        Console.WriteLine(alTemp[0]);                                // 输出元素
        Console.WriteLine(alTemp[1]);                                // 输出元素
        Console.WriteLine(((CollectExample)alTemp[2]).collectName);  // 输出元素
        Console.WriteLine(alTemp[3]);                                // 输出元素
        // 移除集合的值
        alTemp.RemoveAt(0);                             // 移除集合中最开始的元素
        alTemp.RemoveAt(0);                             // 移除集合中最开始的元素
        alTemp.RemoveAt(0);                             // 移除集合中最开始的元素
        alTemp.RemoveAt(0);                             // 移除集合中最开始的元素
```

```
            //错误，注意集合内数据发生改变后会引起顺序重新排列
            //alTemp.RemoveAt(1);
            //alTemp.RemoveAt(2);
            //alTemp.RemoveAt(3);
            Console.WriteLine("capacity is " + alTemp.Capacity);    //输出容量
            Console.WriteLine("count is " + alTemp.Count);          //输出元素总数
            Console.WriteLine(ceAlExample.collectName); //输出对象的公共字段值
            Console.ReadLine();
        }
//测试类
class CollectExample
{
    public string collectName;                                      //公共字段
}
```

移除数据时，由于每次移除都会重新排列集合内的数据，因此每次都只能从头开始移除，否则会出错。移除数据后，仍然可以输出原来的变量。需要注意的是，RemoveAt 方法移除 ArrayList 集合中的元素只能从开头移除，否则会由于不存在数据而报错。

> **技巧**：ArrayList 集合中只能存储 object 类型的数据。ArrayList 集合中的元素没有一定的排列顺序，但可以通过 Insert 方法添加数据到指定的位置。ArrayList 集合还封装了很多方法。例如，可以通过 Contains(object value) 方法判断集合中是否存在某个数据。

7.3.2 Queue 集合

Queue 集合是指先进先出的一种集合，也称为队列。先进入队列集合的对象最先离开队列。类似于排队买票，排在第一位的人肯定最先离开。

Queue 集合需要通过 new 操作符才能创建。实例化 Queue 集合类时可以指定 Queue 集合类的初始容量。

创建 Queue 集合对象有以下两种方式：

```
Queue tempQ = new Queue();              // 创建一个 Queue 对象
Queue tempQPara = new Queue(3);         // 创建带参数的 Queue 对象
```

上面的代码给出了两种创建 Queue 集合对象的方法，后一种方法在创建 Queue 集合时指定了集合的初始长度。

创建 Queue 集合后可以添加数据进入集合，称为入队；也可以删除集合中已有的元素，称为出队。通过调用 Enqueue 方法添加数据进入 Queue 集合，通过调用 Dequeue 方法从 Queue 集合中移除数据。从 Queue 集合中移除的数据并未被删除，还存在于系统中。

【实例 7-5】Queue 集合添加与删除数据。

下面的代码中包含一个测试类，主要用于提供类数据。在主函数中创建了一个 Queue 集合，调用 Enqueue 方法添加不同类型的数据进入队列集合，然后调用 Dequeue 方法从 Queue 集合中移除数据，具体代码如下：

```csharp
static void Main(string[] args)
{
    //实例化测试类
    CollectExample ceEx = new CollectExample();
    ceEx.collectName = "just test";
    Queue quExample = new Queue(3);      //声明一个队列集合对象,并初始化大小
    //添加数据进入队列
    quExample.Enqueue("string");                           //添加元素
    quExample.Enqueue(10);                                 //添加元素
    quExample.Enqueue(ceEx);                               //添加元素
    quExample.Enqueue("must");                             //添加元素
    //输出队列信息
    Console.WriteLine("Count is " + quExample.Count);      //输出元素个数
    Console.WriteLine(quExample.Dequeue());                //移除元素
    Console.WriteLine(quExample.Dequeue());                //移除元素
    Console.WriteLine(((CollectExample)quExample.Dequeue()).collectName);
                                                           //移除元素
    Console.WriteLine(quExample.Dequeue());                //移除元素
    Console.WriteLine("Count is " + quExample.Count);      //输出元素个数
    Console.ReadLine();
}
//测试类
class CollectExample
{
    public string collectName;
}
```

需要注意的是,添加数据进入 Queue 集合时,数据按照进入 Queue 集合时的先后顺序排列。移除数据时,最先进入 Queue 集合的数据最先从 Queue 集合中被删除。移除 Queue 集合的数据只是不存在于 Queue 集合中,但是仍然在系统中,并没有被系统注销。

> **技巧**:Queue 集合的容量是不受限定的。当增加数据时,如果超过当前 Queue 集合设定的容量,Queue 集合就会自动将容量变大。但添加的数据不一定和 Queue 集合的容量完全吻合,因此可以通过 TrimToSize 方法将多余的容量去除。

7.3.3 Stack 集合

Stack 集合(栈)是指先进后出的集合,即最先进入集合的数据,在移除时最后被移除。类似于生活中往篮子里面装东西,取东西时都是最先得到最上面的物品,最后才能拿到最开始装入的物品。

Stack 集合需要通过 new 操作符才能创建。实例化 Stack 集合类时可以指定 Stack 集合类的初始容量。

创建 Stack 集合对象有以下两种方式:

```
Stack    tempS = new Stack();           //创建一个 Stack 对象
Stack    tempSPara = new Stack(3);      //创建带参数的 Stack 对象
```

上面的代码给出了两种创建 Stack 集合对象的方法，后一种方法在创建 Stack 集合的时候指定了集合的初始长度。

创建了 Stack 集合后就可以添加数据到集合中，也可以删除集合中已有的元素。调用 Push 方法添加数据进入 Stack 集合，称为入栈；调用 Pop 方法从 Stack 集合中移除数据，称为出栈；调用 Peek 方法在 Stack 集合中查找数据。需要注意的是：Peek 方法只能返回第一个元素。从 Stack 集合中移除的数据，仍然存在于系统中，并未被销毁。

【实例 7-6】Stack 集合添加与移除数据。

下面的代码中包含一个测试类，主要用于提供类数据。在主函数中创建了一个 Stack 集合，调用 Push 方法添加不同类型的数据进入集合，然后调用 Pop 方法从 Stack 中移除数据，具体代码如下：

```csharp
static void Main(string[] args)
{
    //实例化测试类
    CollectExample ceEx = new CollectExample();
    ceEx.collectName = "just test";              //设置测试类名称
    Stack stcEx = new Stack();                   //声明一个 Stack 集合对象
    //添加数据进入集合
    stcEx.Push("string");                        //添加元素
    stcEx.Push(10);                              //添加元素
    stcEx.Push(ceEx);                            //添加元素
    //输出集合中的第一个元素，然后移除
    Console.WriteLine(((CollectExample)stcEx.Peek()).collectName);
                                                 //获取元素
    stcEx.Pop();                                 //移除元素
    Console.WriteLine(stcEx.Peek());             //获取元素
    stcEx.Pop();                                 //移除元素
    Console.WriteLine(stcEx.Peek());             //获取元素
    stcEx.Pop();                                 //移除元素

    Console.ReadLine();
}
//测试类
class CollectExample
{
    public string collectName;
}
```

需要注意的是，最先进入 Stack 集合的数据排在最后，最后进入 Stack 集合的数据排在最前面。移除数据时，最后进入 Stack 集合的数据最先从集合中被移除，最先进入 Stack 集合的数据最后才从集合中移除。

7.3.4 HashTable 集合

HashTable（哈希表）集合是指存储一系列基于键的哈希代码组织起来的键 – 值对的数据的集合。通过 HashTable 集合存储的元素能够获取一个 Key 值，根据这个 Key 值能够很方便地查找到这个元素。类似于日常生活中超市的寄存处，当寄存东西后就有一个号，取东西时凭号就能很快找到寄存的东西。

Hashtable 集合需要通过 new 操作符才能创建。实例化 Hashtable 集合类时可以指定 Hashtable 集合类的初始容量。

创建 Hashtable 集合对象有以下两种方式：

```
Hashtable tempH = new Hashtable();              //创建一个 Hashtable 对象
Hashtable tempHPara = new Hashtable(3);         //创建带参数的 Hashtable 对象
```

上面的代码给出了两种创建 Hashtable 集合对象的方法，后一种方法在创建 Hashtable 集合的时候指定了集合的初始长度。

创建了 Hashtable 集合后就可以添加数据到集合中，也可以删除集合中已有的元素。调用 Add 方法添加数据进入 Hashtable 集合，调用 Remove 方法从 Hashtable 集合中移除数据。在调用 Add 方法添加数据时需要指明元素的 Key 值，移除时只需要根据 Key 值就可以很快定位到需要移除的元素。从 Hashtable 集合中移除的数据，仍然存在于系统中，并未被销毁。

【实例 7-7】使用 Hashtable 集合示例。

下面的代码中包含一个测试类，主要用于提供类数据。在主函数中创建了一个 Hashtable 集合，先调用 Add 方法添加不同类型的数据进入集合，再调用 Remove 方法从 Hashtable 集合中移除数据。查找指定的值时，可以采用对象名 [key] 的方式获取。具体代码如下：

```
static void Main(string[] args)
{
    //实例化测试类
    CollectExample ceEx = new CollectExample();
    ceEx.collectName = "just test";
    Hashtable htExample = new Hashtable();                      //声明一个哈希表集合对象
    htExample.Add(" 字符串 ", "string");                        //添加元素
    htExample.Add(" 整数 ",32321);                              //添加元素
    htExample.Add(" 对象 ",ceEx);                               //添加元素
    Console.WriteLine(htExample.Count);                         //输出元素个数
    //输出哈希表现在的 Key 值
    foreach (object oo in htExample.Keys)                       //遍历集合
    {
        Console.WriteLine(oo.ToString());                       //输出值
    }
    //输出对应键的值
    Console.WriteLine(htExample[" 字符串 "].ToString());        //输出值
    Console.WriteLine(htExample[" 整数 "].ToString());          //输出值
    Console.WriteLine(((CollectExample)htExample[" 对象 "]).collectName);    //输出值
    Console.WriteLine(htExample.Count);                         //输出元素个数
    Console.WriteLine("i will delete data");                    //输出信息
    //移除值
    htExample.Remove(" 字符串 ");                               //移除元素
    htExample.Remove(" 整数 ");                                 //移除元素
    htExample.Remove(" 对象 ");                                 //移除元素
    Console.WriteLine(htExample.Count);                         //输出元素个数
    Console.ReadLine();
}
//测试类
```

```
class CollectExample
{
    public string collectName;
}
```

需要注意的是，添加数据进入 Hashtable 集合时需要指定添加的值，同时还需要指定与这个值相关联的键。Hashtable 集合没有一定的排序规则，因此从 Hashtable 集合中移除数据时，需要给出标志数据的关键字 Key。

> **技巧**：Hashtable 集合中还可以判断是否包含某一个数据。由于在 Hashtable 集合中存储的数据都由键和值组成，因此，有两种方法判断数据是否存在：ContainsKey 方法和 ContainsValue 方法，其中 ContainsKey 方法判断是否存在指定的 Key 值，ContainsValue 方法判断是否存在指定的值。

7.4 泛型集合的使用

泛型集合主要用于装载同一类型的数据，如装载字符串型的数据或整型的数据。由于装载的是同一类型的数据，因此可以用统一的规则来处理数据。同时，由于规定了装载的类型，因此也避免了存储时要将数据从某种类型的数据转化为 object 类型、读取时再将 object 类型数据转化为指定类型数据的类型转换操作，从而减少了程序的开销。

7.4.1 Queue 与 Stack 形式的泛型集合

Queue 形式的泛型集合是指只装载同一种类型的数据，集合内的数据按照先进先出的顺序进行存储。Stack 形式的泛型集合是指只装载同一类型的数据，集合内的数据按照先进后出的顺序进行存储。

Queue 形式的泛型集合的格式是 Queue<>，需要通过 new 操作符才能创建对象，实例化 Queue 形式的泛型集合类时可以指定泛型集合类的初始容量。

Stack 形式的泛型集合的格式是 Stack<>，需要通过 new 操作符才能创建对象，实例化 Stack 形式的泛型集合类时可以指定泛型集合类的初始容量。

创建 Queue 和 Stack 形式的泛型集合对象有以下几种方式：

```
Queue<string> tempQL = new Queue<string>();              //创建一个 Queue 对象
Queue<string> tempQLPara = new Queue<string>(3);         //创建一个 Queue 对象
Stack<string> tempSL = new Stack<string>();              //创建一个 Stack 对象
Stack<string> tempSLPara = new Stack<string>(3);         //创建一个 Stack 对象
```

上面的代码中分别用两种方式创建 Queue 和 Stack 形式的泛型集合对象，其中后一种方法在创建 Queue 和 Stack 形式的泛型集合时指定了泛型集合的初始长度。

对于 Queue<> 泛型集合，调用 Enqueue 方法添加数据到集合中，调用 Dequeue 方法从集合中移除数据，调用 Peek 方法在集合中查找数据。需要注意的是，Queue<> 泛型集合的 Peek 方法只能返回集合中的第一个元素。从集合中移除的数据仍然存在于系统中，并未被销毁。

对于 Stack<> 泛型集合，调用 Push 方法添加数据到集合中，调用 Pop 方法从集合中移除数据，调用 Peek 方法在集合中查找数据。需要注意的是，Stack<> 泛型集合的 Peek 方法只能返回集合中的第一个元素。从集合中移除的数据仍然存在于系统中，并未被销毁。

【实例 7-8】Queue 和 Stack 形式的泛型集合的使用。

下面的代码中先创建 Queue 和 Stack 形式的泛型集合，再分别调用添加元素的方法添加数据，调用移除元素的方法移除数据，调用查询的方法获取特定位置的数据。具体代码如下：

```
Queue<string> tempQL = new Queue<string>();          //创建一个 Queue 对象
Stack<string> tempSLPara = new Stack<string>(2);     //创建一个 Stack 对象
tempQL.Enqueue("ming");                              //添加字符串
tempQL.Enqueue("jie");                               //添加字符串
tempQL.Enqueue("C#");                                //添加字符串
Console.WriteLine("Queue 集合包含 " + tempQL.Count + " 个元素 ");
                                                     //输出 Queue 集合中字符串元素的个数
int queueCount = tempQL.Count;                       //获取字符串个数
for (int i = 0; i < queueCount; i++)                 //遍历 Queue 集合
{
    if (tempQL.Count > 0)                            //如果还有元素
    {
        Console.WriteLine("Queue 集合元素 :"+tempQL.Peek());//输出头元素字符串
        tempQL.Dequeue();                            //从集合中移除最开始的元素
    }
}
tempSLPara.Push("ming");                             //添加字符串
tempSLPara.Push("jie");                              //添加字符串
tempSLPara.Push("C#");                               //添加字符串
Console.WriteLine("Stack 集合包含 " + tempSLPara.Count + " 个元素 ");
                                                     //输出 Stack 集合中字符串元素的个数
int stackCount = tempSLPara.Count;                   //获取字符串个数
for (int i = 0; i < stackCount; i++)                 //遍历 Stack 集合
{
    if (tempSLPara.Count > 0)                        //如果还有元素
    {
        Console.WriteLine("Stack 集合元素 :" + tempSLPara.Peek());
                                                     //输出头元素字符串
        tempSLPara.Pop();                            //从集合中移除最开始的元素
    }
}
Console.ReadLine();                                  //等待用户输入
```

对 Queue 队列类型的泛型集合添加值的操作与 Queue 队列类型的非泛型集合一样，移除值的操作也完全一样，只是要求添加的值必须是同一种类型的。Stack 栈类型的泛型集合也一样，也只能添加同一种类型的数据。如果尝试添加不同类型的数据，系统会抛出异常。

> **技巧**：对于 Queue 类型和 Stack 类型的泛型集合，由于装载数据的数据类型一致，因此可以通过 ToArray 方法将集合中的每个元素存储到指定的数组中。例如，对于 Queue<string> 类型的泛型集合，可以将其中的数据存储到 string 类型的数组中；对于 Queue<int> 类型的泛型集合，可以将其中的数据存储到 int 类型的数组中。

7.4.2　List 形式的泛型集合

同 Queue 泛型集合、Stack 泛型集合一样，List 形式的泛型集合也只能装载同一种类型的数据。集合内的元素不一定按照添加的先后顺序进行排序。List 形式的泛型集合的格式为 List<>，创建时需要通过 new 操作符进行。

创建一个 List<> 泛型集合的格式如下：

```
List<string> tempList = new List<string>();          //创建一个泛型集合
```

List<> 泛型集合可以通过 Add 方法添加数据，也可以通过 Insert 方法插入新数据到指定的位置；通过 Remove 方法移除数据，元素移除后集合内的元素需要重新排序；通过 [] 操作符或者 Find 方法查找指定的元素。

【实例 7-9】List<> 泛型集合的应用。

在下面的代码中包含一个测试类，用于提供类数据。在主函数中创建了三个测试类和一个只能装载测试类的 List<> 泛型集合。首先使用 Add 方法和 Insert 方法添加数据进入集合，然后使用 Reverse 方法调换了第一个元素和第三个元素在集合中的位置，最后通过 Remove 和 Clear 方法清除数据。具体代码如下：

```
static void Main(string[] args)
{
    // 实例化测试类
    CollectExample ceEx1 = new CollectExample();
    ceEx1.collectName = "对象";                              //设置类名
    CollectExample ceEx2 = new CollectExample();
    ceEx2.collectName = "对象";                              //设置类名
    CollectExample ceEx3 = new CollectExample();
    ceEx3.collectName = "对象";
//声明一个泛型 List 对象
List<CollectExample> collectList = new List<CollectExample>(2);
Console.WriteLine("List 泛型集合当前容量为 " + collectList.Capacity);
                                                            //输出容量
    collectList.Add(ceEx1);                                 //添加数据
    collectList.Insert(0, ceEx2);                           //添加数据
    collectList.Add(ceEx3);                                 //添加数据
    // 不能添加非 CollectExample 型的对象
    //collectList.Add("string");                            //错误，抛出异常
    //遍历集合中的元素
    Console.WriteLine("List 泛型集合 ");
    Console.WriteLine("List 泛型集合当前容量为 " + collectList.Capacity);
    //输出容量
```

```
        foreach (CollectExample ce in collectList)        // 遍历 List 集合
        {
                Console.WriteLine(ce.collectName);        // 输出元素名称
        }
        // 将第一个元素和第三个元素调换位置
        collectList.Reverse(0, 2);
        Console.WriteLine(" 反转后的集合顺序 ");
        foreach (CollectExample ce in collectList)        // 遍历 List 集合
        {
                Console.WriteLine(ce.collectName);        // 输出元素名称
        }
        collectList.Remove(ceEx1);                        // 移除指定元素
        Console.WriteLine(collectList[0].collectName);    // 输出当前起始元素信息
        collectList.Clear();                              // 清除集合
        Console.ReadLine();                               // 等待输入
}
// 测试类
class CollectExample
{
        public string collectName;
}
```

List 形式的泛型集合中只能装载一种类型的数据，如果尝试添加不同类型的数据进入 List 形式的泛型集合，系统会抛出异常。List 泛型集合中，数据不需要按照某种特定的顺序排列，因此可以通过插入操作将元素插入集合中的特定位置。

1. 排队买票的场景可以抽象为哪种集合类型？
2. 泛型集合与非泛型集合有什么区别？
3. 有了非泛型集合，为什么还需要使用泛型集合？
4. 编写一段代码，判断 ArrayList 集合是否包含某个特定的值。
5. 编写一段代码，向 Queue 集合中添加一些数据元素后，输出 Queue 集合中的实际容量。
6. 编写一段代码，模拟衣柜中如何存放衣服，以及如何获取衣服。
7. 编写一段代码，模拟超市中如何存储寄存物品。
8. 编写一段代码，添加几个数据进入 Queue 形式的泛型集合，并将集合中的元素存储到同类型的数组中。

第 8 章

线程操作

线程是指单一顺序的控制流,它是操作系统独立调度和分派任务的基本单位。在程序编写时,经常使用线程独立完成某一任务。本章将介绍线程的相关知识,内容包括:

※ 线程简介
※ 线程的声明和使用
※ 委托与事件的知识
※ 多线程程序的编写

 8.1 线程简介

线程是操作系统调度和分派任务的基本单位。线程最好专注于完成单一的任务,而不是尝试执行多个复杂的操作。线程最大的特点是独立性,运行后就会持续执行分配给它的任务,直到任务完成或中断。

任何一个 C# 程序都有一个默认的线程,该线程为主线程。主线程执行程序中 Main 方法中的代码,Main 方法中的每一条语句都由主线程执行,当 Main 方法返回时,主线程就会自动终止。C# 中有一个 Thread 类,用于对线程进行管理,如创建线程、暂停线程、终止线程、挂起线程、获取线程状态等。

8.1.1 多线程

现在的很多软件系统都是支持多线程操作的。为什么要用多线程呢?因为目前无论是 C/S 模式还是 B/S 模式,都要求系统要能及时处理用户端的请求,即服务端要不断接收和处理来自不同客户的处理请求,及时做出反应和进行相应的处理。如果采用单线程机制,则主线程只能不断地循环接收数据而无暇处理用户的交互请求,因此必须采用多线程机制。只有这样,系统才能尽快对用户行为做出反应,以便提供更好的用户体验。

应用程序采用多线程技术可以完成以下任务:

- 通过网络进行通信。
- 执行占用长时间的操作。
- 区分具有不同优先级的任务。

- 使用户界面在执行后台任务时仍能快速响应用户的交互请求。

在多线程应用程序中，除了主线程外，还可以创建其他线程，其他线程可以与主线程一起并行执行。主线程之外的其他线程称为辅助线程，辅助线程常用于执行耗时的任务或者时间要求紧迫的任务。实际上，当执行需要完成的连续操作时，或者等待网络或其他 I/O 设备响应时，都可以使用多线程技术。

8.1.2 Thread 类

C# 中对线程进行管理与操作的类是 Thread 类，这个类位于 System.Threading 命名空间下。Thread 类中包含很多对线程进行管理的方法和属性，其中重要的方法和属性分别如表 8-1 和表 8-2 所示。

表 8-1 Thread 类常用的方法

方法名称	说 明
Thread	初始化 Thread 类的新实例，指定允许对象在线程启动时传递给线程的委托
Start	启动线程，使线程被安排执行
Sleep	将当前线程阻塞指定的时间
Abort	强行终止线程
ResetAbort	取消为当前线程请求的 Abort
Join	阻止调用线程，直到某节线程终止时为止

表 8-2 Thread 类常用的属性

属性名称	说 明
CurrentThread	获取当前正在运行的线程
isAlive	获取当前线程的执行状态
ThreadState	获取当前线程的状态
Name	获取或设置线程的名称
Priority	获取或设置一个值，该值是线程的调试优先级

8.1.3 线程的状态

访问线程实例的 ThreadState 属性，可以获得当前线程实例的状态。常见的线程实例状态主要有 Unstarted、Running、WaitSleepJoin、AbortRequested 和 Stopped 五种。一旦线程被创建，直到其终止，它都处于一个或多个线程的状态中。线程各状态间的变迁过程如图 8-1 所示。

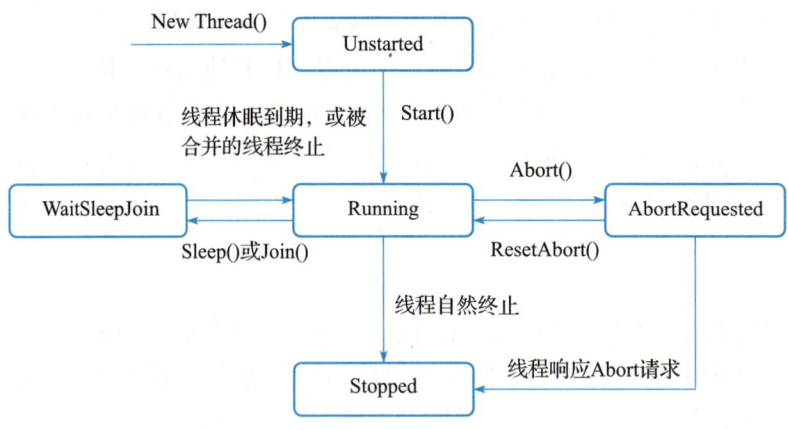

图 8-1 线程各状态间的变迁过程

8.1.4 线程的优先级

线程是根据其优先级被调度执行的。所有线程都是由操作系统通过分配处理器的时间片来调度的。一般情况下，具有最高优先级的线程经过调度后总是首先运行，只要具有较高优先级的线程可以运行，则具有较低优先级的线程就不会执行。如果具有相同优先级的多个线程都可用，则操作系统的计划程序会遍历该优先级的线程，并为每个线程提供一个固定的时间片来执行。

每个线程都具有分配给它的线程优先级。在 C# 应用程序中，线程有五个不同的的优先级，由低到高依次为 Lowest、BelowNormal、Normal、AboveNormal 和 Highest，如表 8-3 所示。

表 8-3 线程的优先级

成员名称	说 明
Lowest	可以将线程安排在任何其他优先级的线程之后
BelowNormal	可以将线程安排在 Normal 优先级的线程之后，在 Lowest 优先级的线程之前
Normal	默认选择。可以将线程安排在 AboveNormal 优先级的线程之后、BelowNormal 优先级的线程之前
AboveNormal	可以将线程安排在 Highest 优先级的线程之后、Normal 优先级的线程之前
Highest	可以将线程安排在任何其他优先级的线程之前

在公共语言运行库（CLR）中创建的线程最初分配的优先级为 Normal。在运行库外创建的线程会保留它们进入托管环境之前所具有的优先级。使用 Priority 属性可以修改线程的优先级，修改线程的优先级可以改变 CPU 调度线程的顺序。修改一个线程的优先级的常用形式为：

```
Thread t = new Thread(线程方法);
t.Priority = ThreadPriority.优先级名称;
```

> **注意**：把某线程的优先级设置为 Highest 时，系统正在运行的其他线程都会停止，因此使用这个优先级时要特别小心。除非遇到必须立即处理的任务，否则不需要使用这个优先级。

8.2 线程的基本操作

Thread 类中封装了对线程进行管理的方法和属性，下面将详细介绍线程的声明、启动、暂停、挂起和恢复等操作。

8.2.1 线程的声明

线程声明时需要指定线程要做的事情，不能声明一个没有用途的线程。线程通过 System.Threading.Thread 类声明，并通过 ThreadStart 委托指定线程需要执行的方法。线程声明的语法格式如下：

```
Thread threadName = new Thread(new ThreadStart(ThreadMethodName));
```

其中，threadName 为线程名称，ThreadMethodName 为线程需要运行的方法名。

【实例 8-1】线程声明示例。

下面这段代码中定义了一个提供线程操作的方法类，类中包含两个方法：一个是带参数的输出信息函数，另一个是不带参数的输出信息函数。在主函数中声明了两个线程，第一个是通过 ThreadStart 委托（委托将在 8.3 节中介绍）调用不需要参数的方法初始化线程。第二个是通过 ParameterizedThreadStart 委托调用需要参数的方法初始化线程。

```
static void Main(string[] args)
{
    //声明线程
    Thread thEx1 = new Thread(new ThreadStart(consoleInfo.ConsoleInfo));
                                            //声明线程并指定线程执行的方法
    Thread thEx2 = new Thread(new ParameterizedThreadStart(
consoleInfo.ConsoleInfo));
    Console.ReadLine();                     //等待用户输入
}
//线程方法类
class consoleInfo
{
    //不带参数的静态方法，输出信息
    public static void ConsoleInfo()
    {
        Console.WriteLine(" 线程声明成功 ");     //输出相关信息
    }
    //带参数的静态方法，输出信息
    public static void ConsoleInfo(object outInfo)
    {
        string info = outInfo.ToString();       //转化为字符串
```

```
            Console.WriteLine(info);                    //输出字符串
    }
}
```

以上代码中的 ParameterizedThreadStart 委托专门封装一类方法，这类方法运行时需要传递参数，且传递的参数必须为 object 类型变量；ThreadStart 委托也封装一类方法，这类方法在运行时调用不带参数的方法初始化线程。

8.2.2 线程的启动

线程初始化后还需要启动。启动时系统根据线程声明的方法，先判断是否需要传递参数，再执行线程指定的方法。

线程启动的语法格式如下：

```
threadName.Start([parameter]);
```

其中，threadName 为已经声明的线程名称，parameter 为 object 类型的参数，可选。如果线程声明为带参数的线程（通过 ParameterizedThreadStart 委托声明），则必须指定参数 parameter，否则无须指定参数。

> **注意**：通过 ParameterizedThreadStart 委托声明线程，启动时必须传递参数，且参数必须为 object 类型，调用的方法中需要的参数也必须为 object 类型。ThreadStart 委托声明的线程则一定不能传递参数。线程启动时会根据选择自动调用重载的输出函数。

【实例 8-2】线程的启动示例。

下面这段代码演示了如何启动线程。代码中首先声明了两个线程，并指定了线程需要执行的方法，然后调用 Start 方法启动线程。

```
static void Main(string[] args)
{
    //声明线程
    Thread thEx1 = new Thread(new ThreadStart(consoleInfo.ConsoleInfo));
                                                    //线程1
    Thread thEx2 = new Thread(new ParameterizedThreadStart(consoleInfo.ConsoleInfo));                      //线程2
    object oo = "带参数的线程启动成功";              //需要传递的参数
    //thEx1.Start(oo);                              //错误，不能传递参数
    thEx1.Start();                                  //启动线程 thEx1
    //thEx2.Start();                                //错误，必须传递参数
    thEx2.Start(oo);                                //启动线程 thEx2
    Console.ReadLine();
}
//线程方法类
class consoleInfo
{
    //不带参数的静态方法，输出信息
    public static void ConsoleInfo()
    {
```

```
            Console.WriteLine(" 不带参数的线程启动成功 ");      //输出相关信息
        }
        //带参数的静态方法，输出信息
        public static void ConsoleInfo(object outInfo)
        {
            string info = outInfo.ToString();                //转化为字符串
            Console.WriteLine(info);                         //输出信息
        }
}
```

程序运行后，启动两个线程，线程开始执行指定的方法。线程 thEx1 和线程 thEx2 都会输出指定的信息。两个线程没有先后顺序，因此输出的结果也不一定。可能是 thEx1 先输出信息，也有可能是线程 thEx2 先输出信息。

8.2.3 线程的暂停

线程的暂停是指在执行过程中，由于某种需求可能需要将线程暂时停止，等待事情完成后再重新启动线程，以便让线程完成后面的操作。类似于日常生活中吃饭时有人敲门，此时便需要停止吃饭去开门，等开完门后再继续吃饭。

线程的暂停（或称休眠）的语法格式如下：

```
threadName.Sleep(n);
```

其中，threadName 为线程名称，n 为一个整数，指线程暂停或休眠的时间，以 ms（毫秒）为单位。

例如：Thread.Sleep(1000); 语句的功能是让当前线程休眠 1 000 ms，即 1 s 之后线程继续运行。

> **注意**：Sleep 是静态方法，暂停的是该语句所在的线程。调用 Sleep 方法，就会使线程休眠，线程实例的状态转换为 WaitSleepJoin，休眠时间到期后，线程实例的状态又转换为 Running。

8.2.4 线程的终止

线程的终止是指当不需要线程继续执行时，可以终止线程的运行，被终止的线程无法重新启动。

线程启动后，调用 Abort 方法可以强行终止线程。对线程调用了 Abort 方法后，线程状态由 Running 转换为 AbortRequested，成功使线程终止后，线程的状态更改为 Stopped。

调用 Abort 方法将引发 ThreadAbortException 异常，它是一种可捕获的异常，在 catch 块的结尾处，它将自动被再次引发，可以通过调用 ResetAbort 方法防止再次引发该异常。

线程终止分为以下两种情况：
- 对尚未启动的线程调用 Abort 方法终止线程，线程会在调用 Start 方法启动时立刻终止。
- 对被阻止或正在休眠的线程调用 Abort 方法终止线程时，则该线程会首先进入中断状态，然后被终止。

【实例 8-3】终止线程示例。

下面的代码中包含了一个线程操作类,它有两个方法:一个需要传递参数,一个不需要传递参数。在主函数中声明了两个线程,并指定它们需要执行的方法。具体代码如下:

```csharp
static void Main(string[] args)
{
    //声明线程
    Thread thEx1 = new Thread(new ThreadStart(consoleInfo.ConsoleInfo));
    Thread thEx2 = new Thread(new ParameterizedThreadStart(
consoleInfo.ConsoleInfo));
    object oo = "带参数的线程启动成功";                    //设定参数
    thEx1.Start();                                          //启动线程 thEx1
    thEx2.Start(oo);                                        //启动线程 thEx2
    Thread.Sleep(1000);                                     //主线程休眠 1 s
    thEx1.Suspend();                                        //挂起线程 thEx1
    try
    {
        thEx2.Abort();                                      //终止线程 thEx2
        thEx1.Abort();                                      //终止线程 thEx1
        Thread.Sleep(10000);                                //主线程休眠 10 s
        thEx1.Resume();                                     //恢复线程 thEx1 的运行
    }
    catch (Exception ex)
    {
        Console.WriteLine(ex.Message.ToString());           //输出出错信息
        thEx1.Resume();                                     //恢复被挂起的线程 thEx1 的运行
    }
    Thread.Sleep(2000);                                     //主线程休眠 2 s
    if (thEx2.IsAlive)                                      //线程是否处于活动状态
    {
        Console.WriteLine("thEx2 线程没有被终止");          //输出当前状态信息
    }
    else
    {
        Console.WriteLine("thEx2 状态是 " + thEx2.ThreadState.ToString());
        //输出线程 thEx2 的当前状态信息
    }
    if (thEx1.IsAlive)                                      //判断线程 thEx1 的状态信息
    {
        Console.WriteLine("thEx1 线程没有被终止");          //输出当前线程状态
    }
    else
    {
        Console.WriteLine("thEx1 状态是 " + thEx1.ThreadState.ToString());
        //输出线程 thEx1 的当前状态信息
    }
    Console.ReadLine();                                     //等待用户输入
}
//线程方法类
class consoleInfo
{
    //不带参数的静态方法,输出信息
    public static void ConsoleInfo()
    {
```

```
            Console.WriteLine(" 不带参数线程启动成功 ");        // 输出指定信息
            Thread.Sleep(5000);                              // 线程休眠 5 s
            Console.WriteLine(" 不带参数线程重新启动成功 ");    // 输出指定信息
        }
        // 带参数的静态方法，输出信息
        public static void ConsoleInfo(object outInfo)
        {
            string info = outInfo.ToString();                // 转化为字符串
            Console.WriteLine(info);                         // 输出字符串
            Thread.Sleep(15000);                             // 线程休眠 15 s
            Console.WriteLine(" 带参数线程重新启动成功 ");      // 输出指定的信息
        }
    }
```

上面这段代码的线程方法类中，不带参数的方法首先输出信息，然后当前线程休眠 5 s，最后再输出信息。带参数的方法中首先输出传递进来的参数，然后休眠 15 s，最后输出另一条信息。

在主函数中声明两个线程 thEx1 和 thEx2 后，主线程休眠 1 s，这时线程 thEx1 和 thEx2 都输出信息，然后进入休眠状态。当线程 thEx1 和 thEx2 休眠 1 s 后，主线程恢复运行，并将 thEx1 挂起；随后主线程尝试将线程 thEx1 和 thEx2 都终止，这时程序出现异常，进入到 catch 程序块中，这时由于线程 thEx1 处于挂起状态，尝试终止时程序会产生异常，但是当线程 thEx1 恢复运行后它会被立刻终止。

主线程休眠 2 s 后继续运行，通过判断线程的状态，发现两个线程最后都被终止了，没有输出指定方法中的另外一条信息。

8.2.5 线程如何调用资源

线程运行时有可能需要用到非本线程以外的资源，因此，当多个线程同时使用一个能用的资源时就会出现协调问题。例如，多个人一起吃饭时，对于同一个菜，为避免大家争抢，就会有这个菜怎样分配以及分配多少的问题。

> **注意**：使用的资源必须是系统共享的。对于某些没有公开的，独自占有的资源，线程是无法使用的。如果尝试使用私有的资源，就可能会导致系统崩溃。

【实例 8-4】线程调用资源示例。

下面的代码中包含一个线程的方法类，方法类中包含一个不带参数的方法。主函数中包含一个线程，指定方法后便启动了线程。具体代码如下：

```
private static bool local;
static void Main(string[] args)
{
    local = false;                                           // 声明一个变量
    Thread thEx1 = new Thread(new ThreadStart(threadWork.workInfo));  // 声明线程
    thEx1.Start();                                           // 启动线程
    Thread.Sleep(10000);                                     // 当前线程休眠秒数
    Console.WriteLine(" 我改变了变量的值 ");
    local = true;                                            // 改变变量值
```

```
        Console.ReadLine();
    }
//方法类
class threadWork
{
    public static void workInfo()
    {
        while (true)
        {
            if (local)                                          //如果变量值为true
            {
                Console.WriteLine("thEx1 使用了系统资源 ");      //输出指定的值
                return;                                         //返回
            }
            Thread.Sleep(2000);                                 //线程休眠秒数
        }
    }
}
```

在线程方法类 threadWork 中，不带参数的方法包含一个循环，当公共变量 local 变为 true 后，才会跳出循环。跳出循环后线程运行结束。

在主函数中声明了一个线程 thEx1，并用一个不带参数的方法初始化该线程。启动线程后，主线程休眠 10 s，thEx1 线程继续运行。当主线程恢复运行后，将公共变量 local 变为 true，然后 thEx1 线程读取 local 变量后退出循环，结束运行。

8.3 委托与事件

委托是一种新的数据类型，它主要是为了将一个方法作为参数传递给另一个方法。事件是指一个用户操作或者程序运行时产生的各种提示消息。如用户输入文本事件或单击某个按键的事件。本节将介绍为什么要使用委托、如何使用委托以及如何响应事件等内容。

8.3.1 使用委托的意义和使用方式

通常，方法的参数用于传递数据，但有时某个方法执行的操作并不是针对数据进行的，而是针对另一个方法。因为程序只有在运行时才能知道传递进来的方法是什么，所以需要将方法作为参数传递给另一个方法。例如 8.2 中介绍的线程，声明时需要传递一个方法给线程，只有当线程调用 Start 方法后才开始正式执行方法。由于 C# 中没有孤立的方法存在，因此需要一种新的数据类型来封装方法，这就是委托。

声明一个委托的语法格式如下：

```
delegate returnType DelegateName(datatype dataname);
```

delegate 是声明委托的关键字，和声明类用 class 关键字一样，必选。returnType 表示委托的返回类型，必选。DelegateName 表示委托名，必选。datatype 表示参数的数据类型，必选。dataname 为参数的名称，必选。委托的安全性非常高，使用时必须明确指定它所代表的方法的签名（即返回类型和参数列表）。一般地，可以把委托理解为具有相同返回类型和相同参数的方法的抽象。

下面的这段代码中声明了三个委托，每个委托都代表一类方法的抽象。因此，初始化时的方法必须和它规定的类型相同。

```
//声明一个返回类型为void、参数为一个int类型变量的委托
//匹配的方法应当为返回类型为void、参数为一个int类型变量的方法
delegate void DelegateExample(int x);
//声明一个返回类型为int、参数为两个int类型变量的委托
//匹配的方法应当为返回类型为int、参数为两个int类型变量的方法
delegate int AddDelegate(int x, int y);
//声明一个返回类型为string、参数为一个string类型变量的委托
//匹配的方法应当为返回类型为string、参数为一个string类型变量的方法
delegate string stringDelegate(string s);
```

在上述代码中，第一种类型的委托用于封装返回值为 void、参数为一个 int 类型变量的方法，第二种类型的委托用于封装返回值是 int 类型、参数是两个 int 类型变量的方法，第三种类型的委托用于封装返回值是 string 类型、参数也是一个 string 类型的方法。

> **注意**：委托封装的方法必须与委托的定义相同，即要具有相同的返回值、相同的参数个数以及相同的参数类型。如果与委托的定义不同，就不能使用委托来封装。例如，在线程中，提供了封装不带参数的方法的委托，还提供了封装带参数的方法的委托，就是为了避免使用不同格式的方法。

定义好委托后，可以创建一个实例存储符合规定的方法，然后在需要时传递给需要的方法。

【实例 8-5】实例化委托以及使用实例化后的委托示例。

下面的代码中声明了三个委托。在主函数中传递符合委托规定的方法，获取每个实例化后的委托。具体代码如下：

```
//声明一个返回类型为void、参数为一个int类型变量的委托
//匹配的方法应当为返回类型为void、参数为一个int类型变量的方法
delegate void DelegateExample(int x);
//声明一个返回类型为int、参数为两个int类型变量的委托
//匹配的方法应当为返回类型为int、参数为两个int类型变量的方法
delegate int AddDelegate(int x, int y);
//声明一个返回类型为string、参数为一个string类型变量的委托
//匹配的方法应当为返回类型为string、参数为一个string类型变量的方法
delegate string stringDelegate(string s);
class Program
{
    static void Main(string[] args)
    {
        //实例化委托，使用将参数相加然后输出的方法
DelegateExample deEx = new DelegateExample(deleteMethod.consoleAddInfo);
        //实例化委托，使用将传入两个参数相加的方法
AddDelegate adEx1 = new AddDelegate(deleteMethod.addNumber);
```

```csharp
            // 实例化委托，使用将传入两个参数相乘的方法
AddDelegate adEx2 = new AddDelegate(deleteMethod.mutiplyNumber);
            // 实例化委托，使用将传入的字符串颠倒的方法
stringDelegate sdEx = new stringDelegate(deleteMethod.reverseString);
            // 调用实例化的委托来处理，并将处理的结果输出
            deEx(10);
            int tempAdd = adEx1(10, 20);
            Console.WriteLine(tempAdd);                  // 输出执行结果
            int tempMultiply = adEx2(2, 14);             // 通过委托使用指定的方法
            Console.WriteLine(tempMultiply);             // 输出执行结果
            string tempString = sdEx("mingjie");         // 通过委托使用指定的方法
            Console.WriteLine(tempString);               // 输出结果
            Console.ReadLine();
        }
    }
    class deleteMethod
    {
        // 将传入的参数相加，然后输出
        public static void consoleAddInfo(int x)
        {
            x = x + 10;                                  // 将变量加10
            Console.WriteLine(x.ToString());
        }
        // 将传入的两个参数相加并返回结果
        public static int addNumber(int x, int y)
        {
            return x + y;                                // 返回两者相加的结果
        }
        // 将传入的两个参数相乘并返回结果
        public static int mutiplyNumber(int x, int y)
        {
            return x * y;                                // 返回两数相乘的结果
        }
        // 将传入的字符串颠倒顺序，然后返回
        public static string reverseString(string s)
        {
            char[] reverseChar = s.ToCharArray();        // 声明一个字符数组
            int charLength = reverseChar.Length;
            // 将对应的两个字符对换
            for (int i = 0; i < charLength/2; i++)
            {
                char temp = reverseChar[i];              // 获取前面位置的字符
                // 将对应的后面字符覆盖前面的位置
                reverseChar[i] = reverseChar[charLength - i -1];
                // 将前面的字符覆盖对应的后面的位置
                reverseChar[charLength - i -1] = temp;
            }
            string aa = new string(reverseChar);         // 声明一个字符串
            return aa;                                   // 返回字符串
        }
    }
```

在主函数中获取了实例化的委托，直接传递参数给委托，委托再调用指定方法获取对应的运算结果。注意：必须用与委托定义时的格式一样的方法，然后通过传递参数使

用这个委托。由于是静态方法，也可以不用实例化就传递给指定的委托。

如果是实例方法，则需要指定实例和方法名才能使用委托。

【实例8-6】使用实例化方法的委托。

下面的代码中声明了一个返回类型为void、传入参数为一个int变量的委托，实例化这个委托时需要传入方法。这个方法是通过实例化测试类而获得的。

```
//声明一个返回类型为void、参数为一个int类型变量的委托
//匹配的方法应当为返回类型为void、参数为一个int类型变量的方法
delegate void DelegateExample(int x);
static void Main(string[] args)
{
    //实例化委托
DelegateExample deEx = new DelegateExample(new testClass().changeString);
    deEx(10);                    //使用委托
    Console.ReadLine();
}
//测试类
class testClass
{
    //加10然后输出
    public void changeString(int x)
    {
        int n = x + 10;           //原数加10
        Console.WriteLine(n);     //输出
    }
}
```

需要注意的是，由于changeString方法是实例化方法，因此需要先实例化类testClass，再调用changeString方法。testClass类中的方法changeString的类型必须和委托一样，使用实例化委托的方法和使用一般的方法一样。

8.3.2 简单的委托示例

了解了声明委托和使用委托之后，下面通过一个实例介绍委托的使用场合。

【实例8-7】使用委托的汽车销售的实例。

下面的代码中定义了一个汽车类，用来描述汽车的各种属性；一个汽车商店类，用来描述商店如何进行汽车信息的收集；一个销售人员类，用来描述销售人员如何应对客户的要求。在商店类中有一个集合（集合的概念已在第7章介绍过），还有一个添加汽车的方法和一个委托的方法，用这些方法来完成商店商品的处理。

在主函数中，销售人员首先将需要知道汽车名称的方法封装成委托型变量传入商店中，得到所有汽车的名称；然后将取得生产时间的方法封装成委托型变量传入商店中，得到所有汽车的生产细节；最后将取得所有细节的方法封装成委托型变量传入商店中，得到所有汽车的全部细节。具体代码如下：

```
//声明一个返回类型为void、参数为一个carInfo类型变量的委托
//匹配的方法应当为返回类型为void、参数为一个carInfo类型变量的方法
delegate void CarDelete(carInfo ci);
```

```csharp
static void Main(string[] args)
{
    //声明一个销售人员
    carSales csManEx = new carSales();
    csManEx.saleName = "mingjie";                    //设置名称
    carStore csCar = new carStore();                 //声明一个汽车商店
    //加入五辆汽车进入商店
    csCar.AddCar("BMW X5", 200, "2019");             //添加汽车
    csCar.AddCar("BMW 320I", 100, "2019");           //添加汽车
    csCar.AddCar("BENZ S200", 200, "2020");          //添加汽车
    csCar.AddCar("BENZ S700", 150, "2020");          //添加汽车
    csCar.AddCar("WWW PASSOAT", 20, "20207");        //添加汽车
    csCar.useDelete(csManEx.GetCarName);             //使用委托,输出汽车的名称
    csCar.useDelete(csManEx.GetCarPrice);            //使用委托,输出汽车的价格
    csCar.useDelete(csManEx.GetCarDetail);           //使用委托,输出汽车的细节
    Console.ReadLine();
}
//汽车信息类
class carInfo
{
    public string carName;                           //车名
    public int carPrice;                             //价格
    public string carProduceTime;                    //生产时间
    //三个参数的构造函数
    public carInfo(string name, int price, string time)
    {
        carName = name;                              //设置名称
        carProduceTime = time;                       //设置生产时间
        carPrice = price;                            //设置价格
    }
    //没有参数的构造函数
    public carInfo()
    {
        carName = "mingjie";                         //设置名称
        carPrice = 100000;                           //设置价格
        carProduceTime = "2019";                     //设置生产时间
    }
}
//汽车商店类
class carStore
{
    private List<carInfo> sb = new List<carInfo>();
    //添加一辆车入库方法
    public void AddCar(string carname, int carP, string cartime)
    {
        sb.Add(new carInfo(carname, carP, cartime)); //添加汽车
    }
    //调用委托方法,通过传入的委托方法决定需要干什么
    public void useDelete(CarDelete cd)
    {
        foreach (carInfo cardetail in sb)            //遍历传入的参数细节
        {
            cd(cardetail);                           //调用委托来处理
        }
```

```csharp
    }
}
//汽车销售人员类
class carSales
{
    public string saleName;
    //输出汽车信息
    public void GetCarDetail(carInfo ci)
    {
        //输出指定的信息,包括车名、车价和生产时间
        Console.WriteLine(saleName + " 为您服务 ");
        Console.WriteLine("this car is " + ci.carName);        //车名
        Console.WriteLine("and it's price is" + ci.carPrice);  //车价
        Console.WriteLine(" produce time is " + ci.carProduceTime);
                                                               //生产时间
    }
    //得到车的价格
    public void GetCarPrice(carInfo ci)
    {
        Console.WriteLine(saleName + " 为您服务 ");
        Console.WriteLine(ci.carPrice);                        //输出价格
    }
    //得到车名
    public void GetCarName(carInfo ci)
    {
        Console.WriteLine(saleName + " 为您服务 ");
        Console.WriteLine(ci.carName);                         //输出车名
    }
}
```

从上述代码中可以看出,一方面,销售人员虽然知道需要对汽车信息执行哪些操作,但并不知道商店的存储和检索机制,因此只能向商店传达他们的需求;另一方面,商店虽然管理着汽车库存,但并不了解销售人员的具体需求,所以必须等销售人员提供方法后,才能根据这些方法对汽车进行处理。这种设计实现了代码的良好隔离,避免了逻辑上的混乱,从而保证了数据的安全性。

> **注意**:委托主要用于封装方法,因此,它具有和方法相似的使用方式。使用委托时,传递委托定义的参数给委托,便可以得到结果。该结果实际上是由委托封装的方法得到的。

8.3.3 事件概述

在编程中,事件(event)是一种重要的通信机制,它允许对象或组件在发生特定动作或状态改变时通知其他对象或组件。通俗地讲,事件就是在用户与程序交互时发生的动作,如按键、单击、鼠标移动等操作,或者是程序进行某些操作后的一些提示信息,如系统生成的通知等。应用程序需要在这些事件发生时响应事件。例如,按"统计"按钮后输出统计结果,按"Enter"键后中断程序的运行等。

C# 中使用事件机制实现线程间的通信,并对事件处理提供了强大的支持,使开发者

可以更好地处理对象间的交互。

1. 事件的定义与声明

在 C# 中，事件是通过 event 关键字声明的。事件的声明通常放在类的内部，作为类的一个成员。事件通常基于委托类型，由委托定义事件的签名，即事件的参数和返回类型。

要声明一个事件，首先必须先声明该事件的委托类型，然后在类中声明事件本身。例如：

```csharp
public delegate void MyEventHandler(object source, EventArgs args);

public class myClass
{
    //声明一个基于MyEventHandler 类型的事件
    public event MyEventHandler myEvent;
}
```

上述代码中定义了一个名为 MyEventHandler 的委托类型，它接收一个 object 类型的源对象和一个 EventArgs 类型的参数。在 myClass 类中用 event 关键字声明了一个名为 myEvent 的事件，该事件基于委托类型 MyEventHandler，该事件在生成的时候会调用委托。

包含事件的类用于发布事件，被称为发布器（publisher）类。其他接受该事件的类被称为订阅器（subscriber）类。事件使用发布 – 订阅（publisher-subscriber）模型。

发布器是一个包含事件和委托定义的对象，事件和委托之间的联系也定义在这个对象中。发布器类的对象调用这个事件，并通知其他的对象。

订阅器是一个接受事件并提供事件处理程序的对象，由发布器类中的委托调用订阅器类中的方法（事件处理程序）。

2. 事件的触发与订阅

事件的触发与订阅是通过事件发布器和事件订阅器之间的通信来完成的。

- 事件触发：当某个条件满足时，事件发布器会调用事件处理方法，从而触发事件。事件处理方法通常以"On"为前缀，如触发按钮单击事件 OnButtonClicked。
- 事件订阅：事件订阅器通过将事件处理方法添加到事件发布器的委托列表中来订阅事件。这样，当事件被触发时，事件处理方法会被自动调用。

下面用一个实例展示如何使用事件进行触发和订阅。具体代码如下：

```csharp
//定义一个事件发布器类
public class Publisher
{
    //定义一个事件
    public event EventHandler MyEvent;
    //触发事件的方法
    public void TriggerEvent()
    {
        if (MyEvent != null)
        {
            MyEvent(this, EventArgs.Empty);
        }
    }
```

```csharp
    }
//定义一个事件订阅器类
public class Subscriber
{
        public void OnMyEvent(object sender, EventArgs e)
        {
            Console.WriteLine(" 事件已触发！");
        }
}
public class Program
{
  public static void Main()
  {
        // 创建事件发布器和订阅器对象
        Publisher publisher = new Publisher();
        Subscriber subscriber = new Subscriber();

        //订阅事件
        publisher.MyEvent += subscriber.OnMyEvent;

        //触发事件
        publisher.TriggerEvent();
    }
}
```

上述代码中定义了一个名为 Publisher 的事件发布器类和一个名为 Subscriber 的事件订阅器类。Publisher 类中有一个名为 MyEvent 的事件，它使用 EventHandler 委托类型。Subscriber 类中有一个名为 OnMyEvent 的事件处理方法，它将在事件被触发时执行。

在 Main 方法中首先创建了 Publisher 类和 Subscriber 类的实例，并将 OnMyEvent 方法订阅到 MyEvent 事件。然后调用 TriggerEvent 方法来触发事件，这将导致 OnMyEvent 方法被调用并输出"事件已触发！"。

8.3.4 委托与事件的关系

事件是指当用户或程序进行某种操作后通知用户的方法。事件有引发者和接收者，引发者又称为事件的源或发送方，接收者又称为事件接收器，它负责接收事件并处理事件。由于事件的发送方对事件接收器的构造一无所知，因此不能设置两者的引用关系。

> **说明**：程序中的事件和现实世界的事件相似，一旦发生就需要得到妥善处理。现实世界中，事件的处理都要有执行方，执行方使用合适的方法处理事件。类似地，在程序中，所有事件都是通过委托来处理的，委托封装合适的方法，并在事件发生时调用适合的方法处理。

实例 8-7 说明了委托对代码的隔离作用，但实际上，它更大的作用是对事件的处理。下面将通过一个实例演示如何将委托和事件联系起来。

【实例 8-8】一个加油程序，演示当事件发生时如何通过委托传递消息。

下面的代码中，给汽车加油的类中有一个已加油量的属性 alreadyAllLiture，一个加油的委托 AddOilDelegate，类中还包含两个事件，规定了事件发生后，处理事件的方法必须和 AddOilDelegate 委托规定的格式一样。程序中还声明了三个类，分别用于处理告警事件、显示事件的应付金额事件。在主函数中实例化了一个加油类，为注册告警事件处理方法和显示方法实例化了告警类和显示类，并调用了静态方法计算应支付的金额。具体代码如下：

```csharp
static void Main(string[] args)
{
    // 实例化三个类
    AddCarOil acoEx = new AddCarOil();                              // 加油类
    oilAlarm oaEx = new oilAlarm();                                 // 警报类
    Monitor miEx = new Monitor();                                   // 监控类
    acoEx.OileEvent += oaEx.GiveAlarm;                              // 注册报警的方法
    acoEx.OileEvent += miEx.changeDisplay;                          // 注册显示的方法
    acoEx.OilMoneyEvent += CalcuateMoney.showMoney;                 // 注册计算油费金额的方法
    acoEx.addOil();                                                 // 开始加油
    Console.ReadLine();
}
// 加油类
class AddCarOil
{
    private int alreadyAllLiture;                                   // 当前已加的油量
    // 加油方法的委托，返回类型为 void、参数为 int 类型变量
    public delegate void AddOilDelegate(int oilLiture);
    // 声明事件，当油加到一定量的时候触发
    public event AddOilDelegate OileEvent;
    public event AddOilDelegate OilMoneyEvent;                      // 声明事件，当加油后触发
    // 加油的方法
    public void addOil()
    {
        for (int i = 0; i < 6; i++)
        {
            alreadyAllLiture = i;                                   // 记录当前加油量
            if (alreadyAllLiture > 3)
            {
                // 如果注册的事件不为空
                if (OileEvent != null)
                {
                    OileEvent(alreadyAllLiture);                    // 调用相应的事件处理
                }
            }
            // 如果注册的事件不为空
            if (OilMoneyEvent != null)
            {
                OilMoneyEvent(alreadyAllLiture);                    // 调用处理的事件
            }
            Thread.Sleep(1000);                                     // 线程休眠
        }
    }
}
// 报警类，当油加到一定量后报警
class oilAlarm
{
    // 报警方法
    public void GiveAlarm(int liture)
```

```
            {
                Console.WriteLine("already add " + liture.ToString() + "oil,the tank 
        will be full");                                            //输出报警信息
            }
        }
        //显示类,当油加到一定量后提示
        class Monitor
        {
            //显示油量
            public void changeDisplay(int liture)
            {
                //输出当前油量
                Console.WriteLine("ok have added " + liture.ToString() + "oil");
            }
        }
        //计算金额类,计算当前应支付的金额
        class CalcuateMoney
        {
            //计算油费并显示
            public static void showMoney(int liture)
            {
                int mon = 5 * liture;                               //计算油费
                Console.WriteLine("you should pay " + mon.ToString() + "pound");
                                                                    //输出油费
            }
        }
```

程序的输出结果如下：

```
you should pay 0pound
you should pay 5pound
you should pay 10pound
you should pay 15pound
already add 4oil,the tank will be full
ok have added 4oil
you should pay 20pound
already add 5oil,the tank will be full
ok have added 5oil
you should pay 25pound
```

整个程序中需要注意以下两点：

- 事件的声明方式：事件发生后必须进行处理，所以需要规定处理事件的方法的格式，这是在声明事件时通过委托来规定的。
- 事件处理方法的注册方式：事件处理方法的注册一般通过"+="处理符进行。方法注册后，当规定的事件发生后则调用注册的方法进行处理。

8.4 多线程处理

多线程是指同时使用多个线程处理某类事件。例如，火车站售票窗口，同时有 10 个售票员卖票。多线程技术能够实现工作的并发处理，是程序设计中最常使用的技术。本节将简单介绍基本的多线程编程技术。

8.4.1 多线程的工作方式

在程序运行时,为了提高程序的响应速度,就不能让程序在一段时间只做一件事情。例如,上网时不可能只打开一个网页,需要允许用户同时打开多个窗口,并且每个窗口都可以登录不同的网页完成不同的事情。由此可见,多线程工作方式就是每个线程都能够独立地进行某些功能的执行,不相互依赖,当事情完结后自动结束。

> **注意**:这里所指的多线程是指执行统一方法的线程,或者执行不同的方法,但是方法之间可能有交集。如果两个线程完全不相关,则可以按照一般的线程操作进行。

【实例 8-9】演示多线程工作的示例。

在代码的主函数中,系统声明了两个线程,它们调用同一个方法,在线程运行时互不干扰。具体代码如下:

```csharp
static void Main(string[] args)
{
    //声明两个方法相同的线程
    Thread tx1 = new Thread(new ThreadStart(threadMethod.threadConsole));
    //声明线程tx1
    Thread tx2 = new Thread(new ThreadStart(threadMethod.threadConsole));
    //声明线程tx2
    tx1.Name = "thread1";                    //给线程命名
    tx2.Name = "thread2";                    //给线程命名
    tx1.Start();                             //线程tx1启动
    tx2.Start();                             //线程tx2启动
    Console.ReadLine();
}
//线程处理的方法类
class threadMethod
{
    //输出当前值
    public static void threadConsole()
    {
        for (int i = 0; i < 3; i++)          //循环3次
        {
            //输出当前值
            Console.WriteLine("i am thread and my name is "+
            Thread.CurrentThread.Name+" and now value is "+i.ToString());
            Console.WriteLine("******************************************");
            Thread.Sleep(1000);              //休眠1s
        }
    }
}
```

由于线程具有独立性,两个线程执行结果的输出没有一定的顺序,有时是线程 tx1 先输出,有时是线程 tx2 先输出。

8.4.2 线程池

线程池是指可以用来在后台执行多个任务的线程集合,它使主线程可以自由地执行其他任务。每个请求都会被分配给线程池中的一个空闲线程,因此可以异步处理请求,而不会占用主线程,也不会延迟后续请求的处理。一旦线程池中的某个线程完成了分配的任务,它将返回到等待线程队列中,等待被再次分配任务。有了线程池的调度,使应用程序可以避免为每个任务创建新线程,仅需要创建一个任务队列即可。

> **说明**:线程池相当于一个调度器,负责安排每个线程的工作。每一个线程执行指定的工作,执行完后通知线程池。线程池随时掌控着所管理的线程的状态。

线程池通常具有最大线程数限制。如果所有线程都繁忙,那么最后到达的任务将被放入任务队列中,直到有线程可用时,任务才能够得到处理。类似于银行柜台的业务处理。当进入银行后,客户需要提交所需金融业务的请求。这时银行的自动排号机会开始处理请求,如果当前有空闲窗口,就会安排提交需求的人去该空闲窗口处理业务;如果没有空闲窗口,则需要让请求者等待,或者开一个新的窗口来处理请求。当某个窗口处理完业务后,仍没有其他业务请求,则该窗口进入空闲状态,直到有新的请求到达为止。

【实例 8-10】演示线程池如何调度线程的运行。

下面的代码中包含一个线程池的方法类,类中包含一个静态函数,用于处理参数的相加,还包含一个参数类,用于存储传递的状态。在主函数中实例化一个参数类,并通过线程池程序进行线程的调度并输出相关信息。具体代码如下:

```
static void Main(string[] args)
{
    //声明一个 object 对象,用于参数的传递
    object intC = new intComposite(10, 20);
    //线程池,调用 QueueUserWorkItem 将任务排入队列并赋予参数
    if (ThreadPool.QueueUserWorkItem(newWaitCallback(ThreadPoolMethod.AddNumberConsole),intC))
    {
        Console.WriteLine("ok ,I will do something");     //输出指定的信息
        Thread.Sleep(1000);                                //线程休眠 1 s
        Console.WriteLine("I am wake up");                 //输出指定的信息
    }
    Console.ReadLine();
}
//线程池的方法类
class ThreadPoolMethod
{
    //相加后输出值
    public static void AddNumberConsole(object t)
    {
        //将 object 对象转化为参数类并获取相应的值
        int x = ((intComposite)t).m;
        //将 object 对象转化为参数类并获取相应的值
        int y = ((intComposite)t).n;
        int z = x + y;                   //获取相加结果
```

```csharp
            Console.WriteLine(z);          //输出结果
        }
    }
    //参数结构
    class intComposite
    {
        public int m;                       //字段 m
        public int n;                       //字段 n
        //构造函数
        public intComposite(int t, int z)
        {
            m = t;                          //设置字段
            n = z;                          //设置字段
        }
    }
```

线程池负责线程的调度，调用空闲的线程进行任务处理。如果所有线程都繁忙，则将任务放入任务队列中。当有线程空闲后，线程池即可调用空闲的线程处理处于等待状态的任务。线程不管处理什么任务都需要由线程池分配。

8.4.3 线程的同步

线程的同步是指协调多线程运行时对同一资源的访问。由于多线程在运行时，每个线程都是独立的，因此可能有两个或者多个线程在同一时间访问同一资源，并且每个访问的线程都不知道其他访问线程的操作，这就可能产生数据的不一致性。同步则是要保证在同一时间只能有一个线程能够修改同一资源。例如飞机售票程序中，当最后只剩一张票时，如果有两个窗口在同一时间获取到这个信息，并同时将票卖出，这将导致登机时出现错误，其中一个人无法登机。因此，程序中必须要采取措施——当某人单击买票时，其他人就不能访问票源，这样才能确保不会出现一张机票卖两家的情况。

线程的同步可能会导致死锁的出现。死锁是指当多个线程运行时，每个线程都尝试锁定其他线程已锁定的资源，由于得不到资源而导致自己无法往下执行的情况。例如，在售票程序中，当最后只剩一张票时，多个售票员同时发现了这种情况，其中某个售票员将票锁定，但并未打印，此时系统不会更改剩余票信息，其他售票员会一直等待，都认为自己能够得到那张票。当最先占有打印权限的人打印之后剩余票数更改，其他售票员才会放弃等待，但如果占有权限的售票员不打印，那么其他售票员就会一直等待，造成死锁状态。因此，线程同步时一定要防止死锁的出现。下面介绍四种 C# 中用于同步线程的方法。

1. lock 关键字

lock 关键字通过对某个对象的锁定，保证某个时间段内只有锁定的线程才能够访问该资源，其他线程都不得访问，如果尝试访问则会一直等待，直到锁定的线程释放锁定的资源为止。

【实例 8-11】通过 lock 关键字锁定资源实现同步。

在下面的代码中声明了一个 lock 操作类 LockExample，其中包含了一个用于提供锁定的资源，以及一个锁定资源后输出的方法。在锁定资源的方法中执行 3 次循环，每次循环都先锁定资源再输出指定的信息。在主函数中声明了两个线程，并用锁定资源的方法初始化两个线程，线程启动后，轮流锁定资源。具体代码如下：

```csharp
static void Main(string[] args)
{
    LockExample le = new LockExample();              //声明一个 Lock 演示类的对象
    //声明一个线程启动的委托
    ThreadStart tsDelegate = new ThreadStart(le.DoThing);
    Thread thEx1 = new Thread(tsDelegate);           //创建一个线程
    thEx1.Name = "Thread1";                          //设置线程名称
    Thread thEx2 = new Thread(tsDelegate);           //创建一个线程
    thEx2.Name = "Thread2";                          //设置线程名称
    thEx1.Start();                                   //线程 thEx1 启动
    thEx2.Start();                                   //线程 thEx2 启动
    Console.ReadLine();
}
//Lock 演示类
class LockExample
{
    private object lockObject = new object();        //用于提供锁定的对象
    //运行的方法
    public void DoThing()
    {
        for (int i = 0; i < 3; i++)                  //循环 3 次
        {
            //输出想锁定的资源信息
            Console.WriteLine(Thread.CurrentThread.Name + " want Enter Lock and now time is" + DateTime.Now.ToString());
            lock (lockObject)                        //锁定资源
            {
                //输出锁定的资源信息
                Console.WriteLine(Thread.CurrentThread.Name + " is Entered Lock and now time is " + DateTime.Now.ToString());
                Thread.Sleep(2000);                  //线程休眠 2 s
            }
            Console.WriteLine(Thread.CurrentThread.Name + " is Exit Lock and now time is " + DateTime.Now.ToString());   //输出释放资源信息
        }
    }
}
```

虽然有两个线程抢夺资源，但由于 lock 关键字提供了当运行结束后释放锁定资源的功能，因而能够有效地避免死锁的出现。每个线程如果需要使用资源，必须使用 lock 锁定该资源，锁定后其他线程处于等待状态。

> **说明**：lock 关键字只能用于简单的线程同步，且主要针对共享资源的使用情况，它不影响其他的线程，并且安全、直观，很容易使用。

2. 监视器

监视器（monitor）与 lock 关键字的功能类似，也能防止多个线程同时执行某段代码。

但监视器需要手动调用方法来锁定和释放资源,还能使线程避免盲目等待,从而有助于避免死锁。

【实例 8-12】使用监视器同步线程的示例。

在下面的代码中声明了一个 Monitor 演示类,这个演示类中包含一个用于互斥的资源和一个提供给线程运行的方法。在方法中有一个 Monitor 互斥类。Monitor 互斥类采用 TryEnter 方法锁定资源,采用 Exit 方法释放资源。由于 TryEnter 方法表示等待 2 s,如果 2 s 后不能占用资源就不再等待同时返回 false。因此当一个线程锁定资源后,另一线程等待 2 s,如果不能占有资源则退出,这样就避免了死锁。

```csharp
static void Main(string[] args)
{
    MonitorExample le = new MonitorExample();        //声明一个 Monitor 演示类的对象
    //声明一个线程启动的委托
    ThreadStart tsDelegate = new ThreadStart(le.DoThing);
    Thread thEx1 = new Thread(tsDelegate);           //创建一个线程
    thEx1.Name = "Thread1";                          //设置线程名称
    Thread thEx2 = new Thread(tsDelegate);           //创建一个线程
    thEx2.Name = "Thread2";                          //设置线程名称
    thEx1.Start();                                   //线程 thEx1 启动
    thEx2.Start();                                   //线程 thEx2 启动
    Console.ReadLine();
}
//Monitor 演示类
class MonitorExample
{
    private object lockObject = new object();        //用于提供锁定的对象
    //运行的方法
    public void DoThing()
    {
        for (int i = 0; i < 2; i++)                  //循环 2 次
        {
            //输出想锁定的资源信息
            Console.WriteLine(Thread.CurrentThread.Name + " want Enter Lock and now time is" + DateTime.Now.ToString());
            //锁定资源,等待 2 s,超过 2 s 不再等待
            if (Monitor.TryEnter(lockObject, 2000))
            {
                try
                {
                    //输出锁定资源信息
                    Console.WriteLine(Thread.CurrentThread.Name + " is Entered Lock and now time is " + DateTime.Now.ToString());
                    Thread.Sleep(3000);              //线程休眠
                }
                catch (Exception ex)                 //如果出错
                {
                    Monitor.Exit(lockObject);        //释放资源
                    break;
                }
                Monitor.Exit(lockObject);            //释放资源
                //输出释放资源信息
```

```
            Console.WriteLine(Thread.CurrentThread.Name + " is Exit Lock and
        now time is " + DateTime.Now.ToString());
        }
    }
}
```

需要注意的是，如果出现异常，则需要在捕获异常后释放资源。释放资源后，才能保证当某个线程因异常而终止后，其他线程仍然能够使用资源。如果没有释放资源，所有的线程都将进入等待状态，从而造成整个系统崩溃。

3. 同步事件和等待句柄

监视器和 lock 关键字用于防止线程同时执行某块代码，但不允许一个线程向另一个线程传达事件，而同步事件提供了这种功能。同步事件有终止和非终止两个状态的对象，分别用于激活和挂起线程。当线程等待非终止的同步事件时可以将线程挂起，当时间状态变为终止后则可以激活线程，而当线程尝试等待已经终止的事件时，线程将会继续执行。同步事件有 AutoResetEvent 和 ManualResetEvent 两种。

【实例 8-13】使用 AutoResetEvent 完成从一个线程向另一个线程传递事件。

下面的代码中声明了一个 AutoResetEventExmple 的演示类，该类中包含一个 AutoResetEvent 同步事件和一个输出信息的方法。在主函数中创建了一个线程 thEx，启动该线程后，线程由于等待时间停止运行。当主线程进入循环后设置线程 thEx 的同步事件，thEx 接收消息再继续运行。具体代码如下：

```
static void Main(string[] args)
{
    // 声明一个同步事件的对象
    AutoResetEventExmple aee= new AutoResetEventExmple();
    // 声明一个线程，并规定线程执行的方法，同时启动线程
    Thread thEx = new Thread(new ThreadStart(aee.infoConsole));
    thEx.Name = "another Thread";              // 设置线程名称
    thEx.Start();                              // 线程启动
    for (int i = 0; i < 5; i++)                // 循环 5 次
    {
        // 输出指定信息
        Console.WriteLine("this is main thread and now value is " + i.ToString());
        // 在主线程中设置另一线程的状态，启动另一个线程
        aee.autoEvent.Set();
        Thread.Sleep(1000);                    // 线程休眠
    }
    Console.ReadLine();
}
// 演示类
class AutoResetEventExmple
{
    // 声明一个同步事件
    public AutoResetEvent autoEvent = new AutoResetEvent(false);
    // 输出信息的方法
    public void infoConsole()
    {
        while (true)                           // 一直循环
        {
```

```
            // 等待，直到有事件通知
            autoEvent.WaitOne();
            // 输出指定的信息
            Console.WriteLine(Thread.CurrentThread.Name + " has running");
        }
    }
}
```

需要注意的是，如果主线程没有发送可以继续运行的消息（调用 Set 方法），那么线程 thEx 会一直等待，直到有继续运行的消息到达为止。线程被设置为等待状态后，并不会影响其他线程的运行，但如果占用了某些资源，则有可能造成死锁。

4. Mutex 对象

Mutex 对象和监视器一样，也是用来防止多个线程在同一时间执行某个代码块。Mutex 不需要锁定资源，而是通过设置等待状态来完成同步，但 Mutex 和监视器相比会占用更多的资源。

> **说明：** 对于初学者来说，一般不会用 Mutex 来同步多线程。初学者只需要掌握如何利用 lock 关键字和 Moniter 对象同步线程即可。对于 AutoResetEvent、ManualResetEvent 和 Mutex 对象同步线程，只需要知道如何设置等待状态，并了解如何结束等待状态即可。

【实例 8-14】使用 Mutex 实现线程同步。

下面的代码中声明了一个 MutexExample 类，该类中包含一个用于互斥的 Mutex 对象和一个用于输出的方法，在输出的方法中通过 WaitOne 方法阻塞当前线程，通过 ReleaseMutex 方法通知其他线程运行。

在主函数中声明了两个线程，并在初始化时给两个线程指定同一个方法。两个线程启动后，当某个线程占有 Mutex 对象后就输出信息，另一线程则等待，直到占有 Mutex 对象的线程释放出 Mutex 对象，此时等待的线程立刻占有 Mutex 对象并输出信息。具体代码如下：

```
static void Main(string[] args)
{
    MutexExample meEx = new MutexExample();        // 实例化对象
    // 声明委托
    ThreadStart tsDelegate = new ThreadStart(meEx.InfoConsole);
    Thread thEx1 = new Thread(tsDelegate);          // 创建一个线程
    thEx1.Name = "Thread1";                         // 设置线程名称
    Thread thEx2 = new Thread(tsDelegate);          // 创建一个线程
    thEx2.Name = "Thread2";                         // 设置线程名称
    thEx1.Start();                                  // 线程 thEx1 启动
    thEx2.Start();                                  // 线程 thEx2 启动
    Console.ReadLine();
}
// Mutex 演示类
class MutexExample
{
```

```csharp
public Mutex mt = new Mutex();                    //一个互斥的 Mutex 对象
//输出方法
public void InfoConsole()
{
    for (int i = 0; i < 2; i++)                   //循环 2 次
    {
        Console.WriteLine(Thread.CurrentThread.Name + " want to console
infomation");                                      //输出信息
        mt.WaitOne();                              //线程阻塞
        Console.WriteLine(Thread.CurrentThread.Name + " is consoling
infomation");                                      //如果获取使用权则输出信息
        Thread.Sleep(2000);                        //线程休眠
        mt.ReleaseMutex();                         //释放资源
        Console.WriteLine(Thread.CurrentThread.Name + " has consoled
infomation");                                      //输出信息
    }
}
```

两个线程中的一个线程进入等待状态后,另一个线程可以继续运行。但如果进入等待状态的线程占用了某些共享的资源,则会导致其他线程也进入等待状态,只有其释放资源后,其他线程才能够继续运行,因此,使用 Mutex 对象一定要注意释放资源。

8.4.4 使用共享资源

共享资源是指多线程运行时多个线程都需要使用的资源。由于共享资源必须保持一致,因此必须同步每个线程。例如,售票员卖票时,总票数必须一致,如果卖出的票与余票的和与总票数不一致,就可能出现一张票被卖给了多个人的情况。

> **注意**:对于共享资源的使用,一定要保证资源的一致性。资源不一致会导致问题发生,甚至会使程序崩溃。因此,在每次使用前,一定要锁定共享资源。

【实例 8-15】共享资源的使用。

下面的代码中声明了一个操作共享资源的演示类,该演示类中包含两个方法:一个方法用于获取共享资源中的信息并输出,输出完成后删除该资源;另一个方法用于添加指定的信息到共享资源中。共享资源是在公共区域中声明的一个字符串的集合。

主函数中声明了 8 个线程,其中 3 个用来输出信息,另外 5 个用来添加信息。线程启动后开始进行独立的操作,执行一段时间后,主线程主动停止线程的运行。因为都是对同一个共享资源进行操作,所以使用时需要锁定资源。具体代码如下:

```csharp
//声明共享资源的集合
static List<string> watiConsoleList = new List<string>();
static void Main(string[] args)
{
    //声明用于操作共享资源的方法的委托
    ThreadStart tsOut = new ThreadStart(threadMethod.OutputInfo);
    //声明用于操作共享资源的方法的委托
    ThreadStart tsAdd = new ThreadStart(threadMethod.AddInfo);
    //声明一个存储线程的列表泛型集合
```

```csharp
            List<Thread> listThread = new List<Thread>();
            // 声明输出资源信息的线程，并添加到集合中
            for (int i = 0; i < 3; i++)                            // 循环 3 次
            {
                Thread thEx = new Thread(tsOut);                   // 创建一个线程
                thEx.Name = "output Thread" + i.ToString();        // 设置线程名称
                listThread.Add(thEx);                              // 将线程添加到集合中
            }
            // 声明添加信息的线程，并添加到集合中
            for (int i = 0; i < 5; i++)                            // 循环 5 次
            {
                Thread thEx = new Thread(tsAdd);                   // 创建一个线程
                thEx.Name = "AddInfo Thread" + i.ToString();       // 设置线程名称
                listThread.Add(thEx);                              // 将线程添加到集合中
            }
            // 启动线程
            for (int i = 0; i < 8; i++)                            // 循环 8 次
            {
                listThread[i].Start();                             // 启动每个线程
            }
            Thread.Sleep(20000);                                   // 主线程休眠 20 s
            // 终止线程
            for (int i = 0; i < 8; i++)                            // 循环 8 次
            {
                // 判断线程状态
                if (listThread[i].ThreadState != ThreadState.Stopped)
                {
                    Console.WriteLine(Thread.CurrentThread.Name + " status is " +
                    Thread.CurrentThread.ThreadState);             // 输出线程状态
                    listThread[i].Abort();                         // 终止线程
                }
            }

            Console.ReadLine();
        }
        // 提供线程访问资源的方法类
        class threadMethod
        {
            // 输出资源，并将资源移除
            public static void OutputInfo()
            {
                while (true)
                {
                    // 如果有资源
                    if (watiConsoleList.Count > 0)                 // 资源数大于 0
                    {
                        Monitor.Enter(watiConsoleList);            // 锁定资源，防止其他线程修改
                        Console.WriteLine(Thread.CurrentThread.Name + " is output " +
                        watiConsoleList[0] + " then Remove it");   // 输出资源
                        watiConsoleList.RemoveAt(0);               // 从共享资源中移除
                        Monitor.Exit(watiConsoleList);             // 释放资源
                    }
                    Thread.Sleep(5000);                            // 线程休眠
                }
```

```
        }
        //添加信息
        public static void AddInfo()
        {
            int n = 0;                                          //计数器
            while (true)
            {
                //如果资源没满
                if (watiConsoleList.Count < 10)                 //如果资源数小于10
                {
                    //锁定资源，并添加信息进入资源
                    lock (watiConsoleList)                      //锁定集合
                    {
                        //输出线程信息
                        Console.WriteLine(Thread.CurrentThread.Name + " will
                     add the value number is " + n.ToString());
                        watiConsoleList.Add("the value number is " + n.ToString());
                                                                //添加到共享资源中
                        n++;
                    }
                }
                Thread.Sleep(5000);
            }
        }
    }
```

1. 什么是委托？委托有哪些优点？

2. 什么是线程同步？

3. 编写一段代码，通过一个线程输出"hello world"的消息。

4. 编写一段代码，声明一个委托，并利用委托封装一个加法运算的方法，然后使用委托进行计算。

第 9 章

异常处理与程序调试

在编写程序时,不仅要关注程序的正常运行情况,还应充分考虑程序运行过程中可能发生的意外情况,即如何处理程序的异常状态。当异常发生时,程序应能捕获这些异常信息并妥善处理它们,提供相应的解决方法,以防止程序崩溃。本章主要介绍 C# 中的异常处理知识,内容包括:

※ C# 中的异常处理机制
※ 异常处理
※ 程序调试

9.1 异常处理机制

程序的异常是指程序运行时由于不可预计的情况而产生的错误。异常处理是为了识别和捕获运行时的错误,当程序引发异常时,如果没有适当的异常处理机制,程序将会终止,并使所有已分配的资源保持不变,这样会导致资源泄露甚至系统崩溃。要防止这类情况的发生,就需要一种有效的异常处理机制。

9.1.1 异常处理流程

C# 程序的异常处理流程如图 9-1 所示。程序执行时,一旦引发异常,如果该异常被捕获,就会执行异常处理代码;如果未被捕获,则交由系统提供的通用异常处理程序处理。这种做法可以防止程序因错误而崩溃,避免程序意外终止。

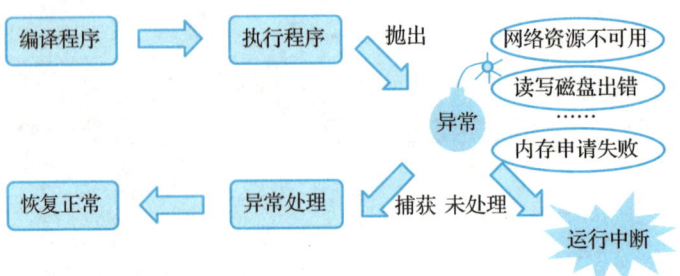

图 9-1 程序异常处理流程

.NET Framework 的类库中提供了很多针对各种异常情况所定义的异常类，在程序中通过异常处理语句 try…catch…finally 和 throw 对发生的异常进行处理。

9.1.2 异常类

异常类是 C# 中用于记录程序运行过程中错误信息的类。在 C# 编程中，如果在程序运行过程中发生错误，系统会自动创建一个异常类的实例，用于记录当前错误的详细信息。

在 C# 中，异常分为两类：一类是由 .NET Framework 类库产生的，另一类是由用户程序产生的。其中用户程序产生的异常类需要程序员自己编写代码处理。.NET Framework 类库产生的异常类包含很多方面，有处理类型转换错误的，有处理数组越界的，有处理数学计算错误的，等等。两种类型的异常类都继承自 System.Exception 类，异常类的层次结构如图 9-2 所示。

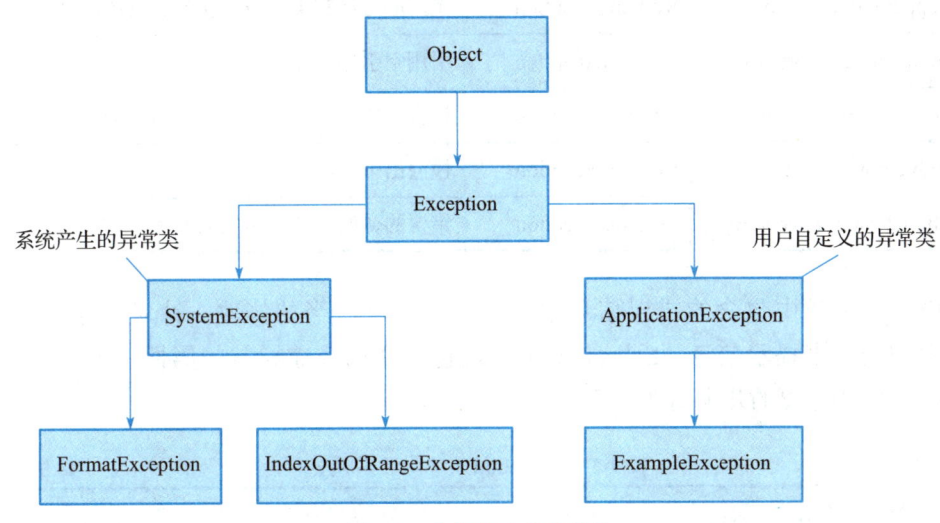

图 9-2 异常类的层次结构

需要注意的是，系统产生的异常类有很多，并非只有图中列出的两个。表 9-1 列出了系统常见的异常类及引发异常的条件，由此表可以看出，由系统产生的异常类是很多的。

表 9-1 常用异常类及其说明

异 常 类	基 类	说 明
Exception	Object	所有异常类的基类
SystemException	Exception	所有运行时生成的错误的基类
ArgumentException	SystemException	参数错误：方法的参数无效
ArgumentNullException	ArgumentException	参数错误：传递一个不可接受的空参数

（续表）

异 常 类	基 类	说 明
ArithmeticException	SystemException	数学计算错误：由数学计算导致的异常
DividedByZeroException	ArithmeticException	用零作除数引发的异常
NotFiniteNumberException	ArithmeticException	当浮点数为无穷大或非数字时引发的异常
OverFlowException	ArithmeticException	算术运算或类型转换操作溢出时引发的异常
ArrayTypeMismatchException	SystemException	数组类型不匹配引发的异常
FormatException	SystemException	参数的格式不正确引发的异常
IndexOutOfRangeException	SystemException	索引超出范围引发的异常
InvalidCastException	SystemException	非法强制转换，在显示转换失败时引发的异常
NotSupportedException	SystemException	调用的方法在类中没有实现引发的异常
NullReferenceException	SystemException	引用空引用对象时引发的异常
OutOfMemoryException	SystemException	执行程序时没有足够的内存引发的异常
StackOverflowException	SystemException	栈溢出引发的异常
TypeInitializationException	SystemException	错误的初始化类型引发的异常

Exception 类中包含的错误信息很多，可以进行适当的修改，针对程序的错误提供更贴切的错误提示信息。Exception 类中还包含详细描述异常的属性，表 9-2 列举了 Exception 类中主要的几个属性。

表 9-2　Exception 类中的主要属性

属 性 名 称	功　　能
Data	一个提供用户定义的其他异常信息的键/值对的集合
HelpLink	获取关于异常帮助文档的链接
Message	描述当前异常的详细消息
StackTrace	获取引发异常时堆栈的信息
Source	获取引发异常的应用程序或对象的名称

9.2　异常处理

鉴于应用程序在执行时可能出现各种意外情况，因此，设计良好的异常处理代码就显得非常重要。这样可以确保代码的稳健性，降低程序运行时出现崩溃的风险。C# 中处理异常的语句包括 try…catch、try…catch…finally 和 throw。

9.2.1 捕获并处理异常

捕获异常是指获取程序出错的信息，处理异常是指根据捕获的异常信息给出相应的处理措施，以保证程序能正常运行而不会因异常退出。为了捕获并处理异常，一般是将可能出错的程序代码分别放在以下三种类型的代码块中。

- try 代码块：正常执行的代码块，但在执行过程中可能会由于某种原因发生错误。
- catch 代码块：进行错误处理的代码块，当执行 try 代码块中的代码发生错误后，将进入 catch 代码块处理相应错误。
- finally 代码块：主要用于清理操作，是在 try 代码块或者 catch 代码块后还要执行的操作。

需要注意的是，无论程序是否发生了异常，都会执行 finally 内的语句块。因此如果在 finally 代码块中加入了 return 语句，编译时会报错。

> **技巧**：捕获异常的目的是用于防止程序由于某些错误直接崩溃；同时，捕获异常之后，可以记录到本机，方便程序员根据错误类型进行程序的维护。

正常的程序执行流程是，首先进入 try 代码块，如果程序正常执行没有报错，则进入 finally 代码块；如果程序运行出错之后进入 catch 代码块（即 catch 块捕获 try 块抛出的异常），则在执行完异常处理操作之后，再进入 finally 代码块释放系统的相应资源。图 9-3 所示为完整的 try…catch…finally 的执行流程。

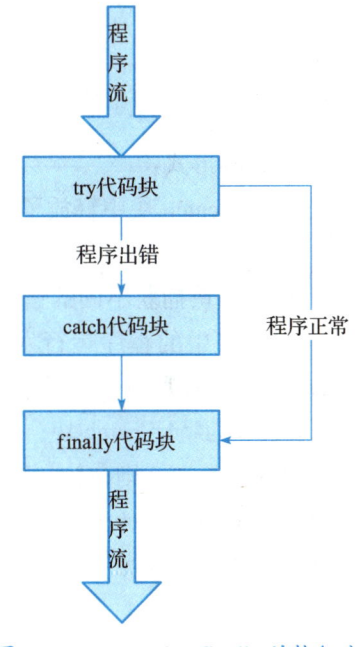

图 9-3　try…catch…finally 的执行流程

【实例 9-1】try…catch…finally 示例。

下面这段代码首先声明两个字符串：一个可以转换为整数，一个不能转换为整数。不能转换的字符串在尝试转换时会出错，从而进入到错误处理部分，输出错误信息，然后进入 finally 模块，输出当前两个整数的值。代码如下：

```csharp
string s1 = "are";                                  //声明一个字符串
string s2 = "10";                                   //声明一个字符串
int n = 0;                                          //声明整数
int execp = 0;
try
{
    n = int.Parse(s2);                              //将字符串 s2 转换为数字
    execp = int.Parse(s1);                          //将字符串 s1 转换为数字
}
catch (FormatException fex)                         //如果出错
{
    Console.WriteLine(" 转换字符串失败 ");           //输出错误原因
    Console.WriteLine(fex.Message);                 //错误消息的内容
}
finally
{
    Console.WriteLine(n.GetType().ToString() + "  " + n);   //输出最后的消息
    Console.WriteLine(execp.GetType().ToString() + "  " + execp);
}
Console.ReadLine();
```

当进行字符串转换时，一旦出错，系统就会抛出异常。如果没有 catch 操作捕获异常，程序会直接崩溃退出。如果有 catch 操作捕获异常，程序不会直接崩溃退出，这样就保证了程序的健壮性。上面代码的输出结果如下：

```
转换字符串失败
输入字符串的格式不正确。
System.Int32   10
System.Int32   0
```

try…catch…finally 语句还有以下几种形式：

- 省略 finally 块，前提是在 try 块和 catch 块中释放了必要的资源，否则可能会导致应用程序再次运行时报错。
- catch 部分可以有多个，每个 catch 块捕获不同的错误，这样就可以采取具有针对性的错误处理方法。当 try 程序块中的程序运行发生错误后，程序跳转到 catch 块，会依次对每一个 catch 进行分析判断，看符合哪一个 catch 块指定的错误。catch 后面跟特定的异常类参数称为特定 catch 块，它只能捕获所指定的异常；如果后面跟异常类基类（Exception）参数，则称为常规 catch 块，它可以捕获任何类型的异常。图 9-4 为多个 catch 的 try…catch…finally 语句的执行流程图。
- 省略 catch 块，前提是能够保证程序的正常执行。否则一旦遇到错误，程序会立刻崩溃。

第 9 章 异常处理与程序调试

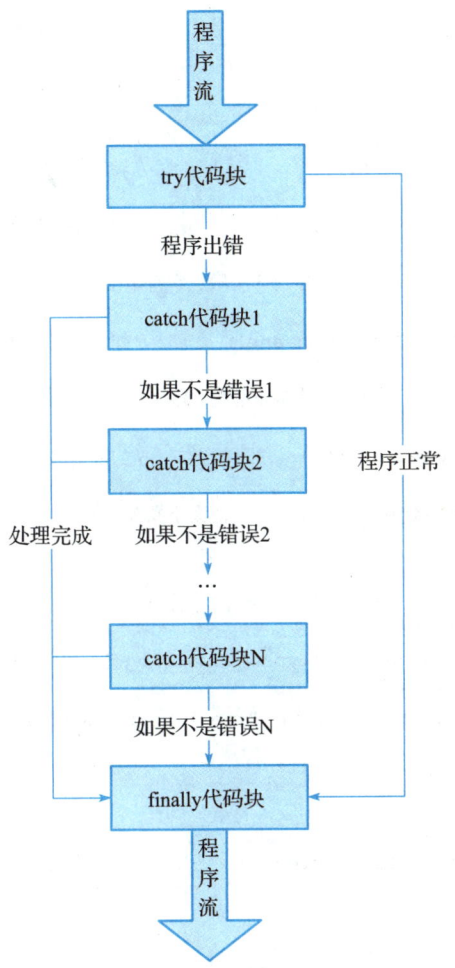

图 9-4 多个 catch 的 try…catch…finally 语句的执行流程

> **注意**：catch 块是错误捕获机制中的核心内容，它主要用于防止程序出错后直接崩溃。一般程序编写时，不应在所有的地方都进行错误捕获，而是在程序运行的关键部分进行错误捕获，并在错误处理中记录错误。try…catch…finally 语句块常见的使用方式为：在 try 块中获取并使用资源，在 catch 块中处理异常情况，在 finally 块中释放资源。

【实例 9-2】多个 catch 语句处理异常示例。

下面这段代码介绍了两种组合的使用情况。主程序中包含多个 catch 程序块，每个程序块处理一种情况的错误；转换方法的代码段只有一个 catch 块而没有 finally 代码块，当程序运行发生错误后，进入 catch 块，再转往主程序代码进行处理。

```
static void Main(string[] args)
{
    string s1 = "are";                  //声明用于转换的字符串
    string s2 = "10";
```

153

```csharp
        int n = 0;                                  //声明用于存储转换后整数的值
        int execp = 0;
        try
        {
            n = ChangeInt(s2);                      //转换数字
            execp = ChangeInt(s1);                  //转换为数字
        }
        catch (FormatException fex)                 //如果错误为字符串格式不对
        {
            Console.WriteLine("转换字符串失败,字符串格式不对");
        }
        catch (ArgumentNullException ane)           //如果错误为字符串为空
        {
            Console.WriteLine("字符串为空引用");
        }
        catch (OverflowException ofe)               //如果错误为字符串值不在范围内
        {
            Console.WriteLine("字符串转化后值太小或者太大");
        }
        finally
        {
            //输出转换后的类型和值
            Console.WriteLine(n.GetType().ToString() + "  " + n);
            //输出转换后的类型和值
            Console.WriteLine(execp.GetType().ToString() + "  " + execp);
        }
        Console.ReadLine();
    }
    //转换的方法
    public static int ChangeInt(string ss)
    {
        try
        {
            int n = int.Parse(ss);                  //转换为相应的整数
            return n;                               //返回转换后的值
        }
        catch (Exception ex)                        //如果错误,抛出异常
        {
            throw ex;
        }
    }
```

在 ChangeInt 方法这段代码中,对不能转换为数字的字符串进行转换时会抛出异常。catch 语句捕获异常,每个 catch 代码块对应一种错误,并给出相应的错误处理方法。如果没有处理这种异常的 catch 代码块,程序会报错。

对于有多个 catch 语句的程序,运行时抛出的异常会按先后顺序匹配 catch 块,因此 catch 块的顺序也很重要。一般将特定 catch 块放在前面,最后是常规 catch 块。

9.2.2 抛出异常

try…catch…finally 语句块用于在执行程序时可能会有未成功的操作导致的异常,这种异常是由系统抛出的,并由 catch 子句进行捕获和处理。另外,也可以在程序中显式地

抛出异常，这时就要用 throw 语句。

throw 语句的语法格式如下：

```
throw exObject;
```

其中，throw 为关键字；exObject 为要抛出的异常对象，它是派生自 System.Exception 类的对象。

通常 throw 语句会与 try…catch…finally 语句一起使用，由 throw 语句抛出异常，当引发异常时，查找处理这种异常的 catch 子句。

【实例 9-3】抛出异常示例。

```
static void Main(string[] args)
{
    try
    {
        ThrowException();
    }
    catch(DivideByZeroException ex)
    {
        Console.WriteLine(ex.Message);
    }
}
static void ThrowException()
{
    DivideByZeroException ex = new DivideByZeroException();
    throw ex;
}
```

上述代码中，当主程序中调用 ThrowException 方法时，执行到 throw 语句会抛出 DivideByZeroException 异常，此异常在主程序中会由 catch 捕获，然后输出异常信息。

9.3 程序调试

任何程序都不可能一开始就是完美的，必须要经过反复的调试，检查代码中的错误和运行时的问题，直到程序运行达到预期的结果。常用的程序调试操作包括设置断点，开始、中断和停止程序的执行，单步执行程序以及使程序运行到指定的位置等。

9.3.1 断点调试

断点是调试器设置的一个代码位置。当程序运行到设置的断点位置时，程序中断执行，回到调试器，此时程序处于中断模式。进入中断模式后并不会终止或结束程序的执行，程序中的所有元素都保留在内存中，可以查看断点处代码变量的状态或者查看某个断点处的调用堆栈，也可以在任何时候继续执行程序。

1. 插入断点

插入断点主要有以下 3 种方式：

- 在要设置断点的代码行左侧的灰色空白中单击，如图 9-5 所示。

图 9-5 在代码行左侧灰色空白处单击

- 右击要设置断点的代码行，在弹出的快捷菜单中选择"断点"→"插入断点"命令，如图 9-6 所示。
- 单击要设置断点的代码行，选择菜单中的"调试"→"切换断点"命令或者按"F9"键，如图 9-7 所示。

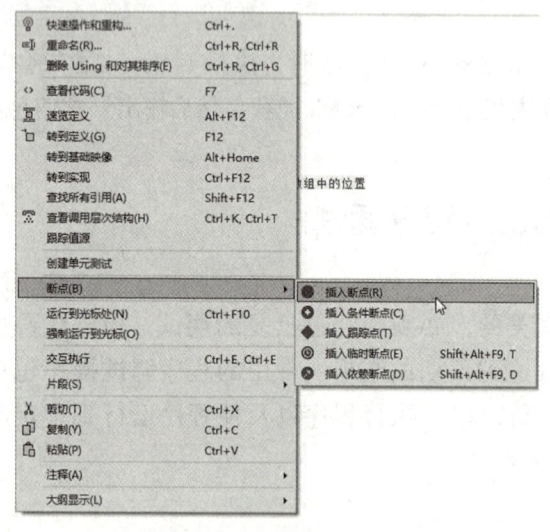

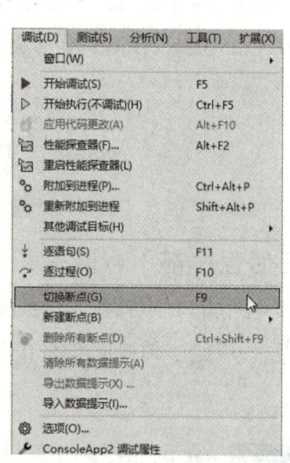

图 9-6 右键菜单插入断点　　　　图 9-7 调试菜单中插入断点

设置断点后的代码行的左侧灰色空白处会显示一个深红色实心圆点。程序中可设置多处断点，断点可以在任意可执行代码行上设置，如条件语句行、循环语句行、输入/输出语句行等。一般不能在方法声明、命名空间、类的声明，或者未赋初值的变量声明上设置断点。

2. 删除断点

删除断点主要有 3 种方式，分别如下：

- 单击设置了断点的代码行左侧的红色圆点。
- 在设置了断点的代码行左侧的红色圆点上右击，在弹出的快捷菜单中选择"删除断点"命令，如图 9-8 所示。
- 在设置了断点的代码行上右击，在弹出的快捷菜单中选择"断点"→"删除断点"命令。

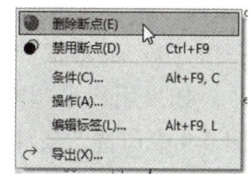

图 9-8　删除断点

3. 编辑断点

默认情况下，每次调试到断点时，执行就会中断。如果用户不希望程序每次到断点处的时候就中断，那么可以通过编辑断点的属性来实现。

如果用户希望满足一定条件时才中断，那么可以设置断点条件。在代码编辑器中，将鼠标指向设置的断点，会出现一个悬停窗口（见图 9-9），单击"设置"链接可打开"断点设置"选项卡；或者右键单击断点，在弹出的快捷菜单中执行"条件 (C)…"命令，也会弹出"断点设置"选项卡，如图 9-10 所示。在该选项卡中用户可以勾选"条件"，然后在文本框中输入一个逻辑表达式，如 i==3（要根据断点处变量的取值来设定），还可以单击"条件表达式"下拉列表框下面的"添加条件"链接添加新的条件；也可以勾选"操作"选项，设定操作条件，如图 9-11 所示；还可以勾选"点击后移除断点""仅当命中以下断点时启用"两项。

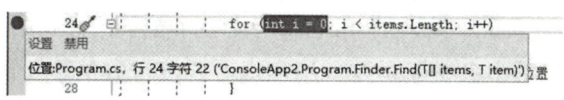

图 9-9　断点设置悬停窗口

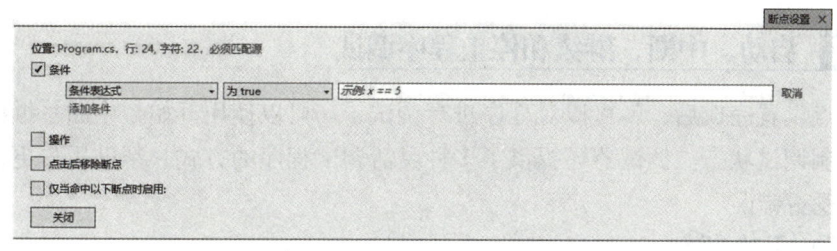

图 9-10　"断点设置"选项卡

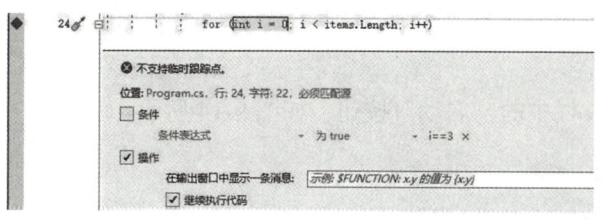

图 9-11　勾选"操作"选项

设置了"条件"后，断点标识符的红色圆点会变成中心有一个"+"的红点（●）。

(此例中,当程序执行到该断点处,如果 i==3 为 true,那么就中断运行,否则继续运行程序。)如果只勾选"操作"选项,断点标识符的红色圆点会变成红色菱形框(◆)。如果"条件"和"操作"两项都勾选并设置,则断点标识符的红色圆点会变成红色菱形框中有一个"+"的形状(◈)。

如果用户希望断点命中一定次数后才中断,那么可以设置断点命中次数。此时在图 9-9 中勾选"条件"选项后,先设定条件,再单击"添加条件"链接,在弹出的条件表达式设置中选择"命中次数"选项,然后选择"=""数倍于"">="中的一项,在文本框中再设置数值即可,如图 9-12 所示。

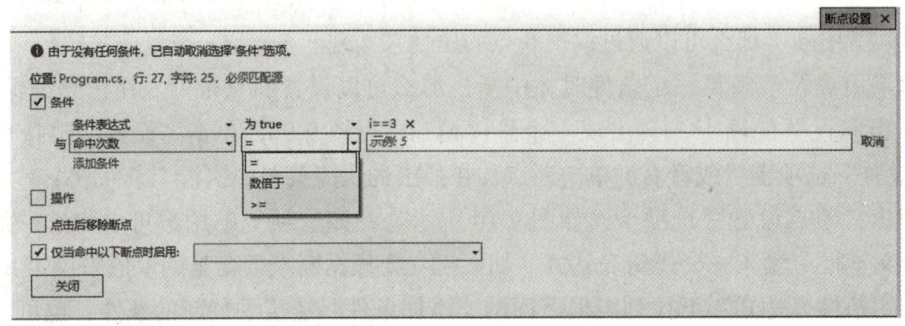

图 9-12 设置断点命中次数

默认情况下,每次命中断点时,执行都中断。如果用户设定为命中次数等于 5 时中断,那么当程序执行到该断点处,前 4 次都继续运行程序,直到第 5 次才中断运行,之后执行到该断点处,也都不会中断运行。用户也可以按"数倍于"或者" >="设定命中次数,执行时需满足用户设定的条件时才中断运行。如果要跟踪断点的命中次数,但不希望中断执行,可以将命中次数设置为一个很大的值,这样便不会中断程序的执行。

9.3.2 启动、中断、继续和停止程序调试

当断点设置完成后,就可以对程序进行调试了。可以使用开始、中断、继续和停止等操作控制调试状态。调试器还提供了多种灵活调试程序的方式,帮助用户更快地发现程序中的逻辑错误。

1. 启动(开始调试)

启动调试是最基本的调试操作之一,启动调试有以下 5 种方式:

- 从"调试"菜单中选择"开始调试"命令,如图 9-13 所示。
- 按"F5"键。
- 单击标准工具栏中的"启动"按钮,如图 9-14 所示。

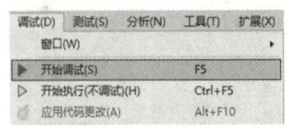

图 9-13 开始调试命令

图 9-14 "启动"按钮

- 在源代码窗口中右击可执行代码中的某行,从弹出的快捷菜单中选择"运行到光标处"命令,或者按"Ctrl+F10"组合键,如图 9-15 所示。通过该方法启动调试时,应用程序会运行到断点或者光标位置处,具体要看是断点设置在光标之前还是之后。
- 在源代码窗口中右击可执行代码中的某行,从弹出的快捷菜单中选择"强制运行到光标"命令,如图 9-15 所示。通过该方法启动调试时,应用程序会运行到光标所在位置处,即使该位置之前设置有中断,也不会中断程序运行(即之前的中断不起作用),而是直接执行到光标所在位置的语句处中断。

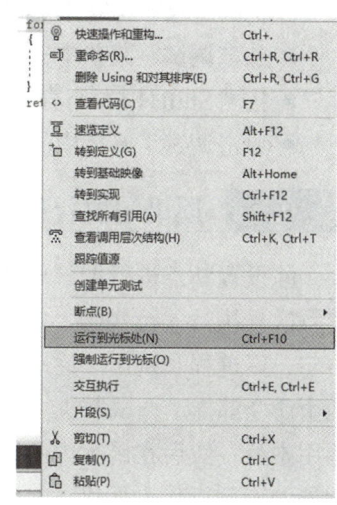

图 9-15 "运行到光标处"命令

启动调试后进入代码调试状态,应用程序会一直运行到断点(或指定光标)处,调试器会在断点处中断应用程序并暂停执行。此时断点(或指定光标)处的代码以黄色底色显示,如图 9-16 所示。

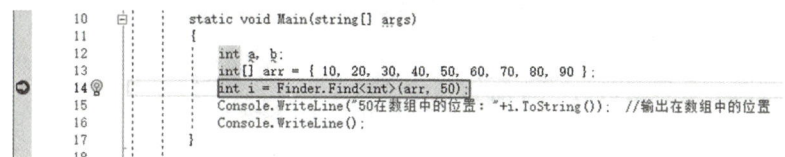

图 9-16 调试状态下的代码显示

2. 中断调试

当执行到达一个断点或发生异常时,调试器将中断程序的执行,该应用程序处于中断模式。此时,程序并没有退出,随时可以恢复执行。在中断模式下,用户可以检查程序的状态,如检查变量的值、断点的命中次数、事件以及监视内存和 CPU 的使用率等,以查看是否存在冲突或 bug。

3. 继续调试

在调试过程中,处于中断模式时,可以在任何时候从中断点继续执行。继续调试程序的常用操作方法有以下 3 种:

- 从"调试"菜单中选择"继续"命令。
- 按"F5"键。
- 单击调试工具栏中的"继续"按钮 ▶ 继续(C),如图 9-17 所示。

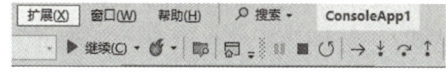

图 9-17 调试工具栏中与调试有关的按钮

继续调试应用程序后,调试器会在下一个断点处中断应用程序并暂停执行。

4. 停止调试

停止调试意味着终止正在调试的进程。停止调试的常用操作方法有以下 3 种：

- 从"调试"菜单中选择"停止调试"命令。
- 按"Shift+F5"组合键。
- 单击调试工具栏中的"停止调试"按钮■，如图 9-17 所示。

9.3.3 逐语句执行和逐过程执行

除设置断点进行调试外，不设置断点也能进行程序调试，这就是单步执行，即调试器每次只执行一行代码。单步执行是最常用的调试方法之一。单步执行有 3 种方式：逐语句、逐过程和跳出。逐语句和逐过程的主要区别是两者处理函数调用的方式不同，这两个命令都指示调试器执行下一行的代码。如果某一行包含函数调用，"逐语句"仅执行调用本身，然后在函数内的第一行代码处停止，而"逐过程"则执行整个函数之后在函数外的第一行代码处停止。如果要查看函数调用的内容，就使用"逐语句"命令；如果要避免单步执行函数，就使用"逐过程"命令。当位于函数调用的内部并想返回到调用函数时，就需要使用"跳出"命令。"跳出"命令是从当前位置一直执行代码，直到函数返回，然后回到调用函数中的返回点处中断。

逐语句调试的常用操作方法有以下 3 种：

- 从"调试"菜单中执行"逐语句"命令。
- 按"F11"键。
- 单击调试工具栏中的"逐语句"按钮，如图 9-17 所示。

逐过程调试的常用操作方法有以下 3 种：

- 从"调试"菜单中执行"逐过程"命令。
- 按"F10"键。
- 单击调试工具栏中的"逐过程"按钮，如图 9-17 所示。

跳出调试的常用操作方法有以下 3 种：

- 从"调试"菜单中执行"跳出"命令。
- 按"Shift+F11"组合键。
- 单击调试工具栏中的"跳出"按钮，如图 9-17 所示。

9.3.4 监视调试状态

在中断模式下，用户可以检查变量或表达式的值、堆栈调用情况、断点的命中次数、线程的状态以及内存和 CPU 的使用率等信息，从而检查程序中是否存在冲突或 bug。变量和表达式的值的变化是调试程序时最主要的监视对象。调试器提供了提示文本和窗口两种方法来显示变量和表达式。

1. 提示文本

在中断模式下，将光标移动到某一变量或对象上，调试器会把该变量或对象的状态以提示文本的方式显示出来，如图 9-18 所示。

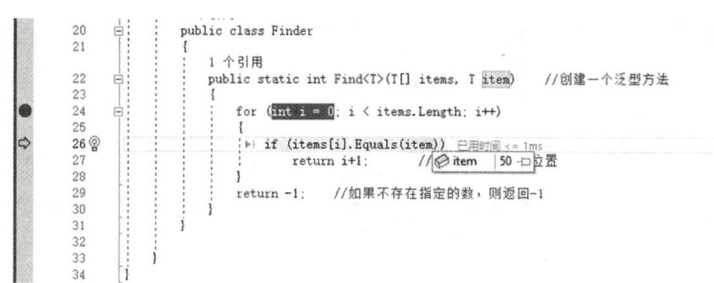

图 9-18　以提示文本方式显示

2. 窗口

中断模式下，VS 2022 会自动打开几个窗口，可供用户检查程序运行到中断处时的状态。其中检查变量或对象的值的窗口有两个：自动窗口和局部变量窗口。这两个窗口仅在调试会话期间才会显示，是调试时使用最多的两个窗口。此外，还有两类窗口，一类是监视窗口，另一类是输出窗口。

（1）自动窗口和局部变量窗口

在调试时，自动窗口和局部变量窗口会显示变量值。自动窗口显示调试器所在的当前行和上一行中使用的变量，局部变量窗口显示在局部范围内定义的变量，通常是当前函数或方法内的变量。当调试器处于暂停状态时，代码编辑器底部打开的窗口中有"自动窗口"，如图 9-19 所示。单击其右侧的"局部变量"选项卡，则会显示局部变量窗口，如图 9-20 所示。

如果自动窗口已关闭，则从菜单栏中选择"调试"→"窗口"→"自动窗口"命令，自动窗口就会显示。如果局部变量窗口已关闭，则从菜单栏中选择"调试"→"窗口"→"局部变量"命令，局部变量窗口就会显示。

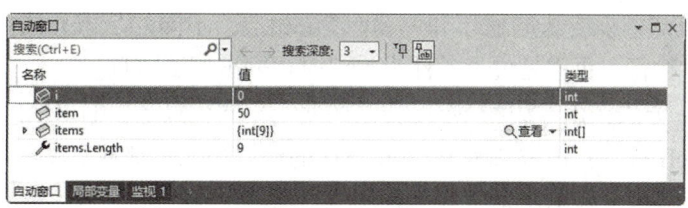

图 9-19　自动窗口

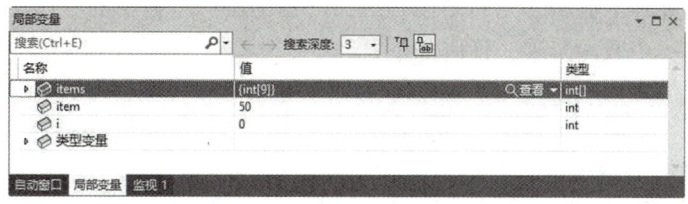

图 9-20　局部变量窗口

（2）监视窗口

调试时，可以使用监视窗口来监视变量和表达式。自动窗口和局部变量窗口会显示其范围内程序中所包含的变量和对象,但有时用户可能会有特别关注的变量或对象或某个表达式的值,此时就需要用监视窗口来实现。自动窗口和局部变量窗口是无法显示表达式的。

监视窗口在调试时可以一次显示多个变量。在中断模式下,单击"监视1"选项卡,就会显示"监视1"窗口,如图9-21所示。在"添加要监视的项"处输入要监视的变量或表达式即可。VS 2022中可以添加4个监视窗口。

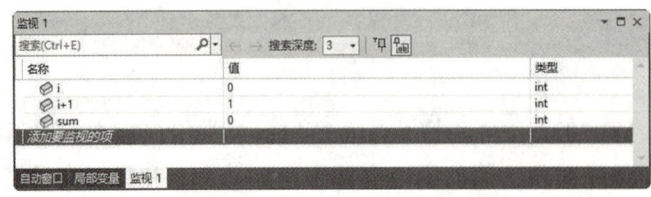

图 9-21　监视 1 窗口

(3)输出窗口

在程序调试过程中,当要监测大量数据时,逐步调试就会显得很浪费时间,使用输出窗口可以快速得到大量的数据,方便验证数据的正确性。在输出窗口中显示数据需要用Debug类中的方法。

Debug类位于System.Diagnostics命名空间中,Debug类中的以下几个方法可帮助开发者完成相关的调试操作。

- Print方法:输出文本信息,该文本信息自动换行,每次输出换一行。
- Write方法:输出文本信息,传到该方法中的参数,如果不是字符串类型,则系统会自动调用该对象的ToString方法并将其转换为字符串,该方法输出的信息不带换行符。
- WriteIf方法:该方法的使用和Write方法相似,不同的是该方法需要满足一定的条件才会执行,也就是说当条件为true时才输出调试信息。
- WriteLine方法:该方法和Write方法的使用相同,只是在输出信息时自动换行。
- WriteLineIf方法:该方法和WriteIf方法的使用相似,都需要满足一定的条件才执行,满足条件才能输出调试信息。

这些方法的使用和Console.Write、Console.WriteLine的使用方法差不多,只不过它们的信息不是在屏幕上输出的,而是在调试器的输出窗口中显示的。

例如,计算一个数的阶乘,代码如下:

```
static void Main(string[] args)
{
    int num, result = 1;
    Console.WriteLine(" 请输入一个大于 0 的整数 ");
    num = Convert.ToInt32(Console.ReadLine());
    for (int i = 1; i <= num; i++)
    {
        result *= i;
        // 在 "输出" 窗口显示每次执行过后的 result 值
```

```
            System.Diagnostics.Debug.WriteLine("i 为{0}时 result = {1}", i, result);
        }
        Console.WriteLine("{0}的阶乘为{1}", num, result);
        Console.ReadKey();
    }
```

调试信息显示在输出窗口中。如果没有看到输出窗口，可执行"调试"→"窗口"→"输出"命令打开"输出"窗口。程序在运行期间在输出窗口输出的调试信息如图 9-22 所示。

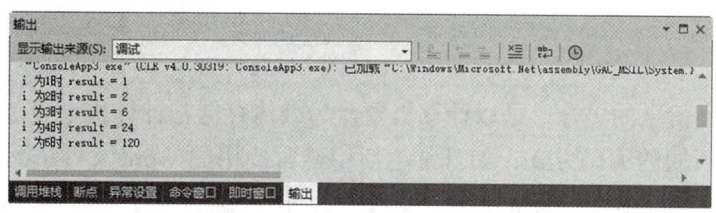

图 9-22　输出窗口

1. 异常捕获的代码块由哪几部分组成？

2. try…catch…finally 的代码块有哪几种组合方式？

3. 编写一段代码，定义一个 string 类，为该类添加一个方法，在该方法中将字符转换为数字，再将数字乘以 10，最后将结果转换为字符串。

4. 编写一段代码，声明一个类，创建类的实例时不通过构造函数，而是直接给类的属性赋初值，代码中要有异常处理。

5. 对 3、4 编写的代码进行调试，直到程序没有问题。

第 10 章

文件与流

文件是一类信息的集合,是以计算机硬盘为载体存储在计算机上的信息集合。这类信息可以拥有不同的编码方式,如日常生活中经常使用的 Word 文件、图片文件等都属于文件的范畴。文件的格式通常使用扩展名来识别。流是计算机中数据传输的一种方式。本章将介绍 C# 管理文件的相关知识,内容包括:

※ 利用 C# 进行目录操作
※ 利用 C# 进行文件操作
※ 利用 C# 进行流操作

10.1 目录操作

目录是指系统用来管理文件的一种措施,它把文件分为不同类别的组合,能够增强系统的指向性。C# 提供了两个类用于操作目录,一个是 Directory 类,另一个是 DirectoryInfo 类。两个类中都提供了一系列的方法用于进行目录的创建、删除、移动、获取目录中文件信息等操作。本节将介绍 C# 中如何进行目录的创建、删除操作以及如何获取目录的信息。

10.1.1 创建目录

创建目录是指创建一个用于管理的文件夹。文件夹必须包含名称等信息,在 C# 中提供了几种创建目录的方法。创建目录时需要指定目录的位置,有时还需要给目录添加权限、限定访问的角色等。

【实例 10-1】创建目录示例。

下面这段代码演示了两种创建目录的方法:方法一使用 Directory 类的静态创建方法创建目录,创建后返回一个目录信息对象,然后通过 DirectorySecurity 类实例化一个目录的权限对象用于设置生成目录的权限;方法二是通过初始化 DirectoryInfo 类来声明目录,先判断目录是否存在,如果不存在则创建,然后调用 CreateSubdirectory 方法创建子目录。具体代码如下:

```
//方法一
string folderPath = @"C:/TEST";                        //指定目录路径
```

```
DirectoryInfo createDI = Directory.CreateDirectory(folderPath);   //创建目录
DirectorySecurity ds = new DirectorySecurity();                    //创建访问权限对象
ds.AddAccessRule(newFileSystemAccessRule("administrator",
FileSystemRights.ReadData, AccessControlType.Allow));              //设置访问权限对象的值
createDI.SetAccessControl(ds);                                     //给目录加上访问权限
//方法二
string folderPath2 = @"C:/TEST2";                                  //指定目录路径
    //声明一个目录信息对象
    DirectoryInfo createFolder = new DirectoryInfo(folderPath2);
    if (!createFolder.Exists)                                      //如果目录不存在
    {
        createFolder.Create();                                     //创建目录
    }
    DirectoryInfo dis = createFolder.CreateSubdirectory("CNT");    //创建子目录
```

创建目录时需要指定路径，如果该路径指示的目录已经存在，那么程序不会进行任何操作。如果指定路径下的目录不存在，系统就会创建这个目录。创建目录后，只有拥有访问权限的用户才能够访问，没有访问权限的用户系统会拒绝访问。

10.1.2 删除目录及子目录

创建目录之后，根据需要有时可能还要删除目录，而要删除的目录下面可能还有子目录，因此还需要进行必要的设置。

【实例10-2】删除目录示例。

下面的代码演示了两种删除目录的方法：方法一使用 Directory 类的静态方法删除目录，这个方法有两个重载，一种是直接删除目录，若目录下有子目录或文件，则需要调用两个参数的方法实现删除；方法二使用 DirectoryInfo 类的实例化方法删除，如果目录下没有其他的信息则直接调用无参数的方法删除，若有子目录，则需调用包含一个参数的方法实现删除。具体代码如下：

```
string folderPath = @"C:/TEST";                        //指定目录路径
string folderPath2 = @"C:/TEST2";                      //指定目录路径
//方法一
if (Directory.Exists(folderPath))                      //如果存在目录
{
    Directory.Delete(folderPath);                      //删除目录
}
if (Directory.Exists(folderPath2))                     //如果存在目录
{
    Directory.Delete(folderPath2, true);               //删除目录及子目录等
}
//方法二
//声明一个目录信息对象
DirectoryInfo createFolder = new DirectoryInfo(folderPath);
if (createFolder.Exists)                               //如果目录存在则删除对象
{
    createFolder.Delete();                             //删除目录
}
//声明一个目录信息对象
DirectoryInfo createDI = new DirectoryInfo(folderPath2);
if (createDI.Exists)                                   //如果目录存在则删除对象
```

```
    {
        createDI.Delete(true);                    // 删除目录及子目录等
    }
```

删除目录时需要指定删除的路径，如果指定路径下不存在目录则无法删除，应用程序无法删除一个不存在的目录。因此，在删除之前一般都需要先判断目录是否存在。删除目录时，如果应用程序没有删除权限，也无法删除该目录。

10.1.3 获取目录下文件信息

获取目录下文件信息是指获取当前文件夹下是否包含文件、包含哪些文件等方面的信息。通过获取目录下的文件信息，可以指导后续的操作，如是否添加目录、是否删除文件等。

> **技巧**：可以使用 DirectoryInfo 类中的 Parent 属性获取指定目录的父目录，也可以调用 MoveTo 方法将目录移动到指定的位置。

【实例 10-3】获取目录下文件信息。

下面的代码演示了如何获取目录下的文件信息。在代码中通过 Directory 类的 GetFiles 方法获取目录下的文件信息。由于不确定是否存在子目录，因而需要通过 GetDirectories 方法获取目录信息，然后调用输出子目录下文件信息的方法获取所有的文件信息。具体代码如下：

```
static void Main(string[] args)
{
    string folderPath2 = @"C:/TEST2";                      //指定目录路径
    string[] fileName = Directory.GetFiles(folderPath2);   //获取目录下的文件
    foreach (string fi in fileName)                        //获取目录下的所有文件
    {
        Console.WriteLine(fi);                             //输出文件名称
    }
    // 获取目录下的子目录
    string[] directoinname = Directory.GetDirectories(folderPath2);
    GetSubFile(directoinname);                             //调用方法输出子目录文件信息
    Console.ReadLine();
}
//输出子目录下所有文件
private static void GetSubFile(string[] filepath)
{
    foreach (string muFile in filepath)                    //遍历所有的子目录
    {
        string[] fileEntries = Directory.GetFiles(muFile); //获取目录下的文件
        foreach (string s in fileEntries)
        {
            Console.WriteLine(s);                          //输出文件名称
        }
        GetSubFile(Directory.GetDirectories(muFile));      //回调自己，即递归调用
    }
}
```

由于每次只能获取当前目录下存在的文件和其他目录信息。如果需要获取某个目录下所有的文件和子目录，则需要不停地调用获取文件的方法。遍历所有的文件夹，输出文件夹下面的文件和文件夹的相关信息。

10.1.4 获取目录信息

目录信息包括目录什么时候创建、什么时候更新等方面的信息。通过获取目录信息可判断目录中的文件或文件夹信息的时效。例如，如果将发送的消息按日期保存在不同的目录下，超过一年的消息则不再有保存价值，便可以删除一年之前的文件夹。

【实例 10-4】获取目录信息示例。

下面的代码演示了如何获取目录的信息。在代码中创建了一个 DirectoryInfo 类型的对象，然后调用方法获取目录的创建时间、当前的工作目录、最后访问时间等方面的信息。具体代码如下：

```
string foldpath = @"c:\\test";                              //声明文件夹路径
DirectoryInfo dif = null;                                   //声明一个目录信息对象
if (!Directory.Exists(foldpath))                            // 如果不存在这个目录
{
    dif = Directory.CreateDirectory(foldpath);              //创建此目录并返回创建的对象
}
else
{
    dif = new DirectoryInfo(foldpath);                      // 如果存在此目录，则直接声明一个对象
}
//获取创建时间通过 Directory 类的静态方法
DateTime dt = Directory.GetCreationTime(foldpath);
//通过 DirectoryInfo 类的实例化方法获取创建时间
DateTime dt1 = dif.CreationTime;
Console.WriteLine(dt1.ToString());                          //输出信息
Console.WriteLine(dt.ToString());
//通过 Directory 类的静态方法获取当前程序的工作目录
Console.WriteLine(Directory.GetCurrentDirectory());
//通过 Directory 类的静态方法获取最后访问时间
Console.WriteLine(Directory.GetLastAccessTime(foldpath).ToString());
//通过 DirectoryInfo 类的实例化方法获取目录最后访问时间
Console.WriteLine(dif.LastAccessTime);
//通过 Directory 类的静态方法获取最新修改时间
Console.WriteLine(Directory.GetLastWriteTime(foldpath));
//通过 DirectoryInfo 类的实例化方法获取目录的最新修改时间
Console.WriteLine(dif.LastWriteTime);
//通过 DirectoryInfo 类的实例化方法获取目录的名称
Console.WriteLine(dif.FullName);
```

需要注意的是，Directory 类和 DirectoryInfo 类都是针对目录进行操作的类。Directory 类中封装的都是静态方法，而 DirectoryInfo 类封装的都是实例化方法。Directory 类中的静态方法一般都会在 DirectoryInfo 类中存在对应的实例化方法。

10.2 文件操作

文件的操作主要是指如何通过程序创建文件、复制文件和修改文件等操作。通过文件操作，可以实现信息的保存和传送。C# 中的文件操作用到的主要是 File 类和 FileInfo 类。下面将介绍在 C# 中如何创建文件、复制文件、删除指定的文件、加密文件以及如何读取指定文件的内容等。

10.2.1 创建文件

创建文件是指在计算机上创建一个用于存储数据的对象。创建文件时需要指出文件的格式、位置和大小等方面的信息，同时还需要指定文件创建的位置。

> **注意**：创建文件时需要指定文件的格式，如果没有指定文件的格式，创建的文件将无法识别。新创建的文件中不包含任何内容。

【实例 10-5】创建文件示例。

下面的代码演示了两种创建文件的方法：第一种是通过 File 类的静态方法创建文件；第二种是通过 FileInfo 类的实例化方法创建文件。具体代码如下：

```csharp
string filePath = @"c:\\text.txt";            //指示文件路径
FileStream fs = null;                         //用于获取创建文件的操作权限
//第一种方法
if (!File.Exists(filePath))                   //是否存在文件
{
    fs = File.Create(filePath);               //创建文件
}
//第二种方法
FileInfo fi = new FileInfo(filePath);         //声明一个用于创建文件的类
if (!fi.Exists)                               //判断是否存在
{
    fs = fi.Create();                         //创建文件
}
```

在创建文件时需要指定文件的地址，创建之前，最好判断指定的路径下是否已经存在此文件。文件创建完成后，会返回一个 FileStream 对象。通过 FileStream 对象可以对文件进行各种操作，如复制文件、修改文件内容等。

10.2.2 复制文件和删除文件

复制文件是指读取一个文件的内容，并将读取到的内容添加到另一文件中。复制文件时需要指出读取的文件位置和大小等方面的信息，还需要指定目标文件的位置。

【实例 10-6】复制文件示例。

下面的代码演示了两种复制文件的方法：第一种是利用 File 类的静态方法；第二种是利用 FileInfo 的实例化方法。当需要删除文件时，直接调用 Delete 方法便可以删除文件，但需要在删除之前判断文件是否存在。具体代码如下：

```csharp
string filePath = @"c:\\text.txt";              // 指定文件路径
FileStream fs = null;                            // 用于获取创建文件的操作权限
if (!File.Exists(filePath))                      // 是否存在文件
{
    fs = File.Create(filePath);                  // 不存在则创建
}
string filePathTemp = @"c:\\temp.txt";           // 需要暂存复制信息的文件路径
//第一种方法
if (File.Exists(filePathTemp))                   // 如果存在目标文件
{
    File.Copy(filePath, filePathTemp, true);     // 覆盖方法复制
}
else
{
    File.Copy(filePath, filePathTemp); //直接复制
}
Console.WriteLine(" 复制成功 ");
File.Delete(filePathTemp);                       // 删除暂存文件
//第二种方法
//声明两个 FileInfo 对象
FileInfo fi1 = new FileInfo(filePath);
FileInfo fi2 = new FileInfo(filePathTemp);
if (fi2.Exists)                                  // 如果存在
{
    fi2.Delete ();                               // 删除文件
}
fi1.CopyTo(filePathTemp);                        // 复制文件
Console.WriteLine(" 复制成功 ");
```

上述代码中，使用第一种复制文件的方法时，有可覆盖原文件内容和不可覆盖之分。如果文件不存在，调用时会先创建文件，然后将内容复制过去即可；如果文件存在，则需要指明可以覆盖已存在的文件内容，如不指明则系统会报错。第二种复制文件方法中，复制时的情况比 File 类要简单，只是需要先实例化为对象后再调用相应的方法。

10.2.3 加密与解密文件

加密文件是指将文件进行特殊处理，防止没有权限的访问者访问。解密文件是指有权限的访问者正常访问文件。加密和解密文件是为了防止没有授权的访问者看到不应看到的信息。

【实例 10-7】加密和解密文件示例。

下面的代码演示了如何加密和解密文件。调用 Encrypt 方法加密文件，调用 Decrypt 方法解密文件。具体代码如下：

```csharp
static void Main(string[] args)
{
    string filePath = @"c:\\text.txt";           // 指定文件路径
    FileStream fs = null;                         // 用于获取创建文件的操作权限
    if (!File.Exists(filePath))                   // 是否存在文件
    {
        fs = File.Create(filePath);               // 不存在则创建
    }
```

```
        AddCrypt(filePath);                              //加密文件
        Console.WriteLine("加密文件");
        ReduceCrypt(filePath);                           //解密文件
        Console.WriteLine("解密文件");
        Console.ReadLine();
    }
    public static void AddCrypt(string filename)
    {
        File.Encrypt(filename);                          //加密方法一
        FileInfo fi = new FileInfo(filename);            //加密方法二
        fi.Encrypt();
    }
    public static void ReduceCrypt(string filename)
    {
        File.Decrypt(filename);                          //解密方法一
        FileInfo fi = new FileInfo(filename);            //解密方法二
        fi.Decrypt();
    }
```

需要注意的是,加密文件后只有调用此方法的账户才能解密文件。加密文件时,如果其他程序正在使用这个文件,则加密失败。

10.2.4 读取和修改文件内容

当创建文件后,就可以添加内容到文件中,还可以修改文件的内容。读取和写入文件可分为同步和异步两种方法。

> **技巧**:FileStream 对象通过 Position 属性获取或设置当前的位置,通过 ReadTimeout 和 WriteTimeout 属性读取和设置文件的超时。这样可以避免长久地占用文件而又不对文件进行读写操作。

【实例 10-8】同步进行文件的写入操作示例。

下面的代码演示了如何同步进行文件的写入操作。在代码中给出了三种添加文件的方法,三种方法都可以在打开文件的同时即读取文件内容。具体代码如下:

```
//方法一
string filePath = @"c:\\text.txt";                       //指定文件路径
FileStream fs = null;                                    //用于获取创建文件的操作权限
if (!File.Exists(filePath))                              //是否存在文件
{
    fs = File.Create(filePath);                          //不存在则创建
}
//添加文字,文字采用 Unicode 编码
File.AppendAllText(filePath, "jiajiajiajia",Encoding.Unicode);

//读取文字,然后转换编码
Console.WriteLine(File.ReadAllText(filePath,Encoding.Unicode));
//方法二
string[] waitAdd = { "ida", "ttt" };
File.WriteAllLines(filePath, waitAdd);                   //添加字符数组进入文件
string[] dd = File.ReadAllLines(filePath);               //读取文件并将文件存储在字符数组
```

```
foreach (string s in dd)                              //输出信息
{
    Console.WriteLine(s);
}
//方法三
//添加文字进入文件
File.WriteAllText(filePath, "C# 简明教材 ",Encoding.Unicode);

string outp = File.ReadAllText(filePath);             //读取文件内容
Console.WriteLine(outp);
```

方法一是调用 AppendAllText 方法添加字符到文件的尾部，不覆盖原文件的内容。方法二是调用 WriteAllLines 方法将一个字符串数组的内容添加到文件中，每一个字符串是一行，覆盖文件中原来的内容。方法三是调用 WriteAllText 方法添加字符串进入文件，不用分行，但是会覆盖原文件内容。三个方法运行前都会先检验文件是否存在，如果文件不存在，则先创建文件，然后再添加文字。读取时可以一次读取所有文字，也可以按文字存储位字符串的格式读取，每一行为一个元素。

10.3 流操作

流是一组连续的一维数据，包括开头和结尾，并且通过游标指示在流中的位置。类似自来水管中的水，从自来水公司的水库开始，到用户的水龙头流出。本节将介绍 C# 中流的基本概念以及如何使用流进行文件的读写操作。

10.3.1 流的概念

流是一组连续的数据，因其具备当前位置的可检索性，所以便于执行读取、写入和查找操作。例如，书本有开头有结尾，可以通过书签快速地查找文件内容。流代表了一组连续的数据，而数据类型有很多种，因而流也有很多种数据类型。例如，流可以是二进制的，可以是文本文件的。流有开始点和结束点，因此使用完毕后务必要关闭流。

使用流进行数据的操作时，需要把握流的当前位置，某些种类的流不具可逆性。一旦读取过，数据就从流中移除了。类似水龙头中流出的水，无法再次回到自来水管中。

10.3.2 使用流读取文件

使用流读取文件是指将文件的内容读取到数据流中。由于流能很方便地进行数据操作，因此当读取文件时优先考虑使用流。创建流有很多种方法，如可以在文件创建时获取流，或者利用专门的流操作类创建流。

【实例 10-9】创建流的方法示例。

下面的代码给出了两种创建流的方法：第一种是通过 File 类的 Open 方法创建一个流；第二种是通过文件路径创建。具体代码如下：

```
string filePath = @"c:\\text.txt";                    //指示文件路径
// 通过 Open 方法创建流
FileStream fs = File.Open(filePath, FileMode.Open, FileAccess.Read);
StreamReader sr = new StreamReader(filePath);         //通过路径创建流
```

流创建后便可以利用流进行文件的读取,C# 提供了很多种利用流读取文件的方法,下面将通过实例介绍几种。

> **注意**:FileStream 类打开指定的文件后,会以独占的方式占用文件,其他应用程序无法使用这个文件。因此,使用完后一定要注意关闭流才能释放文件。

【实例 10-10】利用流读取文件示例。

下面的代码给出了两种利用流读取文件的方法:第一种方法是使用 FileStream 类进行文件的读取;第二种方法是通过 C# 专门用于读取文件的 StreamReader 类来读取文件,初始化时不需要指定权限,只需指定访问的路径即可。StreamReader 提供了两种方式读取文件:第一种是每次读取一行,第二种是将数据一次性读取完整。注意,读取完成后一定要关闭流。具体代码如下:

```
// 设置阻塞事件
private static ManualResetEvent readEvent = new ManualResetEvent(false);

static void Main(string[] args)
{
    string filePath = @"c:\\text.txt";                //指定文件路径
    if (!File.Exists(filePath))                       //是否存在文件
    {
        File.Create(filePath);                        //不存在则创建
    }
    // 初始化流
    FileStream fs = File.Open(filePath, FileMode.Open, FileAccess.Read);

    byte[] buffer = new byte[2];                      //缓存读取的内容
    int n = -1;
    // 同步方式
    if (fs.CanRead)                                   //如果能读取
    {
        n = fs.Read(buffer, 0, 2);                    //读取文件
        // 输出信息
        Console.WriteLine(Encoding.ASCII.GetString(buffer));

        while (n > 0)                                 //如果没读完
        {
            n = fs.Read(buffer, 0, 2);                //继续读取
            Console.WriteLine(Encoding.ASCII.GetString(buffer));
        }
    }
    fs.Close();                                       //关闭流
    // 声明一个专门用于读文件的类
    StreamReader sr = new StreamReader(filePath);
    Console.WriteLine(sr.ReadLine());                 //读取一行数据
    Console.WriteLine(sr.ReadToEnd());                //读取所有数据
    sr.Close();                                       //关闭流
```

```
            // 异步方式
            // 指定流读取文件的权限
            fs = File.Open(filePath, FileMode.Open, FileAccess.Read);

            statee st = new statee();                    // 用于异步读取时使用的类
            st.buffer = buffer;
            st.FSS = fs;
            fs.BeginRead(buffer, 0, 2, EndRead, st);     // 异步开始读
            readEvent.WaitOne();                         // 阻塞
            Console.WriteLine("read over");
            Console.ReadLine();
            fs.Close();                                  // 关闭流
    }
    // 传输类
    class statee
    {
        public  byte[] buffer = new byte[2];             // 存储读取的类
        public  FileStream FSS = null;                   // 存储读取的流
    }
    // 异步读的方法
    private static void EndRead(IAsyncResult ar)
    {
        statee sttt = (statee)ar.AsyncState;             // 得到传输对象的值
        FileStream fss = sttt.FSS;                       // 得到传输的流
        fss.EndRead(ar);                                 // 结束流
        // 输出信息
        Console.WriteLine(Encoding.ASCII.GetString(sttt.buffer));

        readEvent.Set();                                 // 程序继续运行
    }
```

上述代码中，使用 FileStream 读取文件时，首先需要初始化流的权限，是可读、可写、还是可读写，在读取过程中又分为同步读取和异步读取两种方式。若为同步读取，要为调用的方法指定一个用于暂存的字节数组，如果流中存在字符串则读取指定的个数并返回读取的字节个数，如果不存在则返回 0，注意读取完成后关闭流。若为异步读取，开始读的方法时需要设置一个处理后续读取的方法，还要传送当前状态，因此需要设置一个专门用于保存状态的类，最后通过设置读取事件的阻塞和重新运行同步整个读取过程。

10.3.3 使用流写入文件

使用流将信息写入是指将需要写入的信息通过打开的流写入文件。写入信息时要注意流是否有权限进行相应的操作，写入完成后需要关闭流以免阻碍其他程序访问。

【实例 10-11】利用流写入文件示例。

下面的代码给出了如何利用流来写文件。代码中给出了两种写入文件的方法：第一种方法是通过 FileStream 类实现的；第二种方法是通过 StreamWriter 类写入数据的。具体代码如下：

```
// 异步写入事件的同步
private static ManualResetEvent WriteEvent = new ManualResetEvent(false);
```

```csharp
static void Main(string[] args)
{
    string filePath = @"c:\\text.txt";                              //指定文件路径
    if (!File.Exists(filePath))                                     //是否存在文件
    {
        File.Create(filePath);                                      //不存在则创建
    }
    //第一种方法
    //声明一个写入的流
    FileStream fs = File.Open(filePath, FileMode.Open, FileAccess.Write);

    byte[] buffer = new byte[1024];                                 //声明一个暂存数组
    buffer = Encoding.ASCII.GetBytes("the beginning of C#");
                                                                    //填充数字
    //同步方法
    if (fs.CanWrite)                                                //如果能写入
    {
        fs.Write(buffer, 0, buffer.Length);                         //写入信息
    }
    fs.Close();                                                     //关闭流
    //第二种方法
    StreamWriter sw = new StreamWriter(filePath, true);             //声明一个写入的流
    sw.Write("study C#");                                           //写入信息
    sw.WriteLine("is very good");
    sw.WriteLine("so study");
    sw.Close();                                                     //关闭流
    //异步方法
    //声明一个用于写入的流
    fs = File.Open(filePath, FileMode.Open, FileAccess.Write);

    if (fs.CanWrite)
    {
        //开始写入信息
        fs.BeginWrite(buffer, 0, buffer.Length, EndWrite, fs);

        WriteEvent.WaitOne();                                       //阻塞
    }
    fs.Close();                                                     //关闭流
}
//结束写入的方法
private static void EndWrite(IAsyncResult ar)
{
    FileStream sr = (FileStream)ar.AsyncState;                      //获取正在写入的流
    sr.EndWrite(ar);                                                //结束写入
    WriteEvent.Set();                                               //程序恢复执行
}
```

上述代码中利用 FileStream 同步写入数据时，要将待写入的信息先装到一个字符数组中，然后调用 Write 方法写入。利用 FileStream 进行异步的文件写入操作时，调用 BeginWrite 开始写文件，然后通过委托调用完成写入操作的方法完成数据的写入。通过 StreamWriter 类写入数据时，可以添加到现有文字之后，也可以覆盖原文件内容。

注意：所有针对文件的流在使用完后都需要调用 Close 方法关闭。关闭时也要有一定的顺序，先关闭用于读写的文件流，再关闭用于打开文件的文件流。

10.3.4 二进制文件的读取和写入

二进制文件是指以二进制方式存储的文件。系统文件一般分为文本文件和二进制文件。例如，图片就是二进制文件。C#提供了专门用于二进制文件读写的类——BinaryReader 和 BinaryWriter 操作类。通过 BinaryReader 类的方法可以将二进制信息读入数组中，而通过 BinaryWriter 类的方法可以将数组中的二进制信息写入新的文件中。

【实例 10-12】使用流操作二进制文件示例。

下面的代码给出了如何使用流操作二进制文件。在这段代码中，通过 new 操作符创建了一个 BinaryReader 操作类的实例，同时还创建了一个 BinaryWriter 操作类实例以读取二进制文件。在创建操作类的同时指定了流的权限。具体代码如下：

```csharp
string filePath = @"c:\\pink.jpg";                          //指示文件路径
string AimfilePath = @"c:\\pink1.jpg";
//声明二进制的读文件流
BinaryReader sr = new BinaryReader(File.Open(filePath, FileMode.Open));
BinaryWriter bw = new BinaryWriter(File.Open
(AimfilePath,FileMode.CreateNew));                          //声明二进制的写文件流
byte[] buffers = new byte[1024];                            //声明暂存数组
int nCount = 0;
while (true)
{
    nCount = sr.Read(buffers, 0, buffers.Length);           //读取数据
    bw.Write(buffers);                                      //写入数据
    if (nCount < 1024)                                      //如果文件读取完全，退出
    {
        break;
    }
}
bw.Close();                                                 //关闭流
sr.Close();
```

读取数据时使用 BinaryReader 类的 Read 方法，将数据读取到指定的缓存数组中。写入数据时，调用 BinaryWrite 类中的 Write 方法将缓存中的数据写入文件中。写数据时，如果文件不存在则会创建新的文件，然后将数据写入新文件中。操作完毕后，一定要关闭流，先关闭写文件流，再关闭读文件流。

习题

1. 目录是什么？C# 中实现目录操作的类是哪些？
2. C# 中的文件操作主要通过哪几个类实现的？
3. 编写一段代码，在指定的位置创建一个目录，然后将一个文件放入此目录中。
4. 编写一段代码，创建一个文件，并将"C# 简明实例教程"写入到文件中。

第 11 章

数据访问

数据访问是指访问存储在数据库中的信息,并获取数据库中的信息以进行相应的操作。C# 提供了专门的类处理与数据库的交互。本章将介绍几种常用的数据库,以及 C# 中数据库的访问方式,内容包括:

※ 常用的数据库
※ .NET 下的数据库连接方式
※ ADO.NET 概述
※ SQL Server 数据库的操作
※ 利用 DataSet 管理数据

11.1 常用的数据库

数据库是指按照某种规则和结构进行组织、存储和管理数据的一种特殊的文件。下面将介绍几种常用的数据库。

1. Oracle 数据库简介

Oracle 是以高级结构化查询语言(SQL)为基础的大型关系数据库,是目前很流行的客户/服务器(C/S)体系结构的数据库之一。SQL 语言是数据查询语言,它只需要告诉数据库进行什么操作,而不需要确定数据库是如何进行操作的。SQL 语言和 C# 语言一样,都是一种设计语言,只是面向的对象不同。Oracle 数据库具有以下特点:

- 采用多线程服务器体系结构,减少了 Oracle 数据库的资源占用情况,增强了 Oracle 数据库软件的处理能力,使软件性能的提升不再单纯地依靠硬件的增加或提升,而是可以通过恰当的配置就能提升。
- 提供了基于角色分工的安全管理。某类用户只能进行某类特定的操作,从而确保数据访问的安全性,而 Oracle 数据库获得了最高的安全等级证书,这也从另一方面证明了 Oracle 数据库具有非常好的安全性。
- 能够存储大量的非文本数据,如图片文件、声音文件、动画文件及一些复杂的数据类型。

- 采用高级结构查询语言 SQL 来管理数据库，通过编写简单的程序就可以完成复杂的操作。
- 提供了新的分布式数据库能力，可通过网络很方便地读写远端数据库里的数据（一般是服务器端），并可以同步读写两个数据库的内容。
- 基于开放性的平台。所有平台都能安装 Oracle 数据库，并允许不同平台的 Oracle 数据库之间相互访问。

2. Access 数据库简介

Access 数据库是微软公司开发的小型数据库软件，主要用于小型企业的数据管理，一般在安装微软的 Office 组件时就会一起安装。Access 数据库具有以下特点：

- 友好的操作界面。Access 数据库继承了微软图像化的特点，用户只需花很少的时间就能够掌握如何创建表、关联表等操作。
- 能够存储复杂的文件。Access 数据库也能够存储复杂的数据，例如 Word 文档，图像文件和音频文件等。
- 集成的开发环境。Access 数据库不需要额外的开发语言，通过图形化的操作就可以开发一个具有简单功能的数据库。

Access 具有简单、易操作的特点，但也有缺限。鉴于 Access 数据库的易操作性，它不能支持复杂的关系存储，如外键。另外，Access 数据库存储的数据量不能太大，否则会造成数据的丢失或损坏，并且 Access 数据库只能在微软的操作系统下应用。

3. SQL Server 数据库简介

SQL Server 数据库也是微软公司推出的关系数据库，主要用于中小型企业的数据管理。SQL Server 数据库具有以下特点：

- 与 .NET 具有良好的兼容性。由于 .NET 是微软开发的产品，因此利用 C#.NET 开发时可以很方便地使用与 SQL Server 数据库操作相关的类和结构。
- 对 XML 技术的支持。XML 是一种数据存储的标准，SQL Server 数据库很好地支持 XML 文件在不同平台之间的传输。
- Transact-SQL 的增强性能。SQL Server 数据库提供了许多新的数据库操作语言功能来操作数据，并添加了许多新的数据类型以便于存储数据。
- 数据挖掘是指通过某种规则查询出一类数据。SQL Server 数据库提供了许多数据挖掘方面的算法，能够比较快捷地挖掘同类数据。

SQL Server 数据库还有很多优点，但是 SQL Server 数据库最大的局限就是它是微软针对 Windows 开发的，因此只能应用在 Windows 平台上。

> **说明**：如果是开发 Windows 操作系统下的中型数据库程序，可优先考虑 SQL Server 数据库。如果是开发比较大型的且需要跨操作系统的数据库程序，则使用 Oracle 数据库更合适。

11.2 .NET 下的数据库连接方式

连接数据库是指在程序中访问数据库时需要通过数据库的权限审核。一般的连接都包含数据库的名称、数据库类型和登录的用户名与密码。连接数据库通常可采用两种方式：字符串连接方式和控件连接方式。

11.2.1 通过字符串连接数据库

通过字符串连接数据库是指应用 SQL 语言的连接字符串进行连接。一般连接字符串包含等待连接的数据库的地址，以及需要进行连接的用户名与密码。下面主要介绍连接 Access 数据库和 SQL Server 数据库的字符串。

1. Access 数据库

用于 Access 数据库连接的字符串中可以包含很多参数，参数越多意味着访问的权限越高，下面给出常用的字符串格式。

```
Provider=Microsoft.Jet.OLEDB.4.0;Data Source=mydatabase.mdb;User Id=;Password=;
```

其中，Provider 可理解为是 Access 数据库的版本，Data Source 指数据库的存储地址，User Id 指登录数据库的用户名，Password 指登录的密码。

【实例 11-1】创建一个用于连接的字符串，该数据库位于 C 盘，软件版本为 Access 2022，数据库名称为 mydata，登录名为 sa，密码为 sa。连接数据库的代码如下：

```
StringBuilder sqlPath = new StringBuilder();              //声明一个存储字符串的对象
sqlPath.Append("Provider=Microsoft.ACE.OLEDB.12.0;");     //添加版本信息
sqlPath.Append(@"Data Source=C:\mydata.mdb;");            //添加数据库地址
sqlPath.Append("User Id=sa;Password=sa;");                //添加用户信息
string connectString = sqlPath.ToString();                //转换为连接字符串
```

连接数据库时，偶尔也有不需要提供用户名与密码的，因此编写连接数据库的字符串时，需要根据不同情况选择不同的参数。

2. SQL Server 数据库

SQL Server 数据库的连接字符串需要包含的信息一般有数据库服务器地址，服务器中数据库的名称，访问时的用户名与密码。下面给出一个标准的连接字符串的格式。

```
Data Source=ServerAddress;Initial Catalog=myDataBase;User Id=myname;
Password=myPassword;
```

其中，Data Source 为数据库服务器的地址（与 Access 不同，Access 中此项为一个 Access 文件），Initial Catalog 为需要访问的数据库名称，User Id 为登录的用户名，Password 为登录的密码。由于 SQL Server 数据库是基于服务器的，因此不需要指明需要访问的库文件的路径。

【实例 11-2】连接一个 SQL Server 服务器，指定服务器上的数据库文件名为 mydata，登录时的用户名为 sa，密码为 sa。连接数据库的代码如下：

```
StringBuilder sqlPath = new StringBuilder();           //声明一个存储字符串的对象
sqlPath.Append("Data Source=192.168.100.6;");          //添加数据库服务器地址
sqlPath.Append(@"Initial Catalog=mydata;");            //添加数据库文件名称
sqlPath.Append("User Id=sa;Password=sa;");             //添加登录用户信息
string connectString = sqlPath.ToString();             //转换为连接字符串
```

需要注意的是，登录的用户名和密码不仅仅是用于访问目的数据库文件，还是访问数据库服务器的用户名和密码，也就是说登录后可以访问数据库服务器上的所有数据库。

> **注意**：数据库文件需要加载到数据库服务器上才能访问，如果数据库文件没有被添加到数据库服务器中，则该数据库文件无法访问。

11.2.2 通过控件连接数据库

通过控件连接数据库主要是指通过 C# 提供的数据控件连接数据库。在建立连接的过程中需要输入数据库服务器的地址和登录信息，下面将通过一系列的图示介绍如何通过建立一个控件连接数据库。

（1）选择数据绑定控件 BindingSource，拖到界面中，此控件不会在前台 Form 控件中看到，会在 Form 设计窗口的下方看到（在下方看到的控件表示此控件不在前台显示，而是在后台运行的），如图 11-1 所示。

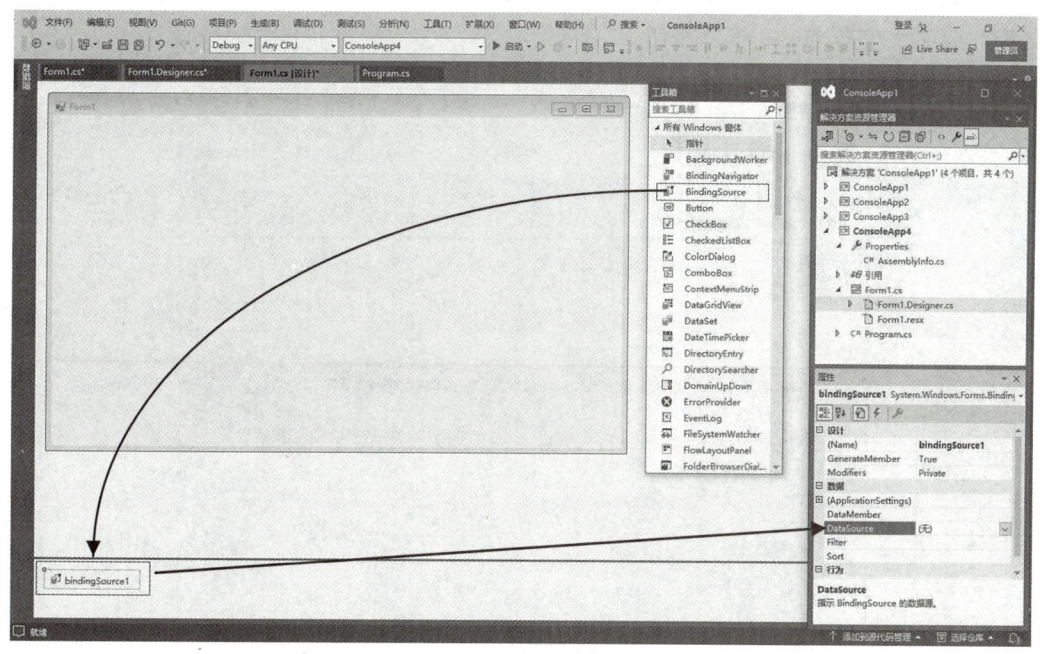

图 11-1 拖动数据绑定控件

（2）配置数据绑定控件的 DataSource 属性。打开属性窗口，单击 DataSource 属性右边的 ∨ 按钮，会弹出一个窗口，如图 11-2 所示。

（3）添加项目数据源。单击"添加项目数据源..."链接后，弹出"数据源配置向导"对话框，提示用户选择数据源类型，如图 11-3 所示。

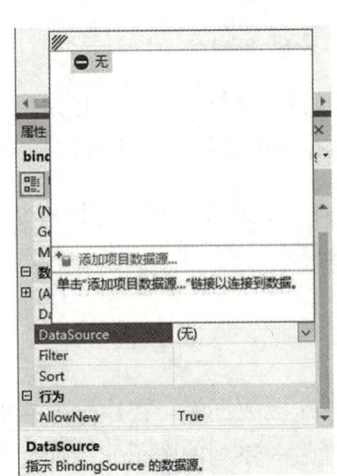

图 11-2 控件的 DataSource 属性与弹出窗口

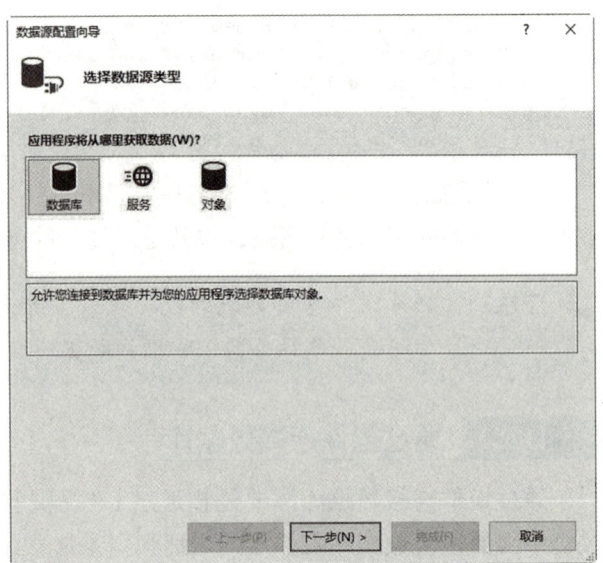

图 11-3 选择数据源类型

（4）选择一个数据源类型，这里选择"数据库"，然后单击"下一步"按钮，会打开一个对话框，如图 11-4 所示。在此对话框中提示用户选择数据库模型，选择默认的"数据集"选项，单击"下一步"按钮。

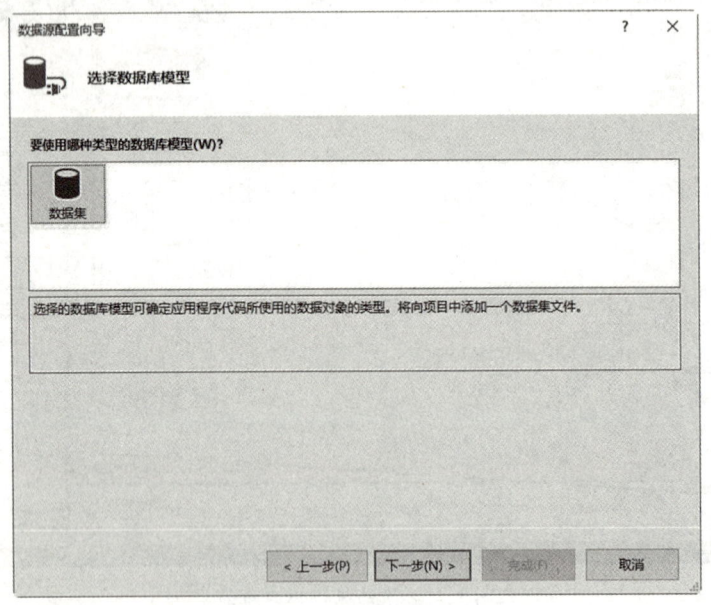

图 11-4 选择数据库模型

（5）系统会打开一个对话框，提示用户选择数据连接，如图 11-5 所示。如果已经建立了数据连接，可以在下拉列表框中选择；如果还没有建立数据连接，单击"新建连接(C)..."按钮，系统会打开一个对话框，提示用户选择数据源，如图 11-6 所示。

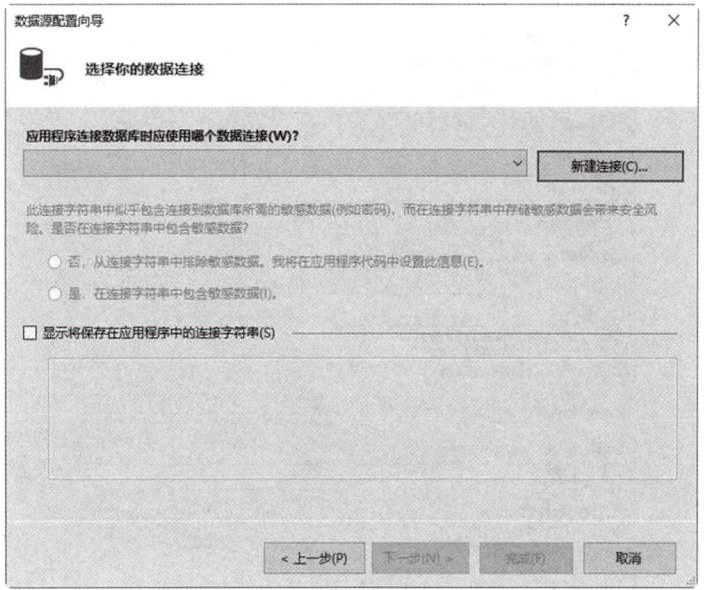

图 11-5　选择数据连接

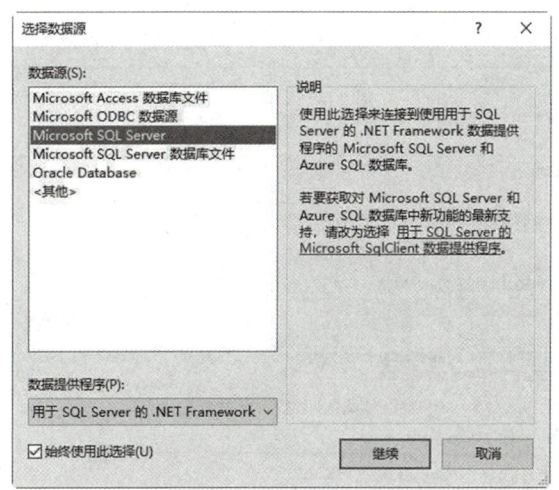

图 11-6　选择数据源

（6）以 SQL Server 数据库为例说明，在图 11-6 中选中 Microsoft SQL Server（或者 Microsoft SQL Server 数据库文件）选项，单击"继续"按钮，系统会弹出"添加连接"对话框，如图 11-7 所示。

（7）新建连接选择 Microsoft SQL Server 时需要输入数据库名（服务器的地址）、登录到服务器（登录方式）以及数据库的库文件名称。在确定所填信息后可以单击"测试连接"按钮测试是否能够正确地连接到数据库，如果测试成功，单击"确定"按钮即可。

（8）系统会返回至选择数据连接对话框，但此时对话框中会显示出刚选择好的数据库连接。在此对话框中的两个单选按钮中选中一个，复选框也建议选中，再单击"下一步"按钮，如图 11-8 所示。

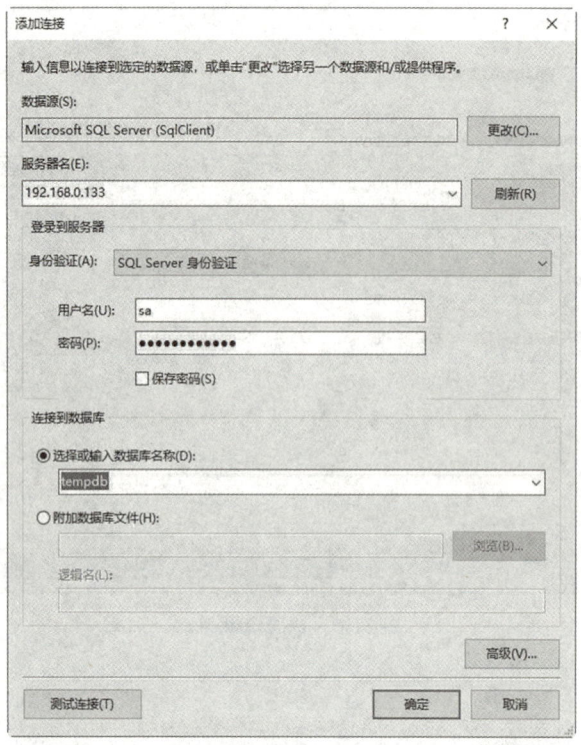

图 11-7 添加连接

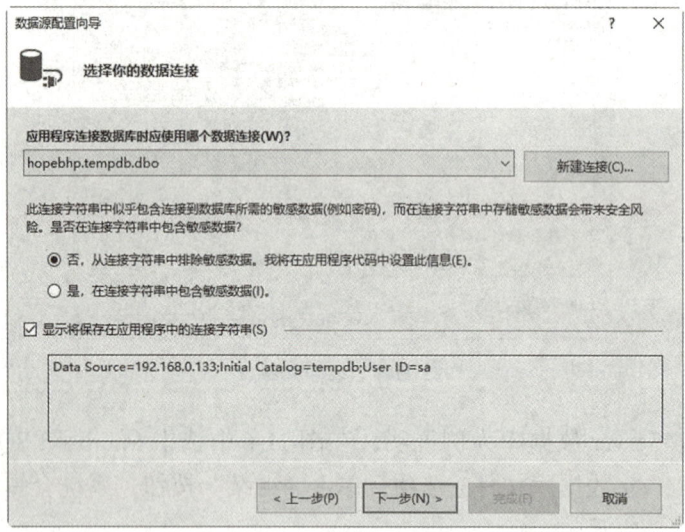

图 11-8 选择一个数据连接

（9）系统会打开一个对话框，提示用户将连接字符串保存到应用程序配置文件中，如图 11-9 所示。按系统默认方式，单击"下一步"按钮。

（10）系统会打开一个对话框，提示用户选择数据库对象，如图 11-10 所示。勾选框前有 ▷ 图标的表示可以展开，可根据需要选择数据库对象。选定后单击"完成"按钮，数据库连接便设置完成。

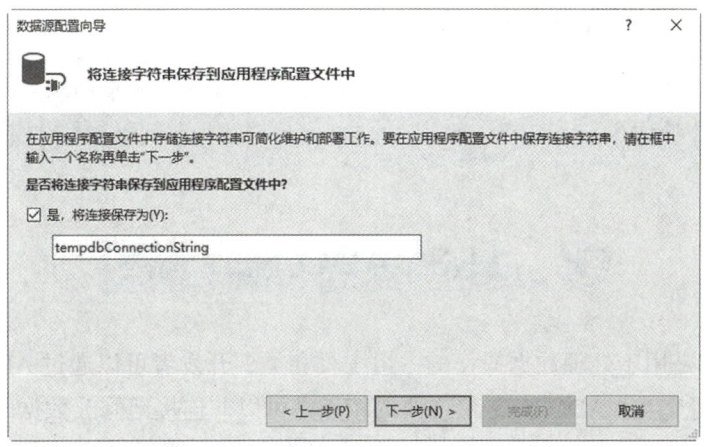

图 11-9　保存连接字符串至程序配置文件中

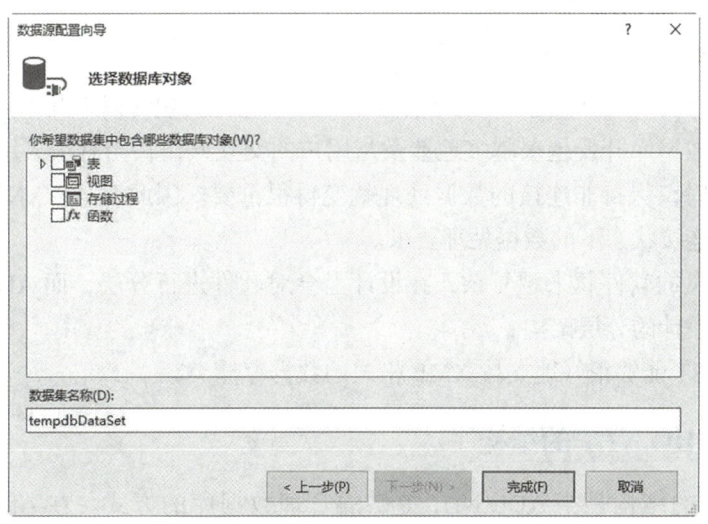

图 11-10　选择数据库对象

通过以上 10 步操作便可创建一个数据库的连接。需要注意的是，这里创建的是 SQL Server 数据库的连接。连接完成后，DataSource 属性框里会显示出连接上的数据库（见图 11-11），同时也会在控件显示部分显示出所连接的数据对象控件，如图 11-12 所示。

图 11-11　连接数据库后的 DataSource 属性框　　　图 11-12　连接数据库后的控件显示

选择数据源时可以选择 Microsoft Access 数据库文件、Microsoft ODBC 数据源、Oracle Database 及其他。由于要连接的数据源不同，连接的步骤也略有不同，但总体上大同小异。需要说明的是，如果选择连接的是 Oracle 数据库，在 VS 2022 版本中已不能连接 Oracle 10g 以上的版本，此连接程序已被弃用，要连接 Oracle 10g 以上版本的数据库,需下载专门针对 Oracle 数据库的工具程序。

> **注意:** 通过控件创建数据库连接后,可以直接读取数据库中的表、存储过程以及函数等信息。

11.3 ADO.NET 概述

ADO.NET 是用于处理数据操作的一组工具和类,开发者可以通过 ADO.NET 很方便地与数据库进行交互。ADO.NET 最主要的特点是可以非连接地修改数据库内容。下面介绍 ADO.NET 的设计目标和结构、数据的读取和存储以及如何修改数据,并通过一个实例介绍如何在 C# 中使用 ADO.NET 管理数据库。

11.3.1 ADO.NET 的设计目标

ADO.NET 的设计目标就是方便地管理数据库,它主要包含以下几个方面:

- 目前的数据库开发越来越多地涉及与用户的交互操作,当有很多用户同时进行数据操作时,保持非连接的数据处理就变得很重要。因此对 ADO.NET 机制提出了支持非连接状态下的数据处理要求。
- 现在开发的软件越来越复杂,在设计上会对软件进行分层,而 ADO.NET 非常符合软件设计的分层架构。
- ADO.NET 能够很好地支持 XML 格式的数据存储类。

11.3.2 ADO.NET 的结构

ADO.NET 的结构是指 ADO.NET 提供的管理数据库的方式。在 ADO.NET 出现之前,数据的更改会立刻反映在数据库中,如果有大量用户操作时就会降低数据库的性能。因此 ADO.NET 提供了两种处理方式:一种是连接的、快速的读写操作,一种是非连接的、独立的读写操作。

例如,买票时,个人去窗口找售票员购买,这种购买方式的特点是可以立即得到票,但不适合大量购买。另一种是通过中介购买,其特点是可能无法立即得到票,但可以进行一些复杂的操作,如在中介提交前,还可以追加预订或者取消预订等。

面向连接的读写操作主要通过一系列的类实现。C# 提供了不同名称的类用于处理各类数据库中的同一个事件。例如,Connection 类型的对象用于处理与数据库的连接(SQL 数据的连接类为 SqlConnection),Command 类型的对象用来存储需要执行的命令(SQL 数据的命令类为 SqlCommand),DataReader 类型的对象负责从数据源中获取数据。

面向非连接的读写操作主要通过 DataSet 执行,DataSet 中包含很多表,保存数据的关系和类型。DataSet 还能和 XML 进行交互,便于读写 XML 数据。最后,DataSet 需要通过 DataAdapter 一次性将数据写入数据库。ADO.NET 的具体结构如图 11-13 所示。

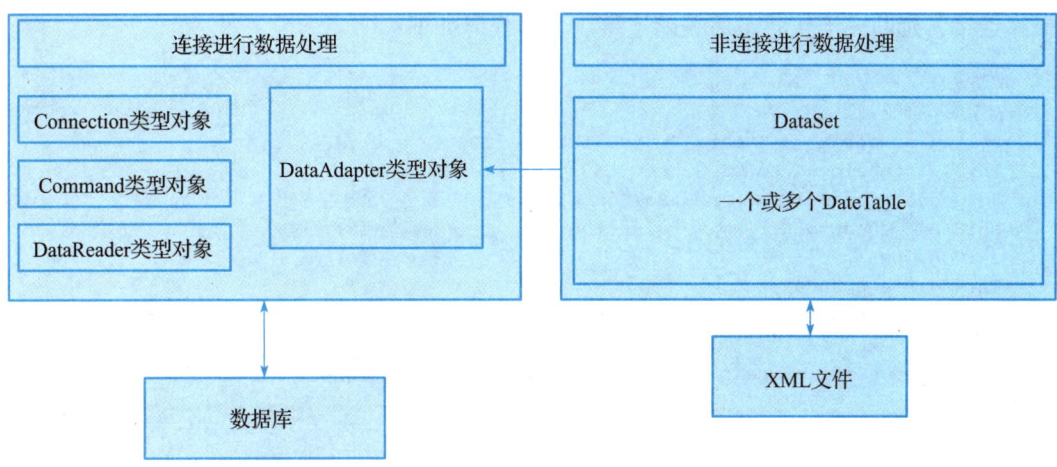

图 11-13　ADO.NET 结构图

11.3.3　ADO.NET 与 ADO 的区别

ADO 也是用于进行数据处理的结构，但是与 ADO.NET 相比，两者主要的差别就是是否支持非连接的数据处理。在 ADO 中，只能存储一张表的数据，如果读取了多张表，最后是将所有的表放到一张表中，称为记录集。在记录集中每次只能读取一行数据，不能进行进一步的操作。

在 ADO.NET 中，采用 DataSet 存储数据，可以包含多张表的数据，并能够再次对数据进行筛选，最后再将处理好的数据一次性写入数据库。

通俗地说，ADO 的记录集就相当于 ADO.NET 中 DataSet 的一张表，没有存储表之间的关系。ADO.NET 中 DataSet 包含多张表，且包含了所有的数据库中表与表之间的关系。

11.4　SQL Server 数据库处理

数据库处理主要指连接数据库，执行相关操作后获取执行的结果。由于 C# 与 SQL Server 数据库是微软推出的配套产品，因此本节主要介绍如何利用 ADO.NET 进行与 SQL Server 数据库相关的操作。

11.4.1　利用 ADO.NET 连接 SQL Server 数据库

连接 SQL Server 数据库是在进行各类数据处理之前必须进行的操作。11.2 节中介绍了两种连接方式，一种是字符串连接，另一种是控件连接。下面介绍 ADO.NET 提供的 SqlConnection 类如何通过字符串连接数据库。

连接 SQL Server 数据库有两种方法：一种是先实例化一个连接类，再指定一个连接字符串，然后调用 Open 方法连接数据库，并判断连接的状态，最后调用 Close 方法关闭连接；另一种是实例化连接类的同时指定一个连接的对象，然后调用 Open 方法打开数

据库连接,判断完连接状态后关闭连接。具体代码如下:

```csharp
// 方法一
// 连接字符串
string sqlstring = @"Data Source=192.168.100.6;
Initial Catalog=AutoCQTDB;User Id=sa;Password=sa;";
SqlConnection sqlCon = new SqlConnection();    // 新建一个连接对象
sqlCon.ConnectionString = sqlstring;           // 指定连接的字符串
sqlCon.Open();                                 // 打开连接
Thread.Sleep(1000);
if (sqlCon.State == ConnectionState.Open)      // 如果已打开
{
    Console.WriteLine(" 已建立连接 ");          // 输出相关信息
}
else
{
    Console.WriteLine(" 未建立连接 ");          // 否则输出相应的信息
}
sqlCon.Close();                                // 关闭连接
// 方法二
// 新建一个连接对象同时指定字符串连接
SqlConnection sqlCon2 = new SqlConnection(sqlstring);
sqlCon2.Open();                                // 打开连接
if (sqlCon2.State == ConnectionState.Open)     // 判断连接状态
{
    Console.WriteLine(" 已建立连接 ");          // 输出相关信息
}
else
{
    Console.WriteLine(" 未建立连接 ");          // 输出未连接的信息
}
sqlCon2.Close();                               // 关闭连接
```

上述代码中,在调用 Open 方法打开连接后,最后一定要调用 Close 方法关闭连接。如果不调用 Close 方法关闭连接,会占用大量的数据库资源,导致数据库响应变慢,最终导致其他人不能访问数据库。

> **注意**:使用 SqlConnection 类连接数据库时,还可以通过 ConnectionTimeout 设置连接时长,这样可以保证一段时间后连接自动关闭。

连接数据库时可以修改连接的目标库,并可对新的数据库进行操作。如得到当前连接数据库的版本信息。

【实例 11-3】实例化一个连接后,输出当前连接的数据库,然后转换连接的数据库,并输出修改后连接的数据库名称,最后输出当前连接的数据库的版本信息。

```csharp
// 连接字符串
string sqlstring = @"Data Source=192.168.100.6;Initial Catalog=AutoCQTDB; User Id=sa;Password=sa;";
SqlConnection sqlCon = new SqlConnection();    // 新建一个连接对象
sqlCon.ConnectionString = sqlstring;           // 指定连接的字符串
sqlCon.Open();                                 // 打开连接
Console.WriteLine(" 现在连接的数据库是 " + sqlCon.Database);
```

```
// 输出当前连接的库名称
sqlCon.ChangeDatabase("AutoCQT");                    // 改变连接的数据库
Console.WriteLine(" 现在连接的数据库是 " + sqlCon.Database);   // 输出修改后的库名称
Console.WriteLine(sqlCon.ServerVersion);             // 获取连接的数据库的版本信息
sqlCon.Close();                                      // 关闭连接
```

转换数据库时，两个数据库必须位于同一台服务器上，如果不在同一台机器上，则无法进行转换操作。

11.4.2 利用 ADO.NET 执行 SQL Server 数据库的处理命令

利用 ADO.NET 执行 SQL Server 数据库的处理命令是指执行数据库的查询、修改、更新相关数据的处理等。ADO.NET 提供了专用的 SqlCommand 类处理与 SQL Server 数据库的交互。需要注意的是，处理命令是通过 SQL 语言描述的。本节的实例代码中是用一个简单的查询语句来演示的。

【实例 11-4】演示执行指令的不同方法。

下面的代码中给出了三种执行指令的方法，第一种方法是使用 SqlConnection 连接类连接数据库，再实例化一个 SqlCommand 对象处理查询操作，然后为新建的 SqlCommand 对象指定连接属性和命令属性；第二种方法是新建的同时就指定 SqlCommand 对象需要执行的操作，然后给新建的 SqlCommand 对象的连接属性赋值；第三种方法是新建的同时指定 SqlCommand 对象需要执行的操作以及连接的数据库。

```
// 连接字符串
string sqlstring = @"Data Source=192.168.100.6;
Initial Catalog=AutoCQTDB;User Id=sa;Password=sa;";
// 需要执行的命令，获取 ftuinfo 表中所有的数据
string sqlCmdString = "select * from ftuinfo";
SqlConnection sqlCon = new SqlConnection();          // 新建一个连接对象
sqlCon.ConnectionString = sqlstring;                 // 指定连接的字符串
sqlCon.Open();                                       // 打开连接
// 方法一
SqlCommand sc1 = new SqlCommand();                   // 实例化一个命令处理对象
sc1.CommandText = sqlCmdString;                      // 指定对象需要执行的命令
sc1.Connection = sqlCon;                             // 指定对象连接的数据库
// 方法二
// 实例化一个对象，同时指定需要执行的操作
SqlCommand sc2 = new SqlCommand(sqlCmdString);
sc2.Connection = sqlCon;                             // 指定对象连接的数据库
// 方法三
// 实例化一个对象，同时指定需要执行的操作以及需要连接的数据库
SqlCommand sc3 = new SqlCommand(sqlCmdString, sqlCon);
sqlCon.Close();                                      // 关闭连接
```

创建一个 SqlCommand 对象，指定需要执行的操作后，再执行该指令。执行指令时可以获取指令影响的行数，也可以在执行指令的同时返回执行结果。

例如，声明一个 SqlCommand 对象，分别调用两种执行方法执行指令。代码如下：

```
// 连接字符串
string sqlstring = @"Data Source=192.168.100.6;Initial Catalog=AutoCQTDB; User
```

```
Id=sa;Password=sa;";
    // 需要执行的命令，获取 ftuinfo 表中所有的数据
    string sqlCmdString = "select * from ftuinfo";
    SqlConnection sqlCon = new SqlConnection();       // 新建一个连接对象
    sqlCon.ConnectionString = sqlstring;              // 指定连接的字符串
    sqlCon.Open();                                     // 打开连接
    SqlCommand sqlCom = new SqlCommand();             // 实例化一个命令处理对象
    sqlCom.Connection = sqlCon;                        // 设定连接属性
    sqlCom.CommandText = sqlCmdString;                 // 设定执行命令属性
    int n = sqlCom.ExecuteNonQuery();                  // 执行命令的方法，返回影响的行数
    SqlDataReader sda = sqlCom.ExecuteReader
    sqlCon.Close();                                    // 关闭连接
```

需要注意的是，代码中的 ExecuteNonQuery 方法返回的是执行命令影响的行数，如果执行命令后没有修改数据库中的数据，则返回结果为 –1。

11.4.3 SQL Server 数据库处理示例

下面将通过一个实例详细演示访问 SQL Server 数据库的整个过程。

> **注意**：数据库中的数据都有具体的数据类型，向数据库中存储数据时，需要指定相对应的数据变量。如果变量数据类型与数据库中的数据类型不同，则无法存储数据。

【实例 11-5】访问 SQL Server 数据库示例。

首先需要声明一个 SqlConnection 类型的连接对象和一个 SqlCommand 类型的命令处理对象，执行了指定的命令后，利用 SqlDataReader 获取执行结果，获取每一行的数据后将数据转化为指定格式输出。在执行命令的过程中，利用异常处理流程尝试捕获连接异常、命令执行时的异常及获取数据时的异常。代码如下：

```
// 连接字符串
string sqlstring = @"Data Source=192.168.100.6;
Initial Catalog=AutoCQTDB;
User Id=sa;Password=sa;";
// 需要执行的命令，获取 ftuinfo 表中所有数据
string sqlCmdString = "select * from ftuinfo";
try
{
        SqlConnection sqlCon = new SqlConnection();   // 新建一个连接对象
        sqlCon.ConnectionString = sqlstring;          // 指定连接的字符串
        sqlCon.Open();                                 // 打开连接
        SqlCommand sqlCom = new SqlCommand();         // 实例化一个命令处理对象
        sqlCom.Connection = sqlCon;                    // 设定连接属性
        sqlCom.CommandText = sqlCmdString;             // 设定执行命令属性
        // 执行命令的方法，返回执行的结果
        SqlDataReader sda = sqlCom.ExecuteReader();

        if (sda.HasRows)                               // 如果结果不为空
        {
            int ncount = sda.FieldCount;               // 获取结果中数据的列数
            while (sda.Read())
```

```
                    // 开始读取数据,如果有数据则为真,否则为假
                    {
                            Console.WriteLine(" 数据 ............");
                            for (int i = 1; i < ncount; i++)
                            {
                                    Console.WriteLine(sda.GetString(i));    // 获取每一行数据
                            }
                    }
            }
            sqlCon.Close();                                                  // 关闭连接
    }
    catch (InvalidOperationException connectError)                          // 如果在连接时出现错误
    {
        Console.WriteLine(" 未指定数据源或服务器,不能打开连接或连接已打开 ");
        Console.WriteLine(connectError.Message);
    }
    catch (SqlException sqlError)                                            // 如果执行命令时出现错误
    {
        Console.WriteLine(" 在对锁定的行执行该命令期间发生了异常 ");
        Console.WriteLine(sqlError.Message);
    }
    catch (InvalidCastException castError)                                   // 如果在字符串转化时出现错误
    {
        Console.WriteLine(" 获取的数据不能转化为字符串 ");
        Console.WriteLine(castError.Message);
    }
```

上述代码中利用 SqlDataReader 获取数据时,每次读取一行数据。一行数据中包含很多列,每一列数据都有指定的数据类型,通过 GetString 方法只能获取数据类型是字符串形式的数据。如果数据类型是整型,利用 GetString 方法获取数据就会报错。

11.5 利用 DataSet 类管理读取的数据

DataSet 类负责管理从数据库中读取的数据,保留表之间的关系并完全遵循表的操作方法。通过 DataSet 类可以方便地对数据进行操作。本节将介绍 DataSet 类中表和表的关系、如何将表加入 DataSet 类中,以及如何使用 DataSet 类管理数据。

11.5.1 DataSet 类中的表

DataSet 类中的表是存储数据的基本单位,它与数据库中的表一样,包含基本的数据信息。DataSet 类中的表在 C# 中由对应的类 DataTable 表示。DataTable 由行和列组成,允许添加新的行到 DataTable 中并获取 DataTable 中的数据。

> **技巧**:如果将 DataSet 类理解为一个数据库,它包含了数据表,并存储了表之间的关系,因此可以对 DataSet 类进行类似于数据库的操作。如通过 SQL 语句获取数据。

例如，声明一个 DataTable 对象并指定名称，然后添加新的列到 DataTable 对象中，构造 DataTable 的结构，最后添加 5 行数据到 DataTable 中，添加的数据必须遵循指定的格式。代码如下：

```csharp
DataTable dt = new DataTable();                              // 创建一个新表
dt.TableName = "newTable";                                   // 指定表的名称
Console.WriteLine(" 现在的行数是 " +  dt.Rows.Count);        // 输出当前行的信息
Console.WriteLine(" 现在的列数是 " + dt.Columns.Count);      // 输出当前列的信息
DataColumn dc;                                               // 声明一个列
// 第 1 列的信息
dc = new DataColumn();                                       // 实例化一个新列
dc.DataType = System.Type.GetType("System.Int32");           // 指明列的属性
dc.ColumnName = "id";                                        // 指明列的名称
dt.Columns.Add(dc);                                          // 添加列到表中
// 第 2 列的信息
dc = new DataColumn();                                       // 实例化一个新列
dc.DataType = System.Type.GetType("System.String");          // 指明列的属性
dc.ColumnName = "attributeName";                             // 指明列的名称
dt.Columns.Add(dc);                                          // 添加列到表中
// 第 3 列的信息
dc = new DataColumn();                                       // 实例化一个新列
dc.DataType = System.Type.GetType("System.String");          // 指明列的属性
dc.ColumnName = "attributeValue";                            // 指明列的名称
dt.Columns.Add(dc);                                          // 添加列到表中
DataRow dr;
// 添加第 1 行数据
dr = dt.NewRow();                                            // 获取行的对象
dr["id"] = 1;                                                // 给 ID 项赋值
dr["attributeName"] = "hour";                                // 给属性名称项赋值
dr["attributeValue"] = " 包含分钟 ";                         // 给属性值项赋值
dt.Rows.Add(dr);                                             // 添加一行数据进入表
// 添加第 2 行数据
dr = dt.NewRow();                                            // 获取行的对象
dr["id"] = 2;                                                // 给 ID 项赋值
dr["attributeName"] = "day";                                 // 给属性名称项赋值
dr["attributeValue"] = " 包含小时 ";                         // 给属性值项赋值
dt.Rows.Add(dr);                                             // 添加一行数据进入表
// 添加第 3 行数据
dr = dt.NewRow();                                            // 获取行的对象
dr["id"] = 3;                                                // 给 ID 项赋值
dr["attributeName"] = "week";                                // 给属性名称项赋值
dr["attributeValue"] = " 包含天 ";                           // 给属性值项赋值
dt.Rows.Add(dr);                                             // 添加一行数据进入表
// 添加第 4 行数据
dr = dt.NewRow();                                            // 获取行的对象
dr["id"] = 4;                                                // 给 ID 项赋值
dr["attributeName"] = "month";                               // 给属性名称项赋值
dr["attributeValue"] = " 包含周 ";                           // 给属性值项赋值
dt.Rows.Add(dr);                                             // 添加一行数据进入表
// 添加第 5 行数据
dr = dt.NewRow();                                            // 获取行的对象
dr["id"] = 5;                                                // 给 ID 项赋值
dr["attributeName"] = "year";                                // 给属性名称项赋值
dr["attributeValue"] = " 包含个月 ";                         // 给属性值项赋值
```

```
dt.Rows.Add(dr);                                         // 添加一行数据进入表
Console.WriteLine(" 现在的行数是 " + dt.Rows.Count);     // 输出当前行的行数信息
Console.WriteLine(" 现在的列数是 " + dt.Columns.Count);  // 输出当前列的列数信息
```

创建表时必须先创建列，并指定每一列的数据类型。创建完列便限定了表的结构。添加具体数据时，必须通过 NewRow 的方法创建遵循表结构的行，然后按照每列的数据类型赋值，最后通过 Add 方法添加到表中。

如果存在一个表，需要获取表中的数据时，可以通过遍历的方法进行。遍历时，每次先获取第 1 行数据（即表头数据），然后再获取以下几行的每一列的数据。

【实例 11-6】遍历表并输出相关信息。

首先遍历第 1 行，输出每一列的名称和数据类型，然后按行遍历的方式获取表包含的每一行数据并输出。代码如下：

```
foreach (DataColumn dcc in dt.Columns)                   // 获取每列的名称和类型
{
    Console.WriteLine("*************");
    Console.WriteLine(" 列名称是 " + dcc.ColumnName);     // 输出列的名称
    Console.WriteLine(" 列类型是 " + dcc.DataType);       // 输出列的类型
}
foreach (DataRow drr in dt.Rows)                         // 按行遍历表
{
    Console.Write(drr[0].ToString());                    // 输出每行的第 1 列信息
    Console.Write("***");
    Console.Write(drr[1].ToString());                    // 输出每行的第 2 列信息
    Console.Write("***");
    Console.Write(drr[2].ToString());                    // 输出每行的第 3 列信息
    Console.WriteLine();                                 // 换行
}
```

需要注意的是，代码中的第一个循环获取的是表中的第一行的信息（即表头各列的信息），然后通过循环输出每一行的内容，通过列的序列号定位具体的列值，当然，也可以通过列名称定位具体的列值。

11.5.2 DataSet 的表关系

DataSet 的表关系是指 DataSet 中存储数据的表之间的关系。DataSet 的表关系是通过 DataRelation 进行管理的。DataRelation 的重要功能就是从一个表中的特定行数据能够访问到其他关联表中的相关数据。例如，一张表存储的是人员信息，另一张表存储的是人员工资信息，人员信息表中每个人都会在人员工资信息表中有对应的项。

【实例 11-7】DataSet 中表的创建与应用示例。

首先创建三张表：一张人员信息表，一张人员收入表，一张人员考勤表；然后创建一个关系，将人员信息表和人员工资表关联起来，再创建一个关系，将人员信息表和人员考勤表关联起来；最后通过 GetChildRows 方法获得相关数据。具体代码如下：

```
// 建立人员信息表
DataTable TablePersoninfo = new DataTable();             // 创建表
TablePersoninfo.TableName = " 人员信息表 ";              // 设置表名
```

```csharp
        DataColumn ColumnPersonID = new DataColumn();              //实例化一个列
        ColumnPersonID.DataType = System.Type.GetType("System.Int32");//设置列类型
        ColumnPersonID.ColumnName = "PersonID";                    //设置列名称
        TablePersoninfo.Columns.Add(ColumnPersonID);               //添加列到表中
        DataColumn ColoumPersonName = new DataColumn();            //实例化一个列
        //设置列类型
        ColoumPersonName.DataType = System.Type.GetType("System.String");
        ColoumPersonName.ColumnName = "PersonName";                //设置列名称
        TablePersoninfo.Columns.Add(ColoumPersonName);             //添加列到表中
        //建立人员收入表
        DataTable TablePersonIncome = new DataTable();             //创建表
        TablePersonIncome.TableName = "人员收入表";                 //设置表名
        DataColumn ColumnPersonIncomeID = new DataColumn();        //实例化一个列
        ColumnPersonID.DataType = System.Type.GetType("System.Int32");
                                                                   //设置列类型
        ColumnPersonID.ColumnName = "PersonID";                    //设置列名称
        TablePersonIncome.Columns.Add(ColumnPersonIncomeID);       //添加列到表中
        DataColumn ColoumPersonIncome = new DataColumn();          //实例化一个列
        ColoumPersonIncome.DataType = System.Type.GetType("System.String");
                                                                   //设置列类型
        ColoumPersonIncome.ColumnName = "PersonIncome";            //设置列名称
        TablePersonIncome.Columns.Add(ColoumPersonIncome);         //添加列到表中
                                                                   //建立人员考勤表
        DataTable TablePersonArrive = new DataTable();             //创建表
        TablePersonArrive.TableName = "人员考勤表";                 //设置表名
        DataColumn ColumnPersonArriveID = new DataColumn();        //实例化一个列
        ColumnPersonArriveID.DataType = System.Type.GetType("System.Int32");
                                                                   //设置列类型
        ColumnPersonArriveID.ColumnName = "PersonID";              //设置列名称
        TablePersonArrive.Columns.Add(ColumnPersonArriveID);       //添加列到表中
        DataColumn ColumnPersonArriveCount = new DataColumn();     //实例化一个列
        ColumnPersonArriveCount.DataType = System.Type.GetType("System.String");
                                                                   //设置列类型
        ColumnPersonArriveCount.ColumnName = "PersonArrival";      //设置列名称
        TablePersonArrive.Columns.Add(ColumnPersonArriveCount);    //添加列到表中
        //建立人员信息表与人员收入表的关系
        DataRelation dr1 = new DataRelation("InfoIncomeConnect",TablePersoninfo.
        Columns["PersonID"],TablePersonIncome.Columns["PersonID"]);
        //建立人员信息表与人员考勤表的关系
        DataRelation dr2 = new DataRelation("InfoArriveConnect",TablePersoninfo.
        Columns["PersonID"],TablePersonArrive.Columns["PersonID"]);
            //开始遍历每项数据
            foreach (DataRow drrrr in TablePersoninfo.Rows)
            {
                Console.WriteLine(drrrr["PersonName"]);            //输出人员姓名
                //获取所有的收入项
                foreach (DataRow drRela in drrrr.GetChildRows(dr1))
                {
                    Console.WriteLine("收入为 " + drRela["PersonIncome"]);//输出收入
                }
                foreach (DataRow drRela in drrrr.GetChildRows(dr2))  //获取所有的到岗时间
                {
                    //输出到岗时间
                    Console.WriteLine(" 到公司时间为 " + drRela["PersonArrival"]);
                }
            }
```

上述代码中，在建立关系时需要指明两个表中相关的列名称，通过 DataRelation 获取相关的数据时只是针对行操作，不能获取具体的某列信息。

11.5.3 如何在 DataSet 中添加表

在 DataSet 中添加表是指将创建完成的表添加到数据集中，同时还可以添加相应的表关系。将表添加到 DataSet 中时需要避免新添加的表名与已存在的表名相冲突。

> **注意**：DataSet 与数据库一样，都要求数据库中的表具有唯一性，如果表名相同，则无法准确定位表。例如，有两个表都是用户信息表，一个表存储用户名和密码，一个表存储用户基本信息，则用户登录时无法确定应从哪个表中获取信息。

【实例 11-8】添加一个 DataTable 到 DataSet 中。

首先声明一个 DataSet，然后声明一个 DataTable，再将 DataTable 添加到 DataSet 中。代码如下：

```
DataSet ds = new DataSet();                              //实例化一个 DataSet
ds.DataSetName = "人员管理库";                             //设置 DataSet 名称
//建立人员信息表
DataTable TablePersoninfo = new DataTable();             //创建表
TablePersoninfo.TableName = "人员信息表";                  //设置表名
DataColumn ColumnPersonID = new DataColumn();            //实例化一个列
ColumnPersonID.DataType = System.Type.GetType("System.Int32");
                                                         //设置列类型
ColumnPersonID.ColumnName = "PersonID";                  //设置列名称
TablePersoninfo.Columns.Add(ColumnPersonID);             //添加列到表中
DataColumn ColoumPersonName = new DataColumn();          //实例化一个列
ColoumPersonName.DataType = System.Type.GetType("System.String");
                                                         //设置列类型
ColoumPersonName.ColumnName = "PersonName";              //设置列名称
TablePersoninfo.Columns.Add(ColoumPersonName);           //添加列到表中
ds.Tables.Add(TablePersoninfo);                          //将表添加入数据集中
```

上述代码中，如果表的名称在原数据集中已经存在，那么调用 Add 方法添加时，系统会报错。

11.5.4 填充 DataSet

填充 DataSet 是指将获取的数据添加到 DataSet 中。填充 DataSet 主要有三种方法：第一种是通过填充 DataTable，再将 DataTable 添加到 DataSet 中完成数据填充；第二种是通过 DataAdapter 对象一次性填充；第三种是通过 XML 文件填充数据，下面主要介绍前两种方法实现 DataSet 的数据填充。

填充 DataTable 时，可以自己添加数据到 DataTable 中，但是需要先设计 DataTable 的结构，也可以从数据库中读取数据，读取数据时会自动将该表的结构一同读取。

【实例 11-9】通过 DataTable 填充 DataSet 示例。

首先连接 SQL Server 数据库，通过执行相关的命令后获取一个 SqlDataReader 对象；然后实例化一个 DataTable 对象，再调用 Load 方法填充数据；最后将该 DataTable 添加到已经存在的 DataSet 中。代码如下：

```csharp
DataSet testSet = new DataSet();                              //实例化一个 DataSet
//连接字符串
string sqlstring = @"Data Source=192.168.100.6;Initial Catalog=AutoCQTDB;User Id=sa;Password=sa;";
//需要执行的命令，获取 ftuinfo 表中所有数据
string sqlCmdString = "select * from ftuinfo";
SqlConnection sqlCon = new SqlConnection();                   //新建一个连接对象
sqlCon.ConnectionString = sqlstring;                          //指定连接的字符串
sqlCon.Open();                                                //打开连接
SqlCommand sqlCom = new SqlCommand();                         //实例化一个命令处理对象
sqlCom.Connection = sqlCon;                                   //设定连接属性
sqlCom.CommandText = sqlCmdString;                            //设定执行命令属性
SqlDataReader sda = sqlCom.ExecuteReader();                   //执行命令的方法，返回执行的结果
DataTable dt = new DataTable();                               //实例化一个 DataTable
dt.Load(sda);                                                 //填充 DataTable
testSet.Tables.Add(dt);                                       //将表添加入数据集中
```

上述代码中，如果当前的 DataTable 有了结构，而此结构与读取的数据结构不同则会发生错误，如果兼容则会进行默认的匹配。

填充 DataSet 时也可以利用 DataAdapter 对象直接填充。用 DataAdapter 填充 DataSet 时，直接创建 DataSet 的结构。DataAdapter 需要读取数据库的数据，但读取时无须特意去打开连接，因为在填充的过程中，如果发现连接没有打开就会自动打开。如果连接处于打开状态，那么执行完命令后会自动关闭连接。为了提高效率还可以自己控制连接的打开与关闭。

当用多个 DataAdapter 对象填充同一数据集时，需指定表名称，否则会将数据填充到数据集中的一张数据表中。

【实例 11-10】利用 DataAdapter 填充 DataSet 示例。

首先实例化两个 DataAdapter 对象，然后给两个 DataAdapter 对象指定需要执行的命令，最后调用 DataAdapter 对象的 Fill 方法填充一个已经存在的数据集。代码如下：

```csharp
//连接字符串
string sqlstring = @"Data Source=192.168.100.6;Initial Catalog=AutoCQTDB;User Id=sa;Password=sa;";
//需要执行的命令，获取 ftuinfo 表中所有数据
string sqlCmdString1 = "select * from ftuinfo";
//需要执行的命令，获取 Event 表中所有数据
string sqlCmdString2 = "select * from Event";
DataSet testSet = new DataSet();                              //实例化一个 DataSet
testSet.Tables.Add("tableEvent");                             //添加表 tableEvent
testSet.Tables.Add("tableInfo");                              //添加表 tableInfo
//实例化一个 SqlDataAdapter 对象
SqlDataAdapter ftuinfoAdpter = new SqlDataAdapter();
//实例化一个 SqlDataAdapter 对象
SqlDataAdapter eventAdpter = new SqlDataAdapter();
SqlConnection sqlCon = new SqlConnection();                   //新建一个连接对象
```

```
sqlCon.ConnectionString = sqlstring;              //指定连接的字符串
SqlCommand sqlCom = new SqlCommand();             //实例化一个命令处理对象
sqlCom.Connection = sqlCon;                       //设定连接属性
sqlCom.CommandText = sqlCmdString1;               //设定执行命令属性
ftuinfoAdpter.SelectCommand = sqlCom;             //设置 SqlDataAdapter 需要执行的命令
ftuinfoAdpter.Fill(testSet, "tableInfo");         //填充数据集
SqlConnection sqlCon1 = new SqlConnection();      //新建一个连接对象
sqlCon1.ConnectionString = sqlstring;             //指定连接的字符串
sqlCon1.Open();                                   //打开连接
SqlCommand sqlCom1 = new SqlCommand();            //实例化一个命令处理对象
sqlCom1.Connection = sqlCon1;                     //设定连接属性
sqlCom1.CommandText = sqlCmdString2;              //设定执行命令属性
eventAdpter.SelectCommand = sqlCom1;              //设置 SqlDataAdapter 需要执行的命令
eventAdpter.Fill(testSet,"tableEvent");           //填充数据集
sqlCon1.Close();                                  //关闭连接
```

上述代码执行后在数据集中产生两张表，表的结构与数据库中对应的表一样。需要注意的是，上述代码所访问的是 SQL Server 数据库。

11.5.5 获取 DataSet 中的数据

获取 DataSet 中的数据是指通过特定的方法获取 DataSet 中特定表的特定数据。在 DataSet 中，数据存储在表中，因此获取数据时需要指定表名称。当查找数据时，一般是先查找到数据所在的行，然后通过指定的条件去匹配，最后才能得到具体列的值。也可以通过 DataSet 中指定的表创建一个结果集，然后通过结果集依次读取表中的数据。

通过指定条件查询得到的结果是一个行集合，这些行都符合指定的条件。

【实例 11-11】按条件在 DataSet 的表中查询并输出查询结果。

DataSet 采用实例 11-10 中已经创建好的 DataSet。首先定位到数据所在的表，然后通过查询条件进行筛选，最后输出查询结果中每一行的相关值。代码如下：

```
string conditionString = "ftuid = 31000034";      //指定查询的条件
//定位表，然后匹配相关的查询条件，获取结果集合
DataRow[] drSelectArray = testSet.Tables["tableInfo"].
Select(conditionString);
foreach (DataRow dr in drSelectArray)             //遍历行集合
{
    Console.WriteLine(dr["ftuid"]);               //输出相关信息
}
```

数据查询时需要调用 Select 方法创建结果集，结果集创建之后，只能按顺序进行数据读取。

> **注意**：通过 Select 方法查找符合条件的数据时，如果表中不存在符合条件的数据，则返回一个空集合。Select 方法的效果和 SQL 语言中的 Select 语句的效果是一样的。

【实例 11-12】输出数据集中各表的内容。

数据集已经存在，在该数据集中包含两张表，遍历每张表获取每张表的结果集信息，

然后输出相关信息。代码如下：

```csharp
DataSet testSet = new DataSet();                          // 实例化一个 DataSet
testSet.Tables.Add("tableEvent");                         // 添加表 tableEvent
testSet.Tables.Add("tableInfo");                          // 添加表 tableInfo
foreach (DataTable dtt in testSet.Tables)                 // 遍历每一张表
{
    DataTableReader tempReader = dtt.CreateDataReader();  // 获取结果集
    tempReader.Read();                                    // 开始读取
    do
    {
        Console.WriteLine("**********************");
        if (tempReader.HasRows)                           // 如果有数据
        {
            int nCount = tempReader.FieldCount;           // 获取表的列数
            for (int i = 0; i < nCount; i++)              // 遍历每一行
            {
                Console.WriteLine(tempReader[i]);         // 输出值
            }
        }
        else
        {
            Console.WriteLine(" 此表不包含数据 ");         // 如果不包含值
        }
    }
    while (tempReader.Read());                            // 判断是否有数据，如果有则继续读取
}
```

上述代码中每张表对应一个数据集，也就是说 DataSet 中的所有操作都是以 DataTable 为基本单位进行操作的。读取时是先获取一行数据，然后通过列的序号输出具体列的值。注意：Read 方法返回的是一个 bool 型变量，用于表示是否还有数据存在。

11.5.6 利用 DataSet 更新数据

利用 DataSet 更新数据是指将修改过的数据更新到数据库中。DataSet 作为一个离线修改数据的中间存储结构，可以自由地修改数据，在修改完数据后，需要一次性地将数据写入数据库中。更新时使用 SqlDataAdapter 类，每个 SqlDataAdapter 负责一张或几张表的更新。

利用 SqlDataAdapter 更新时，系统会自动判断哪些数据被修改了，如果数据被修改则会将修改后的数据更新到数据库中。

【实例 11-13】利用 DataSet 更新数据库。

首先实例化一个 DataSet 并向 DataSet 中添加两张表；然后实例化两个 SqlDataAdapter，同时指定它们需要执行的命令，紧接着填充 DataSet 对应的表；最后实例化用于自动生成更新 SQL 语句的 SqlCommandBuilder 类，并调用更新的方法更新数据库。代码如下：

```csharp
string sqlstring = @"Data Source=192.168.100.6;Initial Catalog=AutoCQTDB;User Id=sa;Password=sa;";                                                  // 连接字符串
// 需要执行的命令，获取 ftuinfo 表中所有的数据
```

```
string sqlCmdString = "select * from ftuinfo";
//需要执行的命令,获取 ftuinfo 表中所有的数据
string sqlCmdString1 = "select * from Event";
DataSet storeSet = new DataSet();
storeSet.Tables.Add("tableFtu");                        //添加表 tableFtu
storeSet.Tables.Add("tableEvent");                      //添加表 tableEvent
//实例化一个 SqlDataAdapter 对象
SqlDataAdapter ftuinfoAdpter = new SqlDataAdapter();
SqlConnection sqlCon = new SqlConnection();             //新建一个连接对象
sqlCon.ConnectionString = sqlstring;                    //指定连接的字符串
SqlCommand sqlCom = new SqlCommand();                   //实例化一个命令处理对象
sqlCom.Connection = sqlCon;                             //设定连接属性
sqlCom.CommandText = sqlCmdString;                      //设定执行命令属性
ftuinfoAdpter.SelectCommand = sqlCom;                   //设置 SqlDataAdapter 执行的命令
ftuinfoAdpter.Fill(storeSet, "tableFtu");               //填充数据集
storeSet.Tables["tableFtu"].Rows[0]["FTUID"] = "10000001";   //修改值
//实例化一个 SqlDataAdapter 对象
SqlDataAdapter EventAdpter = new SqlDataAdapter();
SqlConnection sqlCon1 = new SqlConnection();            //新建一个连接对象
sqlCon1.ConnectionString = sqlstring;                   //指定连接的字符串
SqlCommand sqlCom1 = new SqlCommand();                  //实例化一个命令处理对象
sqlCom1.Connection = sqlCon1;                           //设定连接属性
sqlCom1.CommandText = sqlCmdString1;                    //设定执行命令属性
//设置 SqlDataAdapter 执行的命令
EventAdpter.SelectCommand = sqlCom1;
EventAdpter.Fill(storeSet, "tableEvent");               //填充数据集
storeSet.Tables["tableEvent"].Rows[0]["EventName"] = "GPRS";   //修改值
//创建自动产生更新语句的对象
SqlCommandBuilder sqlbuilder = new SqlCommandBuilder(ftuinfoAdpter);
ftuinfoAdpter.Update(storeSet, "tableFtu");             //更新数据
//创建自动产生更新语句的对象
SqlCommandBuilder sqlbuilder1 = new SqlCommandBuilder(EventAdpter);
EventAdpter.Update(storeSet, "tableEvent");             //更新数据
```

需要注意的是,如果修改了 DataSet 中的数据,必须实例化一个 SqlCommandBuilder 类对象以创建自动更新的语句。SqlCommandBuilder 类会先判断表中的数据是否已经被修改,如果有改动,那么自动生成更新语句更新数据库。

> **技巧**:如果数据表中的数据已经被改变,可以通过设置 SqlCommandBuilder 类的 SetAllValues 属性设定是否只更新更改过的数据。

1. ADO.NET 的结构是什么?
2. 如何创建一个连接 SQL Server 数据库的连接?
3. 编写一段代码,将 SQL Server 数据库中的数据保存到 DataTable 中。
4. 编写一段代码,添加一个 DateTable 到 DataSet 中。
5. 编写一段代码,输出 DataSet 中各表的内容。

第 12 章

ASP.NET 的 Web 程序开发

Web 程序开发又称为网站开发，是一种不需要在客户端安装任何软件（需要浏览器）就能完成用户请求的程序。ASP.NET 是一种 Web 开发模型，提供一种快速创建 Web 应用程序的方法。ASP.NET 的开发是指利用开发语言，遵循 ASP.NET 的架构开发一个大型的、企业级的 Web 应用程序。本章介绍的 ASP.NET 的 Web 程序开发的内容包括：

※ ASP.NET 结构
※ .NET 环境中 Web 页面控件的使用
※ 网站部署的基本步骤

12.1 ASP.NET 介绍

ASP.NET 是微软开发的一种 Web 程序的开发模型。开发者遵循这个模型，能够快速地开发出具有强大功能的 Web 应用程序。本节将介绍 ASP.NET 架构以及 ASP.NET 的工作方式。

12.1.1 什么是 ASP.NET

ASP.NET 是一种通用语言的 Web 程序设计架构。ASP.NET 作为 .NET 框架的一部分，可以使用任何与 .NET 框架兼容的开发语言编写程序，如 C#、Visual Basic、VC++ 等。ASP.NET 主要由以下几部分组成。

- 页面呈现部分：主要用于呈现相关的文字、图像等信息，提供控件，接收用户的请求，并对用户的请求做出处理，返回处理结果等。
- 程序管理部分：主要用于操作用户的状态管理、安全管理，以及如何配置整个应用程序。例如，哪个用户正在进行操作，当前有哪些用户在线，有哪些用户处于离线状态，登录时是否有上传文件的权限等。
- 程序的运行环境部分：程序的运行环境指运行时监视当前程序的性能，调试程序等。例如，如果允许程序运行时出错，系统会给出出错原因，并记录在消息队列中；开发者可以根据消息定位错误，从而可快速完成修改。

一般可以将 ASP.NET 当作微软提出的快速开发 Web 程序的一套标准，以及具有很多的辅助功能的组合体，遵循这个标准就能很快地开发出一个具有很强功能的 Web 程序。

12.1.2　ASP.NET 的工作方式

ASP.NET 的工作方式与 Web 紧密相连，它是指在 ASP.NET 的模型架构下，用户如何通过 Web 程序完成自己的操作请求。ASP.NET 的工作方式分为以下三个阶段：

- 用户提交请求：是指用户通过浏览器访问某个页面后，再通过页面上的控件或者键盘的快捷键提交自己请求的页面给服务器。
- 服务器处理请求并返回请求结果：服务器接收到用户提交的请求后，通过 Windows 提供的 IIS 网络服务程序寻找指定的页面文件（一般为 .aspx 格式），找到指定的文件之后，提交给 .NET 提供的 CLR 编译器进行编译，并将结果输出到客户端浏览器。
- 客户端呈现请求处理结果：客户端浏览器接收服务器的返回结果后，将结果解析并呈现整个页面给客户。一般是一个静态的页面。

在整个过程中，用户只能通过浏览器进行操作。整个 ASP.NET 的工作流程如图 12-1 所示。

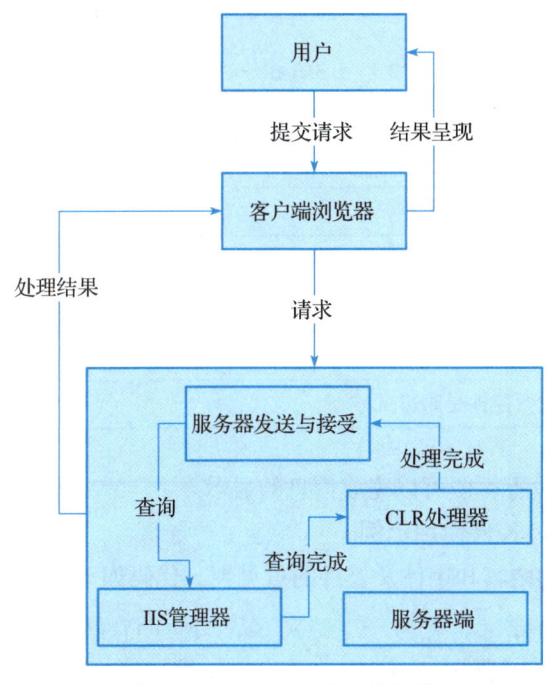

图 12-1　ASP.NET 的工作方式

12.2　.NET 环境下 Web 页面基本控件的使用

.NET 环境下 Web 页面基本控件是指服务器控件，它为用户提供一个提交请求的通道，开发者通过部署控件，可以编写完成各种事件的处理代码。下面将介绍利用 C# 编写 ASP.NET 程序时经常使用的几种服务器控件。

> **注意**：本章介绍的控件都是 VS 编译器提供的服务器控件。所谓服务器控件是指所有的操作都需要传递到部署网站的机器（服务器）上才能执行。

12.2.1 Label 控件

Label 控件主要用于将信息呈现给用户，一般用于消息的提示等，Label 控件需要通过程序动态改变其内容，不允许用户主动更改控件的信息，只能通过提交页面请求获取更改的内容。不要试图用 Label 控件呈现一些不会改变的信息。控件的形状如图 12-2 所示。

[label1][label2]

图 12-2 Label 控件的形状

可以设置 Label 控件的 ID（即控件的名称）、内容、字体、高度、宽度、是否可见及颜色、背景色等属性。表 12-1 列出了 Label 控件中经常使用的属性。

表 12-1 Label 控件的常用属性

属性名称	属性的作用
ID	控件的名称，在一个页面文件中必须唯一，不能有相同的两个 ID
Text	设置控件的内容
Font	设置控件呈现内容的字体，如大小、颜色等信息
Height	设置控件的高度
Width	设置控件的宽度
Visible	设置控件是否可见

通过这些属性的设置，便可以完成信息的显示。

【实例 12-1】Label 控件使用示例。

设置 Label 控件的内容和字体及控件的可见性，代码如下：

```
Label1.Text = "姓名：";                          //设置控件的内容
Label1.Font.Bold = true;                         //设置控件内容的字体为粗体
Label1.Font.Size = FontUnit.XLarge;              //设置控件内容的字体为 XLarge
Label1.Width = 100;                              //设置控件的宽度
Label1.Visible = true;                           //设置控件可见
Label2.Text = "Label Control Small Size";        //设置控件的内容
Label2.Font.Bold = false;                        //设置控件内容的字体为粗体
Label2.Font.Size = FontUnit.Smaller;             //设置控件内容的字体为 Smaller
Label2.Visible = true;                           //设置控件可见
```

将上述代码添加到页面加载的事件中，运行程序得到的结果如图 12-3 所示。

姓名： Label Control Small Size

图 12-3　运行后的结果

12.2.2　TextBox 控件

TextBox 控件主要用于提供用户输入信息，用户可以更改 TextBox 的内容，并通过提交事件提交输入的信息。用户输入的信息可以有以下三种。

- 比较简单的单行信息：主要用于输入简单的信息，如姓名、性别等。
- 具有私密性的信息：用户输入的信息可能是比较私密的、不希望他人发现的，因此可以通过设置控件的属性，将用户输入的信息用＊代替。这个代替只是从视觉上感知的，并没有加密用户输入的信息。例如，输入密码时用＊代替密码字符本身。
- 比较复杂的多行信息：主要用于用户输入比较复杂的信息，如发表评论或者发表文章时，字数过多，必须多行存储。

在 Web 设计模式中，TextBox 控件的显示如图 12-4 所示。

图 12-4　TextBox 控件

开发者可以在程序中设置 TextBox 控件的大小、是否可以输入信息等属性。TextBox 控件在开发中经常用到的属性如表 12-2 所示。

表 12-2　TextBox 的常用属性

属性名称	属性的作用
ID	控件的名称，在一个页面文件中必须唯一，不能有相同的两个 ID
AutoPostBack	用于设置控件发生输入或者焦点切换事件时，是否主动将该事件发送给服务器
Enable	用于设置是否允许用户输入
MaxLength	用于设置控件中允许输入的最多字数
Font	用于设置控件中输入内容的字体
Text	用于设置或获取控件的内容
TextMode	用于设置控件允许输入的字符是单行数据、多行数据还是私密性数据
Visible	用于设置控件是否可见

通过设置上面的属性，便可以完成用户对输入信息的控制。

> 技巧：当 TextBox 控件的 TextMode 属性设置为 TextBoxMode.MultiLine 后，可以通过 Rows 属性获取控件中字符的行数。TextBox 控件还拥有一个 ToolTip 属性，用于设置鼠标悬停在此控件上时显示的文本，可用于提示该控件的作用。

TextBox 控件除了拥有初始化、加载等公共事件外，还有一个常用的 TextChanged 事件。用户修改控件的内容后，当将焦点从控件移出时会触发 TextChanged 事件。

【实例 12-2】使用 TextBox 控件示例。

```
//页面加载事件
protected void Page_Load(object sender, EventArgs e)
{
    TextBox1.AutoPostBack = true;           //设置 TextBox1 的 AutoPostBack 属性
    TextBox1.Enabled = true;                //设置 TextBox1 的 Enabled 属性
    TextBox1.TextMode=TextBoxMode.Password; //设置 TextBox1 的 TextMode 属性
    TextBox1.Visible = true;                //设置 TextBox1 的 Visible 属性
}
//TextBox1 的字符改变触发的事件
protected void TextBox1_TextChanged(object sender, EventArgs e)
{
    if (TextBox1.Text.Length > 0)           //如果当前控件中有字符
    {
        Label1.Text = TextBox1.Text;        //设置 Label1 控件的值为 TextBox1 中的字符
    }
    else
    {
        Label1.Text = " 没有输入字符 ";       //设置 Label1 控件的值为"没有输入字符"
    }
}
```

上述代码中包含一个 Label 控件和一个 TextBox 控件，并设置 TextBox 控件的属性：将 TextBox 的 AutoPostBack 属性设置为 True，Enable 属性也设置为 True，TextMode 属性设置为 Password，Visible 属性设置为 True。代码中还包含一个 TextChanged 事件，由于将 AutoPostBack 属性设置为 True，因此，当 TextBox 的内容发生改变并且焦点切换时，会将用户输入的信息写到 Label 控件中。

运行上述代码，每当用户在名称为 TextBox1 的控件中输入字符并将焦点从控件移出后，控件 Label1 的值变为 TextBox1 中输入的字符，同时 TextBox1 中的文字被清除。

12.2.3 Button 控件

Button 控件主要用于完成信息的提交。每当单击 Button 控件后，就会触发 Click 事件，同时向服务器传输一个窗体元素。一般来说，Button 控件提供给用户确定操作的通道。例如，填写完注册资料后，单击"提交"按钮（即一个 Button 控件）就可以将注册的信息输送到服务器端。

当单击按钮后，除了将当前窗体的信息传递给服务器外，还会刷新该页面，相当于重新生成一个新的页面，并进行相应事件的处理，同时处理事先设定的 Click 事件中的代码。Button 控件的属性和 Label 控件的属性基本相同，此处不再赘述。下面将通过一段代码介绍 Button 控件的使用方法和部分属性。

【实例 12-3】实现一个简单的运算器功能。

运算器的布局如图 12-5 所示。运算器中包含两个 TextBox 控件、两个 Label 控件及四个 Button 控件。两个 TextBox 控件用于接收用户的输入，四个 Button 控件分别表示加法、减法、乘法及除法（四个 Button 控件上面的字符通过它们的 Text 属性设置）操作。一个 Label 控件显示"运算的结果是："信息，一个 Label 控件用于显示运算后的结果。

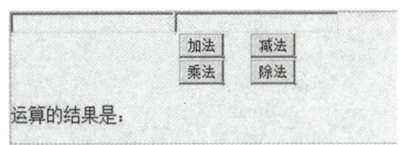

图 12-5　运算器的布局

设计一个处理运算的方法，用于实现加、减、乘、除四则运算。

```csharp
// 运算的方法
private void OperateNum(string operateLabel)
{
    int num1 = 0;                                          // 运算数 1
    int num2 = 0;                                          // 运算数 2
    bool rightE = true;                                    // 是否可以进行运算标记
    if (TextBox1.Text.Length > 0)                          // 如果有数字
    {
        try
        {
            num1 = int.Parse(TextBox1.Text);               // 获取输入的数字
        }
        catch (Exception ex)
        {
            Label1.Text = "第一个框中输入" + ex.Message;     // 转换失败，输出原因
            rightE = false;                                // 设置不能进行运算的标记
        }
    }
    else
    {
        Label1.Text = "请在第一个框中输入值";                 // 输出不能运算原因
        rightE = false;                                    // 设置不能进行运算的标记
    }
    if (TextBox2.Text.Length > 0)                          // 如果有数字
    {
        try
        {
            num2 = int.Parse(TextBox2.Text);               // 获取输入的数字
        }
        catch (Exception ex)
        {
            Label1.Text = "第二个框中输入" + ex.Message;     // 转换失败，输出原因
            rightE = false;                                // 设置不能进行运算
        }
    }
    else
    {
        Label1.Text = "请在第二个框中输入值";                 // 输出不能运算原因
        rightE = false;                                    // 设置不能进行运算
```

```
        }
        if (rightE)                                    //如果能运算
        {
            int result = 0;                            //设置结果存储变量
            switch (operateLabel)                      //判断运算符类型
            {
                case "+":                              //如果是加法
                    result = num1 + num2;              //获取相加后的结果
                    break;
                case "-":                              //如果是减法
                    result = num1 - num2;              //获取相减后的结果
                    break;
                case "*":                              //如果是乘法
                    result = num1 * num2;              //获取相乘后的结果
                    break;
                case "/":                              //如果是除法
                    result = num1 / num2;              //获取相除后的结果
                    break;
                default:
                    break;
            }
            Label1.Text = result.ToString();           //输出结果
        }
    }
```

> **技巧**：添加控件的事件时，只需双击控件即可。双击控件后，系统会产生一个默认的事件，如 Button 控件会产生一个 Click 事件，TextBox 控件会产生一个 TextChanged 事件。

然后双击"加法"按钮，在 Click 事件中添加下列代码实现加法运算。

```
//加法按钮的Click事件
protected void Button1_Click(object sender, EventArgs e)
{
    OperateNum("+");                    //调用运算方法进行加法运算
}
```

双击"减法"按钮，添加下面的代码到 Click 事件中实现减法运算。

```
//减法按钮的Click事件
protected void Button2_Click(object sender, EventArgs e)
{
    OperateNum("-");                    //调用运算方法进行减法运算
}
```

双击"乘法"按钮，在 Click 事件中添加下列代码实现乘法运算。

```
//乘法按钮的Click事件
protected void Button3_Click(object sender, EventArgs e)
{
    OperateNum("*");                    //调用运算方法进行乘法运算
}
```

双击"除法"按钮，添加下面的代码到 Click 事件中实现除法运算。

```
//除法按钮的Click事件
protected void Button4_Click(object sender, EventArgs e)
{
    OperateNum("/");                    //调用运算方法进行除法运算
}
```

完成上面的代码后便完成了一个简单的加、减、乘、除四则运算的运算器。当单击按钮后，当前页面被提交到服务器，服务器根据程序获取当前页面的元素进行运算，然后生成一个包含处理结果的新页面，并将页面传递给客户端，客户端重新加载这个页面呈现给用户。

12.2.4 使用 ListBox 控件

ListBox 控件主要呈现一组相关的数据给用户，并允许用户从这组数据中选择一项或者多项数据。ListBox 控件的显示如图 12-6 所示。ListBox 控件中的每一项都是一个 ListItem 集合中的对象。每个 ListItem 都有自己的属性。

图 12-6　ListBox 控件

首先介绍 ListItem 对象。ListItem 的主要属性如表 12-3 所示。

表 12-3　ListItem 的主要属性

属性名称	属性的作用
Enabled	设置的项是否可以被操作
Selected	设置或获取该项是否已经被选择
Text	设置或获取该项显示给客户的字符
Value	设置或获取该项代表的值

通过上述属性的设置，就给出了用户一个控件的选项信息，根据用户的选择可获取不同的选项值。

ListBox 是包含一个或多个 ListItem 对象的集合。ListBox 可以与数据集绑定，自动将数据转化为它的 ListItem 项，也可以手动添加 ListItem 项。手动添加 ListItem 项时，选中 ListBox 控件，控件的右上角会出现一个图标，单击此图标会出现一个下拉列表框，在此列表框中选择"编辑项…"，会弹出"ListItem 集合编辑器"对话框，如图 12-7 所示。在此对话框中单击"添加"按钮，右侧设置添加项的属性，再单击"确定"按钮，添加的 ListItem 项就会显示在成员列表中，同时在控件中也会显示出来。

ListBox 控件拥有一个 SelectIndexChanged 事件，一旦选项发生改变，就会触发这个事件（AutoPostBack 设置为 True 时触发）。

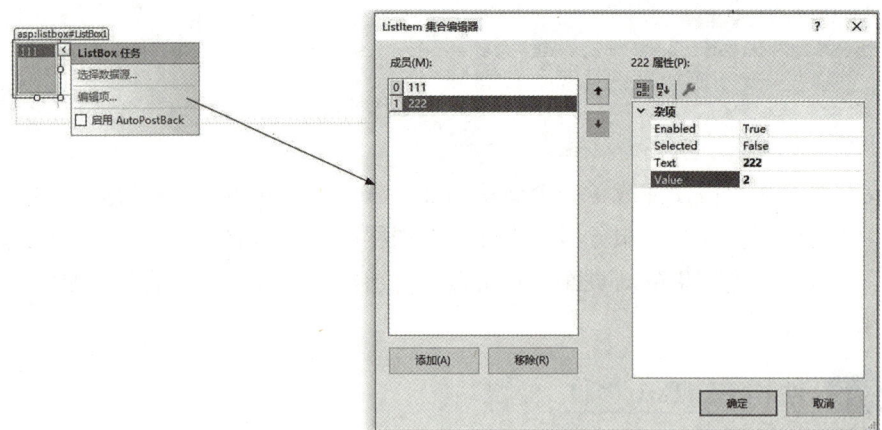

图 12-7　手动添加 ListItem 项

【实例 12-4】使用 ListBox 控件实现以下功能：根据用户选择获取不同的值，页面布局如图 12-8 所示。

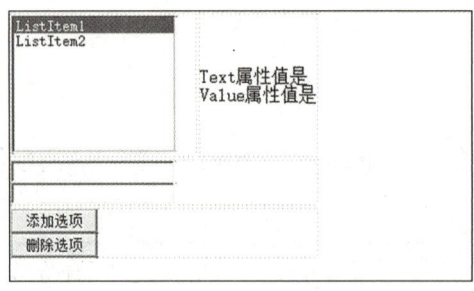

图 12-8　页面布局

（1）设计页面，在页面中添加一个 ListBox 控件，两个 Label 标签控件，两个 TextBox 控件及两个 Button 控件，页面的布局如图 12-8 所示。需要实现的功能是：当选择 ListBox 中的一个选项后，Label 控件中显现选择项的 Text 属性值和 Value 属性值。当单击"添加选项"按钮控件时，将根据两个 TextBox 中的值生成一个 ListItem 对象并添加到 ListBox 控件中，当单击"删除选项"按钮控件时，删除选择的 ListItem 项。

> 技巧：添加选项有两种方式：一种是每次添加一个 ListItem 项，另一种是一次性添加一系列的 ListItem。添加一系列的 ListItem 项时，所有的 ListItem 需要存储在一个数组中。

（2）将 ListBox 控件的 AutoPostBack 属性设置为 True，在 SelectedIndexChanged 事件中添加如下代码，完成显示选择项的 Text 属性值和 Value 属性值的功能。

```
// 选项转换事件
protected void ListBox1_SelectedIndexChanged(object sender, EventArgs e)
{
    // 获取选项的 Text 属性值
    Label1.Text = "Text 属性值是 " + ListBox1.SelectedItem.Text;
```

```
    //获取选项的 Value 属性值
    Label2.Text = "Value 属性值是 " + ListBox1.SelectedItem.Value;
}
```

（3）双击"添加选项"按钮，在按钮的单击事件中添加下面的代码，完成将 ListItem 项添加到 ListBox1 中的功能。

```
//单击【添加选项】按钮的事件
protected void Button1_Click(object sender, EventArgs e)
{
    ListItem li = new ListItem();      //创建一个 ListItem 对象
    if (TextBox1.Text.Length > 0)      //如果 TextBox1 的值不为空
    {
        li.Text = TextBox1.Text;       //设置 ListItem 的 Text 属性值
    }
    else
    {
        li.Text = "空选项名称";         //设置 ListItem 的 Text 属性值
    }
    if (TextBox2.Text.Length > 0)      //如果 TextBox2 的值不为空
    {
        li.Value = TextBox2.Text;      //设置 ListItem 的 Value 属性值
    }
    else
    {
        li.Value = li.Text;            //设置 ListItem 的 Value 属性值
    }
    ListBox1.Items.Add(li);            //添加 ListItem 项进入 ListBox 中
}
```

（4）双击"删除选项"按钮，添加如下代码，将选择的 ListItem 项从 ListBox1 中移除。

```
//删除事件
protected void Button2_Click(object sender, EventArgs e)
{
    if (ListBox1.SelectedItem != null)                  //如果选择项不为 null
    {
        int itemIndex = ListBox1.SelectedIndex;         //获取 ListBox1 的选项的索引号
        ListBox1.Items.RemoveAt(itemIndex);             //从 ListBox1 中移除选择元素
        ListBox1.SelectedIndex = -1;
                                    //将 ListBox1 的选项索引号设置为 -1，相当于不选
    }
    else
    {
        Label1.ForeColor = Color.Red;                   //设置 Label1 的字体颜色
        Label2.ForeColor = Color.Red;                   //设置 Label2 的字体颜色
        Label1.Text = " 请选择删除项 ";                  //设置 Label1 的值
        Label2.Text = " 请选择删除项 ";                  //设置 Label2 的值
    }
}
```

从上述代码中可以看出，程序的运行都是基于事件驱动的。每当有一个事件发生时，便会驱动相应的事件处理程序。当事件处理程序处理完用户请求后，将运行结果显示给用户。

12.2.5 使用 DropDownList 控件

DropDownList 控件和 ListBox 控件一样，也是用于提供一组相关的数据给用户，供用户进行选择。但 DropDownList 控件与 ListBox 控件不同的是，DropDownList 每次只能选择一项数据，不能进行多项选择。DropDownList 控件中的每一项也是 ListItem 对象。

DropDownList 控件也拥有 SelectIndexChanged 事件，当用户的选择项改变时触发。

【实例 12-5】使用 DropDownList 控件示例。

页面的布局如图 12-9 所示，要求：可以选择不同的项，并将选择项的信息显现出来，也可以添加新项到 DropDownList 控件中。

（1）设计页面，在页面中添加一个 DropDownList 控件，两个 Label 控件，两个 TextBox 控件以及一个 Button 控件。页面的布局如图 12-9 所示，需要实现的功能是：当选择 DropDownList 中的一个选项时，Label 控件分别显示选择项的 Text 属性值和 Value 属性值。当单击"添加选项"按钮控件时，将根据用户在两个 TextBox 中的输入值生成一个 ListItem 对象，并添加该对象到 DropDownList 控件中。

图 12-9 页面布局

> **技巧**：使用 DropDownList 控件时，对于每个 ListItem 项，Text 属性用于填写提示信息，Value 属性用于存储程序需要的信息。例如，将 Text 属性设置为选项，而 Value 属性表示选项的数字。

（2）要将 DropDownList 控件的 AutoPostBack 属性设置为 True，双击 DropDownList 控件添加 SelectedIndexChanged 事件，并在事件中添加下列代码，当选项发生改变时，将读取选择项的 Text 属性值和 Value 属性值，并展现到两个 Label 控件中。

```csharp
// 选择项转换事件
protected void DropDownList1_SelectedIndexChanged(object sender, EventArgs e)
{
    if (DropDownList1.SelectedItem != null) // 如果选择项不为空
    {
        // 获取选择项的 Text 属性值
        Label1.Text = "Text 属性值:" + DropDownList1.SelectedItem.Text;
        // 获取选择项的 Value 属性值
        Label2.Text = "Value 属性值:" + DropDownList1.SelectedItem.Value;
    }
    else
    {
        Label1.ForeColor = Color.Red;          // 设置 Label1 控件中文字的颜色
        Label2.ForeColor = Color.Red;          // 设置 Label2 控件中文字的颜色
        Label1.Text = " 选择项为空 ";           // 设置 Label1 文字
        Label2.Text = " 选择项为空 ";           // 设置 Label1 文字
    }
}
```

（3）双击"添加选项"按钮，在 Click 事件中加入下列代码，实现添加 ListItem 项到 DropDownList 控件中的功能。

```csharp
// 添加 ListItem 选项事件
protected void Button1_Click(object sender, EventArgs e)
{
    ListItem li = new ListItem();                    // 创建一个 ListItem 对象
    if (TextBox1.Text.Length > 0)                    // 如果 TextBox1 中有字符
    {
        li.Text = TextBox1.Text;                     // 将 TextBox1 的值赋给 li 的 Text 属性
    }
    else
    {
        Label1.ForeColor = Color.Red;                // 设定 Label1 的字符颜色
        Label1.Text = " 添加的 Text 值为空 ";         // 给出提示信息
    }
    if (TextBox2.Text.Length > 0)                    // 如果 TextBox2 中有字符
    {
        li.Value = TextBox2.Text;                    // 将 TextBox2 值赋给 li 的 Text 属性
    }
    else
    {
        Label2.ForeColor = Color.Red;                // 设定 Label2 中的字符颜色
        Label2.Text = " 添加的 Value 值为空 ";        // 给出提示信息
    }
    DropDownList1.Items.Add(li);  // 添加新建的 ListItem 项到 DropDownList1 控件中
    int ncount = DropDownList1.Items.Count;          // 获取 DropDownList1 控件项的数目
    DropDownList1.SelectedIndex = ncount - 1;        // 设置当前选中项为新增项
}
```

当 DropDownList 控件显示项改变后，程序通过 Text 和 Value 属性值获取当前选项的值。当单击"添加选项"按钮后，生成一个 ListItem 对象，并设置 Text 和 Value 属性值，然后将整个 ListItem 对象添加到 DropDownList 的 Items 集合中。

12.2.6 CheckBoxList 控件

CheckBoxList 控件用于提供一组相关的数据让用户进行选择，其选择结果是 Ture 或者 False。这个控件通常在用户需要进行多选时使用。例如，在进行售后调查的过程中，通常会给出一组不满意的原因，包括物流服务差、价格高、客服态度不好、与货品描述不一致等。如果用户对服务不满意，可以选择一项或多项导致不满意的原因。

CheckBoxList 中的每一项也是一个 ListItem 对象，因此可以方便地进行添加和删除。CheckBoxList 控件还能与数据源绑定，可以从数据源中自动生成各个选项。CheckBoxList 也包含 SelectedIndexChanged 事件，当选择发生改变时触发该事件。CheckBoxList 控件显示如图 12-10 所示。

【实例 12-6】CheckBoxList 控件的使用，页面布局如图 12-11 所示。

（1）设计页面，在页面中添加一个 DropDownList 控件，用于给用户提供对服务是否满意的选择；一个 CheckBoxList 控件，用于给出满意或不满意的原因；一个 Button

控件，用于提交用户的选择；一个 Label 控件，用于显示当前用户的选择。页面布局如图 12-11 所示。

图 12-10　CheckBoxList 控件　　　　　　　图 12-11　页面布局

> **注意**：CheckBoxList 控件中只有两种值：一种是 True，另一种是 False。用户看到的选项只是起到提示用户的作用，用户选择后的值并不是看到的文字。

（2）添加下面两个方法：一个方法用于生成用户对服务满意的原因列表，另一个方法用于生成用户对服务不满意的原因列表。注意，两个原因列表都是在 CheckBoxList 控件中生成的，相当于添加两项到 CheckBoxList 控件中。代码如下：

```csharp
//创建不满意的服务列表
private void CreateNOServeList()
{
    CheckBoxList1.Items.Clear();                        // 清除原有的选项
    ListItem noL1 = new ListItem();                     // 创建一个 ListItem 对象
    noL1.Text = "送货慢";                                // 给 ListItem 对象的 Text 属性赋值
    noL1.Value = "送货慢";                               // 给 ListItem 对象的 Value 属性赋值
    CheckBoxList1.Items.Add(noL1);                      // 添加到 CheckBoxList 控件中
    ListItem noL2 = new ListItem();                     // 创建一个 ListItem 对象
    noL2.Text = "价格高";                                // 给 ListItem 对象的 Text 属性赋值
    noL2.Value = "价格高";                               // 给 ListItem 对象的 Value 属性赋值
    CheckBoxList1.Items.Add(noL2);                      // 添加到 CheckBoxList 控件中
    ListItem noL3 = new ListItem();                     // 创建一个 ListItem 对象
    noL3.Text = "描述与实物不匹配";                       // 给 ListItem 对象的 Text 属性赋值
    noL3.Value = "描述与实物不匹配";                      // 给 ListItem 对象的 Value 属性赋值
    CheckBoxList1.Items.Add(noL3);                      // 添加到 CheckBoxList 控件中
    ListItem noL4 = new ListItem();                     // 创建一个 ListItem 对象
    noL4.Text = "售后差";                                // 给 ListItem 对象的 Text 属性赋值
    noL4.Value = "售后差";                               // 给 ListItem 对象的 Value 属性赋值
    CheckBoxList1.Items.Add(noL4);                      // 添加到 CheckBoxList 控件中
    ListItem noL5 = new ListItem();                     // 创建一个 ListItem 对象
    noL5.Text = "其他";                                  // 给 ListItem 对象的 Text 属性赋值
    noL5.Value = "其他";                                 // 给 ListItem 对象的 Value 属性赋值
    CheckBoxList1.Items.Add(noL5);                      // 添加到 CheckBoxList 控件中
}
//创建满意服务列表
private void CreateYesServeList()
{
    CheckBoxList1.Items.Clear();                        // 清除原有的选项
    ListItem noL1 = new ListItem();                     // 创建一个 ListItem 对象
    noL1.Text = "送货快";                                // 给 ListItem 对象的 Text 属性赋值
    noL1.Value = "送货快";                               // 给 ListItem 对象的 Value 属性赋值
    CheckBoxList1.Items.Add(noL1);                      // 添加到 CheckBoxList 控件中
```

```csharp
ListItem noL2 = new ListItem();            // 创建一个 ListItem 对象
noL2.Text = " 价格便宜 ";                   // 给 ListItem 对象的 Text 属性赋值
noL2.Value = " 价格便宜 ";                  // 给 ListItem 对象的 Value 属性赋值
CheckBoxList1.Items.Add(noL2);             // 添加到 CheckBoxList 控件中
ListItem noL3 = new ListItem();            // 创建一个 ListItem 对象
noL3.Text = " 描述与实物非常匹配 ";          // 给 ListItem 对象的 Text 属性赋值
noL3.Value = " 描述与实物非常匹配 ";         // 给 ListItem 对象的 Value 属性赋值
CheckBoxList1.Items.Add(noL3);             // 添加到 CheckBoxList 控件中
ListItem noL4 = new ListItem();            // 创建一个 ListItem 对象
noL4.Text = " 售后态度好 ";                 // 给 ListItem 对象的 Text 属性赋值
noL4.Value = " 售后态度好 ";                // 给 ListItem 对象的 Value 属性赋值
CheckBoxList1.Items.Add(noL4);             // 添加到 CheckBoxList 控件中
ListItem noL5 = new ListItem();            // 创建一个 ListItem 对象
noL5.Text = " 其他 ";                       // 给 ListItem 对象的 Text 属性赋值
noL5.Value = " 其他 ";                      // 给 ListItem 对象的 Value 属性赋值
CheckBoxList1.Items.Add(noL5);             // 添加到 CheckBoxList 控件中
}
```

（3）将 DropDownList 控件的 AutoPostBack 属性设置为 True，再双击 DropDownList 控件，创建 SelectedIndexChanged 事件，之后在事件中添加以下代码，动态生成造成满意或不满意的原因。

```csharp
//DropDownList1 选项变更事件
protected void DropDownList1_SelectedIndexChanged(object sender,EventArgse)
{
    string selectText = "";                                    // 存储选项的值
    if (DropDownList1.SelectedItem != null)                    // 如果选项不为空
    {
        selectText = DropDownList1.SelectedItem.Text;          // 获取选项的值
    }
    else
    {
        selectText = "null";                                   // 设置 selectText 的值
    }
    if (selectText == " 对服务满意 ")                           // 如果是对服务满意的选项
    {
        CreateYesServeList();                                  // 调用 CreateYesServeList 方法
    }
    if (selectText == " 对服务不满意 ")                         // 如果是对服务不满意的选项
    {
        CreateNOServeList();                                   // 调用 CreateNOServeList 方法
    }
}
```

（4）双击"提交"按钮，在 Click 事件中添加以下代码，完成提交用户选择的功能。

```csharp
//提交事件
protected void Button1_Click(object sender, EventArgs e)
{
    StringBuilder sb = new StringBuilder();                    // 存储选择的结果
    foreach (ListItem li in CheckBoxList1.Items)               // 遍历所有的选项
    {
        if (li.Selected)                                       // 如果该项被选择
        {
            sb.Append(li.Text);                                // 将原因加入 sb 中
            sb.Append(",");                                    // 在 sb 中加入 "," 号
```

```
            }
        }
        string selectText = "";                               // 存储选项的值
        if (DropDownList1.SelectedItem != null)               // 如果选项不为空
        {
            selectText = DropDownList1.SelectedItem.Text;     // 获取选项的值
        }
        else
        {
            selectText = "null";                              // 设置 selectText 的值为 null
        }
        if (selectText == " 对服务满意 ")                       // 如果是对服务满意的选项
        {
            Label2.Text = " 对服务满意原因 :" + sb.ToString(); // 显示满意的原因
        }
        if (selectText == " 对服务不满意 ")                     // 如果是对服务不满意的选项
        {
            Label2.Text = " 对服务不满意 :" + sb.ToString();   // 显示不满意的原因
        }
    }
```

当程序运行后，根据用户的选择，产生不同的 CheckBoxList 项。用户选择满意或者不满意的理由，然后单击“提交”按钮。程序获取用户选择的理由，并将理由组合成为字符串，最后将组合后的理由展示给用户。

注意： CheckBoxList 控件并不是 CheckBox 控件的简单叠加。它们是两种不同类型的服务器控件。CheckBoxList 包含很多 CheckBox 中没有的属性和方法。

12.2.7 GridView 控件

GridView 控件主要用于显示表格数据。GridView 控件可以通过直接设定数据源来展示数据，也可以通过自己创建的 DataTable 展示数据。绑定数据后，还可以通过 DataTable 修改 GridView 控件中展示的数据项。GridView 控件显示如图 12-12 所示。

Column0	Column1	Column2
abc	abc	abc
abc	abc	abc
abc	abc	abc
abc	abc	abc
abc	abc	abc

图 12-12　GridView 控件图

GridView 控件默认情况下是不允许修改数据的，但由于 GridView 控件中的每一列都可以是一种类型的控件，如 TextBox 控件、Label 控件等，因此用户可以直接在表中修改数据。GridView 控件是 ASP.NET 模式下展示数据最主要的控件。

注意： 设置 GridView 的数据源有两种方式：一种是通过数据连接设置，另一种是通过编写程序获取 DataTable，然后再给 DataSource 属性赋值来设置。

【实例 12-8】 使用 GridView 控件示例，要求如下：

页面布局如图 12-13 所示，需要实现的功能是：当单击“编辑”链接按钮后，便可以直接编辑这一行数据，编辑完成后，单击“更新”链接按钮便可以保存。当单击“提交选择成绩"按钮后,便可以在 ListBox 中添加已选择的成绩项。

图 12-13　页面布局

1. 设计页面

在页面中添加一个 GridView 控件,呈现一系列的以 DataTable 为数据源的数据,此控件的布局如图 12-13 所示;还要添加一个 Button 按钮控件,一个 ListBox 控件。为此先演示一下如何设定 GridView 控件中模板列下控件的设置,具体流程如下:

(1)单击 GridView 控件右上方的▷按钮打开下拉列表框,选择"编辑列…"选项,打开一个"字段"对话框,在其中选择 TemplateField 字段项,单击"添加"按钮,即可添加一个 TemplateField 类型的列,如图 12-14 所示。

(2)选择"编辑模板"选项,进入模板编辑项,然后拖入一个 CheckBox 控件,布局如图 12-15 所示。

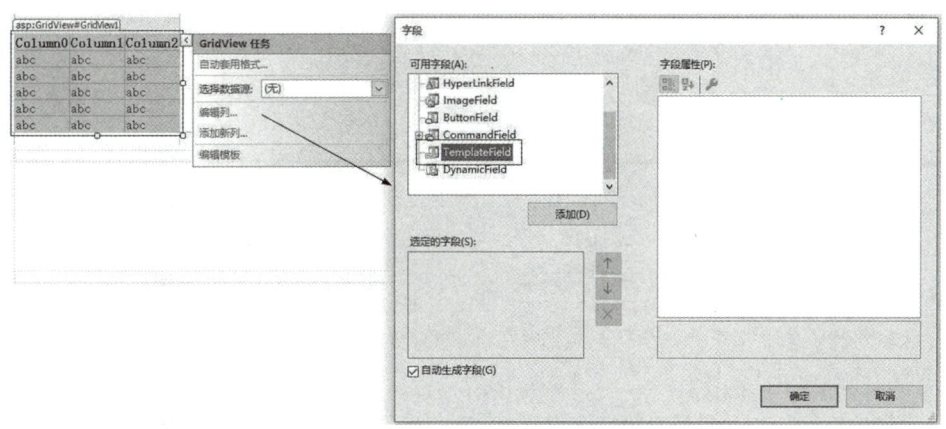

图 12-14　添加模板列过程

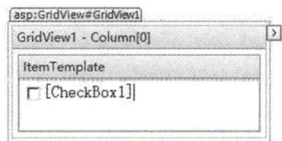

图 12-15　选择模板中包含的控件

（3）选择模板中包含的控件，并选择数据绑定项到数据绑定界面，然后选择需要绑定的列，并在绑定数据的项中添加相应的字段指示符，如图 12-16 所示。

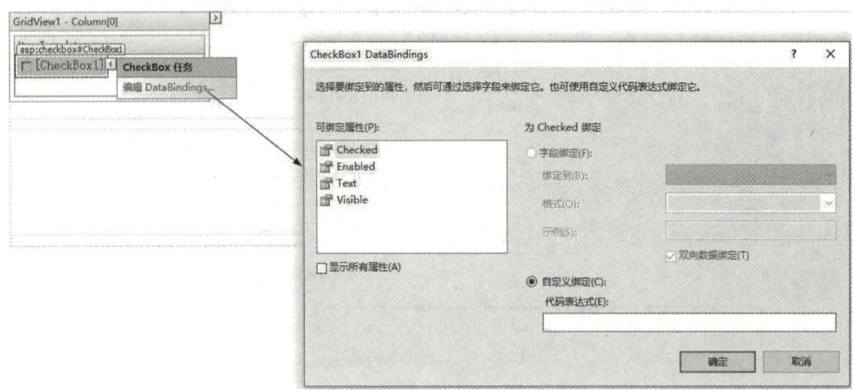

图 12-16　配置控件的绑定字段

完成以上步骤后便完成了数据的绑定。

> **注意**：上面的操作中指明的数据绑定并不意味着数据已经存在于控件中，只是指定了 GridView 控件中每一列所装载的数据。

2. 代码编写

（1）完成创建作为数据源的 DataTable 的结构。作为数据源的 DataTable 包含四列：第 1 列是"选择"，用来标识该列是否被选中，第 2 列是"人员 ID"，第 3 列是"人员姓员"，第 4 列是"成绩"。具体代码如下：

```
// 创建 DataTable
private DataTable CreateTableStruct()
{
    DataTable table = new DataTable();                          // 创建一个 DataTable 对象
    DataColumn column;                                          // 声明一个列变量
    column = new DataColumn();                                  // 创建一个 DataTable 的列对象
    column.DataType = System.Type.GetType("System.Boolean");
                                                                // 指定列的数据类型
    column.ColumnName = "sele";                                 // 指定列名
    table.Columns.Add(column);                                  // 在 DataTable 中添加列
    column = new DataColumn();                                  // 创建一个 DataTable 的列对象
    column.DataType = System.Type.GetType("System.String");
                                                                // 指定列的数据类型
    column.ColumnName = "id";                                   // 指定列名
    table.Columns.Add(column);                                  // 在 DataTable 中添加列
    column = new DataColumn();                                  // 创建一个 DataTable 的列对象
    column.DataType = Type.GetType("System.String");            // 指定列的数据类型
    column.ColumnName = "name";                                 // 指定列名
    table.Columns.Add(column);                                  // 在 DataTable 中添加列
    column = new DataColumn();                                  // 创建一个 DataTable 的列对象
    column.DataType = Type.GetType("System.String");            // 指定列的数据类型
    column.ColumnName = "grade";                                // 指定列名
    table.Columns.Add(column);                                  // 在 DataTable 中添加列
```

```
        return table;                              // 返回该 DataTable 对象
}
```

（2）在页面加载的事件中添加最初的数据进入 DataTable，然后将数据与 GridView 进行绑定。具体代码如下：

```
// 页面加载
protected void Page_Load(object sender, EventArgs e)
{
    if (!IsPostBack)
    {
        DataTable dt = CreateTableStruct();  // 创建一个 DataTable 结构
        dataBind(dt);                        // 添加数据到 DataTable 中
        GridView1.DataSource = dt;           // 设定数据源
        GridView1.DataBind();                // 绑定数据源
    }
}
// 添加初始数据
private void dataBind(DataTable dt)
{
    DataRow row;                             // 声明一个行变量
    for (int i = 0; i < 10; i++)             // 添加 10 个初始数据进入控件
    {
        row = dt.NewRow();                   // 创建一个行
        row["sele"] = false;                 // 设置第 1 列的值
        row["id"] = i;                       // 设置第 2 列的值
        row["name"] = "name " + i;           // 设置第 3 列的值
        row["grade"] = "grade " + i;         // 设置第 4 列的值
        dt.Rows.Add(row);                    // 在表中添加一行
    }
}
```

上述代码中需要注意两点：一是向 DataTable 结构添加初始化数据时，由于方法中传递的是一个对象，因此可以改变原来存储的值；二是绑定数据源时，需要先创建一个 DataTable 表，并添加数据到这个 DataTable 中，然后再将该 DataTable 设置为 GridView 控件的数据源。

（3）创建一个编辑事件，保证进行编辑时控件可以修改，并且数据源与原来保持一致。具体代码如下：

```
// 编辑数据
protected void GridView1_RowEditing(object sender, GridViewEditEventArgs e)
{
    GridView1.EditIndex = e.NewEditIndex;    // 设定应编辑的列
    DataTable dt = CreateTableStruct();      // 创建一个表结构
    DataRow row;                             // 声明一个 DataRow 变量
    for (int i = 0; i < GridView1.Rows.Count; i++)  // 遍历 GridView 控件中的所有行
    {
        row = dt.NewRow();                   // 创建一个 DataRow 对象
        // 获取当前 GridView 控件中第 1 列的值并存储在新的 DataRow 中
        row["sele"]=((CheckBox)GridView1.Rows[i].FindControl("CheckBox1")).Checked;
        // 获取当前 GridView 控件中第 2 列的值并存储在新的 DataRow 中
        row["id"] = GridView1.Rows[i].Cells[1].Text;
```

```csharp
        // 获取当前 GridView 控件中第 3 列的值并存储在新的 DataRow 中
        row["name"] = GridView1.Rows[i].Cells[2].Text;
        // 获取当前 GridView 控件中第 4 列的值并存储在新的 DataRow 中
        row["grade"]=((TextBox)GridView1.Rows[i].FindControl("txtGrade")).Text;
        dt.Rows.Add(row);                  // 将新行添加到 DataTable 中
    }
    GridView1.DataSource = dt;             // 将 GridView 控件的数据源设为刚生成的 DataTable
    GridView1.DataBind();                  // 绑定数据源
    TextBox tb = (TextBox)GridView1.Rows[e.NewEditIndex].FindControl("txtGrade");        // 获取准备修改行中 TextBox 控件
    if (tb != null)
    {
        tb.Enabled = true;                 // 设定控件的设置属性
    }
}
```

（4）创建一个取消编辑的事件，必须保证取消编辑时数据源与原来的数据保持一致。具体代码如下：

```csharp
// 取消编辑事件
protected void GridView1_RowCancelingEdit(object sender, GridViewCancelEditEventArgs e)
{
    GridView1.EditIndex = -1;              // 设置没有编辑行
    DataTable dt = CreateTableStruct();    // 创建一个表结构
    DataRow row;                           // 声明 DataRow 变量
    // 遍历 GridView 控件中的所有行
    for (int i = 0; i < GridView1.Rows.Count; i++)
    {
        if (i != e.RowIndex)               // 如果不是当前的修改行
        {
            row = dt.NewRow();             // 创建一个新行
            // 获取当前 GridView 控件中第 1 列的值并存储在新的 DataRow 中
            row["sele"] = ((CheckBox)GridView1.Rows[i].FindControl("CheckBox1")).Checked;
            // 获取当前 GridView 控件中第 2 列的值并存储在新的 DataRow 中
            row["id"] = GridView1.Rows[i].Cells[1].Text;
            // 获取当前 GridView 控件中第 3 列的值并存储在新的 DataRow 中
            row["name"] = GridView1.Rows[i].Cells[2].Text;
            // 获取当前 GridView 控件中第 4 列的值并存储在新的 DataRow 中
            row["grade"] = ((TextBox)GridView1.Rows[i].FindControl("txtGrade")).Text;
            dt.Rows.Add(row);              // 将新行添加到 DataTable 中
        }
        else
        {
            row = dt.NewRow();             // 创建一个新行
            // 获取当前 GridView 控件中第 1 列的值并存储在新的 DataRow 中
            row["sele"] = ((CheckBox)GridView1.Rows[e.RowIndex].FindControl("CheckBox1")).Checked;
            // 获取当前 GridView 控件中第 2 列的值并存储在新的 DataRow 中
            row["id"] = ((TextBox)GridView1.Rows[e.RowIndex].Cells[1].Controls[0]).Text;
            // 获取当前 GridView 控件中第 3 列的值并存储在新的 DataRow 中
            row["name"] = ((TextBox)GridView1.Rows[e.RowIndex].Cells[2].
```

```
            Controls[0]).Text;
            // 获取当前 GridView 控件中第 4 列的值并存储在新的 DataRow 中
            row["grade"] = ((TextBox)GridView1.Rows[e.RowIndex].
FindControl("txtGrade")).Text;
            dt.Rows.Add(row);                    // 将新行添加到 DataTable 中
        }
    }
    GridView1.DataSource = dt;                   // 设定数据源
    GridView1.DataBind();                        // 绑定数据源
}
```

（5）创建一个更新事件，用于保存当前的修改信息，并将修改后的信息呈现到控件中。具体代码如下：

```
// 更新事件
protected void GridView1_RowUpdating (object sender, GridViewCancelEditEventArgs e)
{
    GridView1.EditIndex = -1;                    // 设置没有编辑行
    DataTable dt = CreateTableStruct();          // 创建一个表结构
    DataRow row;                                 // 声明一个 DataRow 变量
    for (int i = 0; i < GridView1.Rows.Count; i++) // 遍历 GridView 控件的行
    {
        if (i != e.RowIndex)                     // 如果不是当前修改行
        {
            row = dt.NewRow();                   // 创建一个新行
            // 获取当前 GridView 控件中第 1 列的值并存储在新的 DataRow 中
            row["sele"] =((CheckBox)GridView1.Rows[i].FindControl
("CheckBox1")).Checked;
            // 获取当前 GridView 控件中第 2 列的值并存储在新的 DataRow 中
            row["id"] = GridView1.Rows[i].Cells[1].Text;
            // 获取当前 GridView 控件中第 3 列的值并存储在新的 DataRow 中
            row["name"] = GridView1.Rows[i].Cells[2].Text;
            // 获取当前 GridView 控件中的第 4 列的值并存储在新的 DataRow 中
            row["grade"]((TextBox)GridView1.Rows[i].FindControl("txtGrade")).Text;
            dt.Rows.Add(row);                    // 将新行添加到 DataTable 中
        }
        else
        {
            row = dt.NewRow();                   // 创建一个新行
            // 获取当前 GridView 控件中第 1 列的值并存储在新的 DataRow 中
            row["sele"] = ((CheckBox)GridView1.Rows[e.RowIndex].
FindControl("CheckBox1")).Checked;
            // 获取当前 GridView 控件中第 2 列的值并存储在新的 DataRow 中
            row["id"]= ((TextBox)GridView1.Rows[e.RowIndex].Cells[1].
Controls[0]).Text;
            // 获取当前 GridView 控件中第 3 列的值并存储在新的 DataRow 中
            row["name"]= ((TextBox)GridView1.Rows[e.RowIndex].Cells[2].
Controls[0]).Text;
            // 获取当前 GridView 控件中第 4 列的值并存储在新的 DataRow 中
            row["grade"] = ((TextBox)GridView1.Rows[e.RowIndex].FindControl
("txtGrade")).Text;
            dt.Rows.Add(row);                    // 将新行添加到 DataTable 中
        }
    }
    GridView1.DataSource = dt;                   // 设定数据源
```

```
            GridView1.DataBind();                              // 绑定数据源
    }
```

（6）创建一个提交选择信息的事件，完成将选择信息添加到 ListBox 控件中的功能。在事件中添加代码如下：

```
// 提交选择行
protected void Button1_Click(object sender, EventArgs e)
{
    // 遍历所有 GridView 的控件
    for (int i = 0; i < GridView1.Rows.Count; i++)
    {
        bool ch = ((CheckBox)GridView1.Rows[i].FindControl
("CheckBox1")).Checked;                          // 判断当前行是否选中
        if (ch)                                  // 如果选中
        {
            ListItem li = new ListItem();        // 创建一个 ListItem 对象
            // 设置属性
            li.Text=GridView1.Rows[i].Cells[2].Text+""+ ((TextBox)GridView1.
Rows[i].FindControl("txtGrade")).Text;
            li.Value = ((TextBox)GridView1.Rows[i].FindControl
("txtGrade")).Text;
            ListGrade.Items.Add(li);             // 添加到控件中
        }
    }
}
```

通过上面的代码可以大致了解如何设定、修改及获取不同情况下 GridView 控件的值。需要注意的是，所有功能都需要在控件对应的事件中进行相应的处理。

12.3 网站部署的基本步骤

网站编写完成后还需要部署到服务器上，这样用户才能够通过浏览器访问。本节将介绍利用 C# 编写完成符合 ASP.NET 结构的网站后，部署到服务器上所需要的条件，以及如何将编写的网站部署到指定的机器上。

> **说明**：服务器指部署网站软件的机器。网站程序一般安装在一台机器上，其他人只需要输入网站的地址便可以访问了。

12.3.1 部署网站的环境要求

部署网站的环境要求是指网站能够正常运行所需要的安装环境。C# 编写的符合 ASP.NET 结构的网站只能在 Windows 平台中进行部署。除了平台的限制，还需要符合以下三个条件。

- 需要安装 Windows 的 Internet 信息服务器（IIS）：Internet 信息服务器主要用于进行网站的管理，以及相应的安全、流量和访问人数等方面的控制。

- 需要安装相应的运行包：如果要运行 C# 编写的网站程序，就需要安装 .NET Framework 压缩包，版本可根据需要与机器的配置选择。.NET Framework 的压缩包中包含很多类库和新元素，如 Socket 类，就是由 .NET Framework 提供的。
- 需要安装相应的配套软件：程序运行时需要使用的软件，如数据库软件 SQL Server 或 Oracle，如果需要存储数据就需要安装。

安装完以上的软件，便可以部署和运行 C# 编写的符合 ASP.NET 结构的网站了。

12.3.2 部署网站的步骤

部署网站是指将编写完的程序变成可以运行的网站。网站的代码编写完成后只是具备了这个功能，如果不部署到 Windows 平台中，用户仍然无法访问。下面介绍如何部署一个 ASP.NET 的网站。需要注意的是，一定要先安装 Windows 的 Internet 信息服务器 IIS。

（1）打开"计算机管理"界面，展开"服务与应用程序"选项，选择"Internet Information Services(IIS) 管理器"选项，展开"连接"界面下面的"网站"选项，如图 12-17 所示。

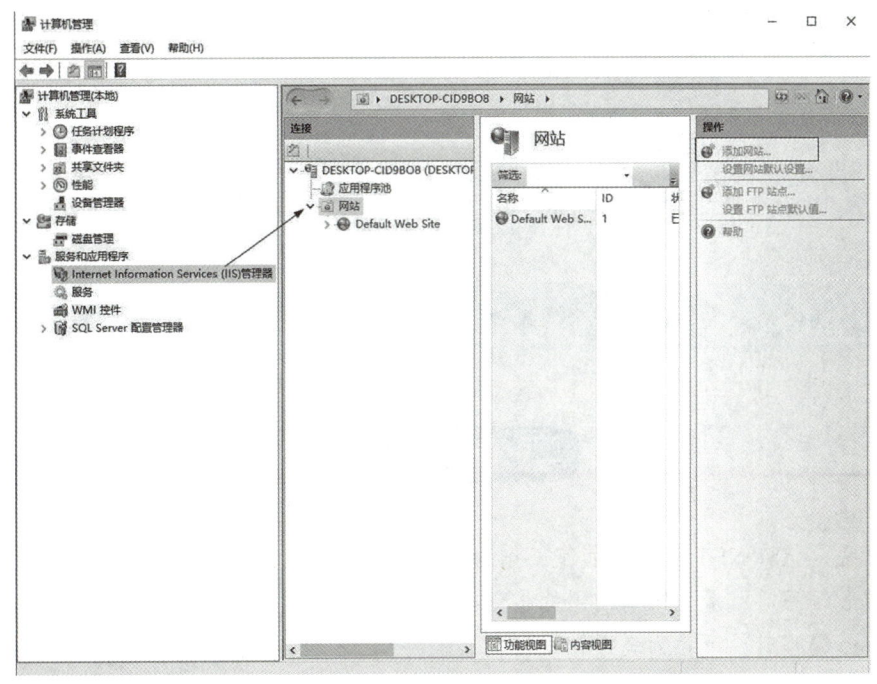

图 12-17　打开网站管理界面

（2）单击"添加网站…"链接命令，会弹出一个"添加网站"的窗口，如图 12-18 所示。

（3）设定好网站名称、物理路径、IP 地址、端口（默认为 80 端口）、主机名等项，然后单击"确定"按钮即可。

部署完程序后只需要在浏览器地址栏中输入 IP 地址便可以访问网站了。例如，本机

IP 地址是 192.168.100.6，只需要在浏览器的地址栏中输入 192.168.100.6，便可以访问通过上述步骤配置的 ASP.NET 网站。

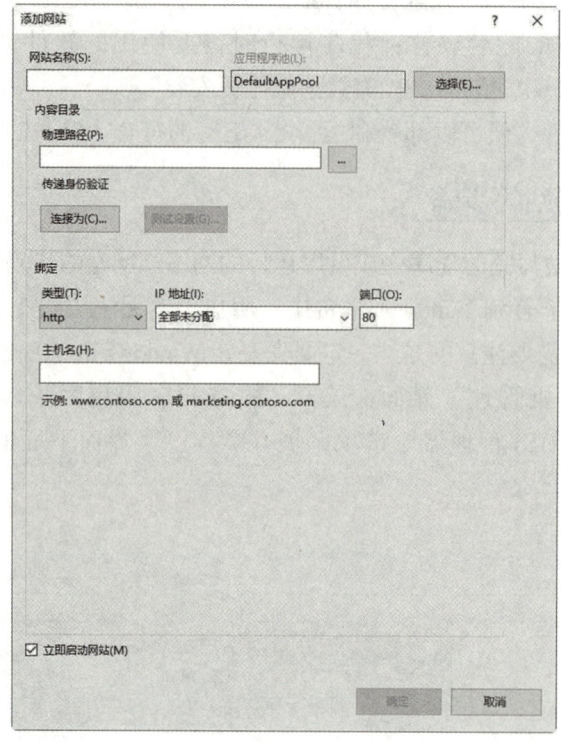

图 12-18　添加网站

> **注意**：其他用户要访问部署好的网站，必须明确地指明 IP 地址。

1. 什么是 ASP.NET？它是如何工作的？
2. Web 编程时，输入密码使用的控件是什么？
3. Web 编程时，下拉列表通常采用什么控件？
4. Web 编程时，需要展示许多复杂的数据时可以使用什么控件？
5. 对于 GridView 控件，如何设定它的数据源？
6. 编写一段代码，提供是、否和不确定三种选择，当用户选择后提示用户的选择结果。
7. 部署 ASP.NET 架构的 Web 程序需要什么条件？

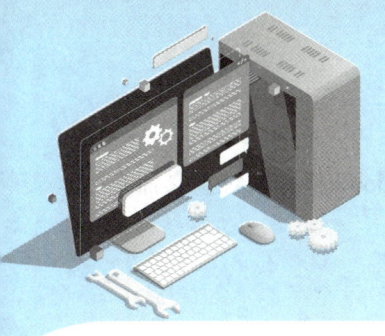

第 13 章
Windows 窗体程序的开发

Windows 窗体程序的开发又称为 WinForm 程序的开发。这种程序需要在用户的机器上进行安装，如果有服务器端，那么只能通过安装的软件与服务器端进行交互。如聊天工具 QQ，需要在本机安装 QQ 才能与其他人进行联系。本章将介绍 Windows 窗体程序开发的相关知识，内容包括：

※ Windows 窗体程序开发知识简介
※ .NET 环境下 WinForm 基本控件的使用
※ Windows 窗体介绍

13.1 Windows 窗体程序开发知识简介

Windows 窗体开发出来的程序，必须在用户机器上进行安装。由于程序是安装在用户机器上的，因此比 Web 程序具有更为强大的功能。下面将介绍什么是 Windows 窗体程序开发及其工作机制。

13.1.1 什么是 Windows 窗体程序开发

Windows 窗体程序开发是指开发一种需要在用户机器上安装后才能使用的程序。一般来说 Windows 窗体开发出来的程序，所有的使用者都必须在自己的机器上安装才能使用。

Windows 窗体开发的程序功能很强，即便没有其他的机器连接，也能独立运行。在 Windows 窗体程序开发中，窗体用于向用户展示信息，通过编写各种事件的响应代码，响应用户的各种操作（如鼠标单击操作、键盘的输入操作等）。

Windows 窗体程序开发时可以使用丰富的控件，通过控件能够给用户提供强大的支持，如实时地给用户提供信息、记录用户当前的状态等。而 Web 程序的服务器控件功能则比较单一，并且很多功能因为受网络的限制而不能实现。

Windows 窗体开发的程序与 Web 程序的不同还有对数据的操作。Web 程序一般只能操作服务器上的数据，如果要操作用户本机的数据则相当麻烦，而 Windows 窗体开发的程序可以很方便地操作本机的数据，如操作 XML 文件的数据、数据库中的数据等。同时也能通过程序访问服务器端的数据，并将本机的数据提交给服务器。

Windows 窗体开发程序的最好例子就是计算机中使用的 Windows 操作系统。它拥有丰富的界面、强大的功能以及能够操作的各种数据。

13.1.2 Windows 窗体程序的工作机制

Windows 窗体程序的工作机制指程序按照何种方式处理用户的请求，它是一种事件驱动型的程序。Windows 窗体程序按照以下流程进行。

（1）进入程序的入口函数，即主函数是整个程序的入口。就像要进入房间时，必须通过房间的门才能进入一样，主函数就像房间的门。

（2）注册窗口的属性及包含的各种控件。这是产生界面的阶段，就像进入房间后需要布置房间的格局，床放哪里，桌子放哪里，等等。

（3）建立一个消息响应及处理机制。这是核心阶段，主要提供如何响应用户的请求，就像人进入房间后，想休息就去有床的房间，想娱乐就去有电视的房间，根据需求的不同做出不同的反应。

（4）响应每个用户的请求。由于建立了一套响应处理机制，因此能很快地给用户反馈处理结果。

Windows 窗体程序的运行流程如图 13-1 所示。

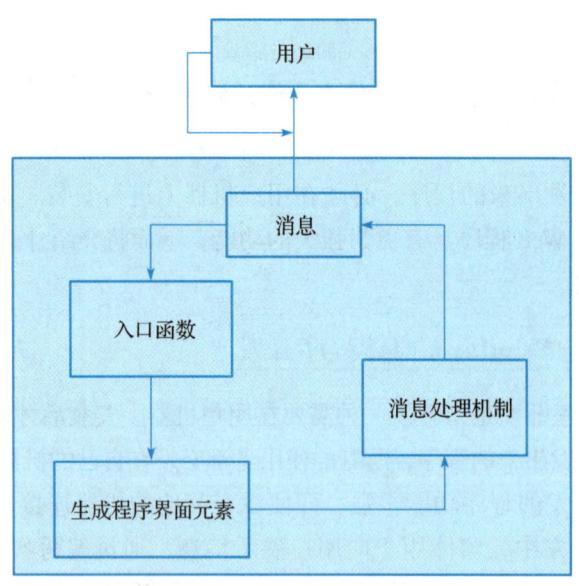

图 13-1　Windows 窗体程序的运行流程

13.2　.NET 环境下 WinForm 基本控件的使用

WinForm 的基本控件是指为了方便用户与程序交互而设计的对象。通过使用控件，能够开发出交互性非常好的程序，如填写用户名和密码的控件、浏览文件的控件等。下面将介绍 C# 中经常使用的一些控件。

> **注意**：WinForm 的控件没有服务器和客户端之分。编写完成后的 WinForm 程序可以部署到任何机器上，但也只能在部署的机器上使用。

13.2.1 Label 控件的使用

Label 控件主要用于展示信息给用户。在 WinForm 程序中，Label 控件既可以作为基本信息的载体，也可以作为复杂信息的呈现体。Lable 控件的主要属性如表 13-1 所示。

表 13-1 Lable 控件的主要属性

属性名称	属性的作用
Image	设置控件的背景图片
Size	设置控件的大小
Text	设置控件显示的内容
TextAlign	设置控件的对齐方式
Enabled	设置控件是否启用
Visible	设置控件是可见的还是隐藏的

Label 控件还包括很多事件，如 Click（单击）事件、DoubleClick（双击）事件等。

【实例 13-1】使用 Label 控件示例，要求如下：

界面中要包含两个 Label 控件，单击其中一个控件会在另一个 Label 控件上显示单击的次数以及单击的类型。界面的布局如图 13-2 所示。

（1）创建四个变量，记录单击 Label 控件的次数。代码如下：

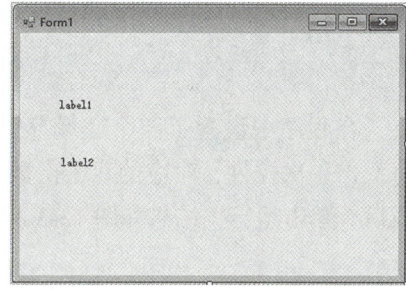

图 13-2 Label 控件示例的界面布局

```
int doCli1 = 0;           //记录双击 Label1 的次数
int sinCli1 = 0;          //记录单击 Label1 的次数
int doCli2 = 0;           //记录双击 Label2 的次数
int sinCli2 = 0;          //记录单击 Label2 的次数
```

（2）创建单击 Label1 控件的事件，在事件中添加下面的代码，记录当前的单击次数，并在 Label2 控件中显示当前事件的类型和单击次数。

```
//单击 Label1 控件
private void label1_Click(object sender, EventArgs e)
{
    sinCli1++;                                        //记录当前的单击次数
    label2.Text = "您刚才单击了 Label1 控件,";         //显示当前的单击类型
    label2.Text = label2.Text + "Lable1 控件点击了 " + sinCli1.ToString() + "次";
```

```
                                                    // 显示单击的次数
}
```

（3）重复上述操作，分别创建单击 Label2 控件的事件、双击 Label1 控件的事件以及双击 Label2 控件的事件，并在事件中添加下面的代码，完成单击次数的记录。

```
// 单击 Label2 控件
private void label2_Click(object sender, EventArgs e)
{
    sinCli2++;                                      // 记录当前的单击次数
    label1.Text = " 您刚才单击了 Label2 控件 ,";    // 显示当前的单击类型
    label1.Text = label1.Text + "Lable2 控件点击了 " + sinCli2.ToString() + " 次 ";
                                                    // 显示单击的次数
}
// 双击 Label1 控件
private void label1_MouseDoubleClick(object sender, MouseEventArgs e)
{
    doCli1++;                                       // 记录当前的双击次数
    label2.Text = " 您刚才双击了 Label1 控件 ,";    // 显示当前的单击类型
    label2.Text = label2.Text + "Lable1 控件点击了 " + doCli1.ToString() + " 次 ";
                                                    // 显示单击的次数
}
// 双击 Label2 控件
private void label2_MouseDoubleClick(object sender, MouseEventArgs e)
{
    doCli2++;                                       // 记录当前的双击次数
    label1.Text = " 您刚才双击了 Label2 控件 ,";    // 显示当前的单击类型
    label1.Text = label1.Text + "Labl2 控件点击了 "+doCli2.ToString()+" 次 ";
                                                    // 显示单击的次数
}
```

在程序中设置了四个变量存储单击次数，每单击一次控件，对应的单击次数加 1，每双击一次控件，对应的双击次数加 1。Label 控件显示另一个控件被单击次数。程序完成后，单击运行，结果如图 13-3 所示。

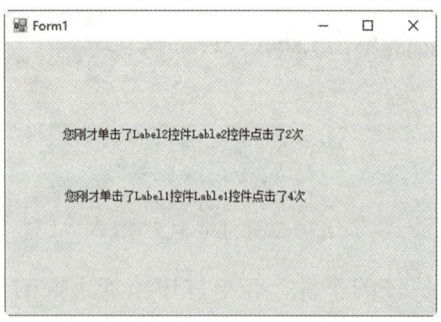

图 13-3 Label 控件示例程序的运行结果

> **注意**：Label 控件一般只用于显示简单的提示。这些简单的提示用于提示用户控件起什么作用，或者系统出了什么错误之类的信息。

13.2.2 TextBox、RichTextBox 与 Button 控件的使用

TextBox 和 RichTextBox 都用于用户输入信息，而 Button 控件主要用于提交用户的请求。其中 TextBox 控件用于输入比较简单的信息，如用户名和密码，而 RichTextBox 用于输入比较复杂的信息，如评论或者文章。

由于 TextBox 控件和 Button 控件与 Web 程序中的相应控件类似，在此不再一一列出。下面主要介绍 RichTextBox 控件的属性。RichTextBox 的主要属性如表 13-2 所示。

表 13-2 RichTextBox 的主要属性

属性名称	属性的作用
Lines	当输入的文本有多行时，可以将内容变为字符数组
MaxLength	定义当前文本中最多允许的字符数
Multiline	是否允许多行编辑
ScrollBars	设置当前滚动条的格式，是上下滚动还是左右滚动
Text	用户输入的信息

【实例 13-2】使用 TextBox、RichTextBox 与 Button 控件的示例，要求如下：

程序界面的布局如图 13-4 所示。在界面中要包含三个 Button 控件，一个 TextBox 控件以及一个 RichTextBox 控件。其中一个 Button 控件用于初始化 RichTextBox 控件中的值，一个 Button 控件用于获取 RichTextBox 控件中的值，并将它们转化为字符数组，还有一个 Button 控件与 TextBox 控件配合，将用户输入 TextBox 控件中的字符添加到 RichTextBox 控件中。

第一步，设计界面，布局如图 13-4 所示。

第二步，实现各控件功能。

（1）双击"初始化字符"按钮，创建一个 Click 事件，在事件中加入下列代码，并在 RichTextBox 控件中添加最初的字符。

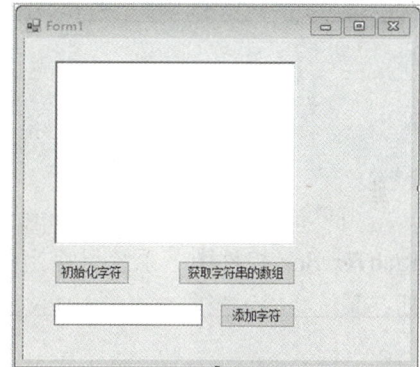

图 13-4 程序界面的布局

```
// 初始化 richTextBox1 的方法
private void button1_Click(object sender, EventArgs e)
{
    richTextBox1.Text = "this is initial string";                    //设置第一行值
    richTextBox1.Text += "\r\nthis is the second row string";        //设置第二行值
    richTextBox1.Text += "\r\nthis is the third row string";         //设置第三行值
}
```

（2）双击"获取字符串的数组"按钮，创建一个 Click 事件，并在事件中添加以下代码。添加完成后便可以将 RichTextBox 控件中的值转化为字符数组，并将每个值输出。

```csharp
// 获取 richTextBox1 控件中的行数
private void button2_Click(object sender, EventArgs e)
{
    // 获取当前 richTextBox1 控件中的行数
    string[] arrayString = richTextBox1.Lines;
    StringBuilder sb = new StringBuilder();           // 创建一个字符串存储对象
    sb.Append(" 当前 richTextBox1 控件中有 ");
    sb.Append(arrayString.Length);                    // 输出当前包含的总行数
    sb.Append(" 行数据 .");
    sb.Append("");                                    // 空行
    int nc = arrayString.Length;                      // 获取字符数组的长度
    for (int i = 0; i < arrayString.Length; i++)      // 变量字符数组
    {
        sb.Append(" 第 ");                            // 输出当前元素的信息
        sb.Append(i + 1);
        sb.Append(" 行数据是 :");
        sb.Append(arrayString[i]);                    // 添加数据
        sb.Append(";");
        sb.AppendLine("");                            // 添加数据
    }
    MessageBox.Show(sb.ToString());                   // 弹出对话框，显示获取到的信息
}
```

（3）双击"添加字符"按钮，创建一个 Click 的事件，并在事件中添加下列代码，实现将字符添加到 RichTextBox 控件中的功能。

```csharp
// 添加字符
private void button3_Click(object sender, EventArgs e)
{
    richTextBox1.Text = richTextBox1.Text + "\r\n";           // 换行
    // 在 richTextBox1 中添加输入的字符
    richTextBox1.Text = richTextBox1.Text + textBox1.Text;
}
```

当单击"添加字符"的 Button 控件后，程序会将 TextBox 控件中的字符串添加到 RichTextBox 控件中。系统保存当前添加的数据行数。单击"获取字符串的数组"按钮后，系统会提示当前 RichTextBox 控件中的字符。上述代码执行结果如图 13-5 所示。

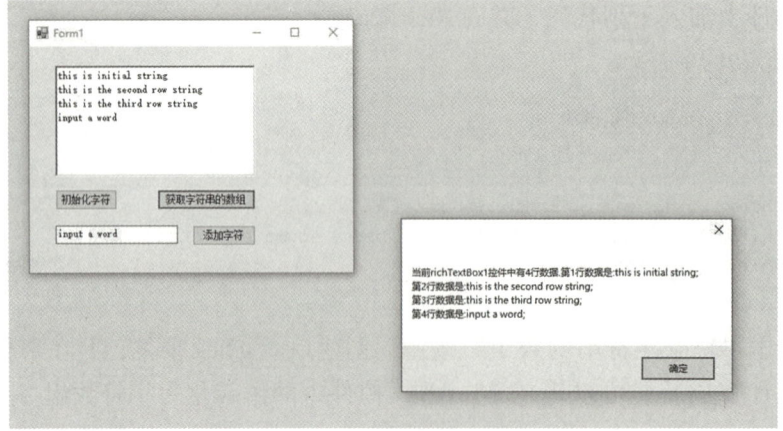

图 13-5　RichTextBox 示例的执行结果

> **技巧**：TextBox 控件可以不停地添加字符串。在程序中为 TextBox 控件添加字符串有两种方式：一种是用 textBox1.Text= "tt" +textBox1.Text，另一种是通过 TextBox 控件的 AppendText 方法。

13.2.3 TreeView 控件的使用

TreeView 控件主要用于有层次地展示相关数据。它包含根节点（用于表示该类数据的总体）和子节点（指示具体的内容）。就像大树，每棵树有很多树杈，每个树杈又包含很多树叶或者其他的小树杈，叶子或小树杈就是最终位置。

TreeView 控件由一组 Node 对象组成，其主要属性如表 13-3 所示。

表 13-3 TreeView 控件的属性

属性名称	属性的作用
ItemHeight	设置每个节点的高度
Nodes	设置节点的集合
Text	显示每个节点的名称
ToolTipText	当鼠标移到该节点时的显示值
Checkd	指示该节点是否处于选中状态

> **说明**：可以将 TreeView 控件理解为一个目录树，就像 Windows 操作系统的资源管理器一样。通过 TreeView 控件能够快速地定位需要进行的操作。

【实例 13-3】TreeView 控件的使用示例，要求如下：

程序的界面布局如图 13-6 所示。界面中要包含一个 TreeView 控件，三个 Button 控件以及一个 TextBox 控件。其中，TreeView 控件用于有层次地显示数据，一个 Button 控件用于将用户输入的信息作为根节点添加到 TreeView 中，一个 Button 控件用于将用户输入的信息作为叶子节点添加到 TreeView 指定的根节点下，一个 Button 控件用于删除指定的节点。

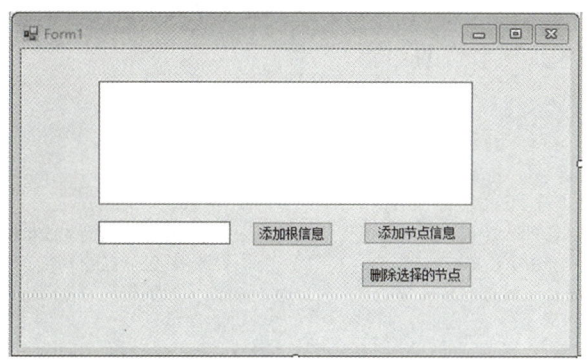

图 13-6 TreeView 控件程序的界面布局

第一步,设计界面,布局如图 13-6 所示。

第二步,实现各控件功能。

(1)创建一个初始化代码,在开始时就调用该函数,并创建两个根节点信息。

```csharp
public Form1()
{
    InitializeComponent();
    IntialTreeNode();                                   // 调用初始化方法
}
// 初始化 treeView 控件
public void IntialTreeNode()
{
    TreeNode tn = new TreeNode();                       // 创建一个根节点
    tn.Name = "测试一";                                  // 设置根节点信息
    tn.Text = "测试一";
    TreeNode tn1 = new TreeNode("测试一子节点一");        // 创建叶节点一
    tn1.Text = "测试一子节点一";                          // 设置叶节点信息
    TreeNode tn2 = new TreeNode("测试一子节点二");        // 创建叶节点二
    tn2.Text = "测试一子节点二";                          // 设置叶节点信息
    TreeNode tn3 = new TreeNode("测试一子节点三");        // 创建叶节点三
    tn3.Text = "测试一子节点";                            // 设置叶节点信息
    tn.Nodes.Add(tn1);
    tn.Nodes.Add(tn2);
    tn.Nodes.Add(tn3);
    treeView1.Nodes.Add(tn);                            // 添加根节点到指定的控件
    TreeNode tt = new TreeNode();                       // 创建一个根节点
    tt.Name = "测试一";                                  // 设置根节点信息
    tt.Text = "测试一";
    TreeNode tt1 = new TreeNode("测试一子节点一");        // 创建叶节点一
    tt1.Text = "测试一子节点一";                          // 设置叶节点信息
    TreeNode tt2 = new TreeNode("测试一子节点二");        // 创建叶节点二
    tt2.Text = "测试一子节点二";                          // 设置叶节点信息
    TreeNode tt3 = new TreeNode("测试一子节点三");        // 创建叶节点三
    tt3.Text = "测试一子节点";                            // 设置叶节点信息
    tt.Nodes.Add(tt1);
    tt.Nodes.Add(tt2);
    tt.Nodes.Add(tt3);
    treeView1.Nodes.Add(tt);                            // 添加根节点到指定的控件
}
```

(2)双击"添加根信息"按钮,创建一个添加根节点的事件,并在事件中添加下列代码,完成向控件中添加根节点的功能。

```csharp
// 添加根信息
private void button1_Click(object sender, EventArgs e)
{
    TreeNode tn = new TreeNode();                       // 创建一个根节点
    tn.Text = textBox1.Text;                            // 设置根节点的 Text 值
    tn.Name = textBox1.Text;                            // 设置根节点的 Name 值
    treeView1.Nodes.Add(tn);                            // 添加到指定的控件中
}
```

(3)双击"添加节点信息"按钮,创建一个添加节点信息的事件,并在事件中添如下代码，完成添加叶子节点到指定根节点的功能，注意，必须选择根节点。

```csharp
// 添加到指定的节点
private void button2_Click(object sender, EventArgs e)
{
    if (treeView1.SelectedNode != null)
    {
        TreeNode tn = new TreeNode();            // 创建一个根节点
        tn.Text = textBox1.Text;                 // 设置根节点的 Text 值
        tn.Name = textBox1.Text;                 // 设置根节点的 Name 值
        treeView1.SelectedNode.Nodes.Add(tn);    // 添加到指定的节点下
    }
    else
    {
        MessageBox.Show("没有选择待添加的节点");  // 提示用户选择待添加的节点
    }
}
```

（4）双击"删除选择的节点"按钮，创建一个删除事件，在删除事件中添加如下代码，完成删除指定节点的功能。需要注意的是，删除根节点后，它的所有子节点都被删除了。

```csharp
// 删除指定的子节点
private void button3_Click(object sender, EventArgs e)
{
    treeView1.Nodes.Remove(treeView1.SelectedNode);  // 删除子节点
}
```

从上述代码中可以看出，TreeView 控件中所有的节点都是 TreeNode 对象，是包含一个或多个 Nodes 节点的集合。如果要遍历一个 TreeView 控件，可以通过下面的一段代码进行。

```csharp
// 访问每个节点下的所有信息
private void PrintNodeInfo(TreeNode tn)
{
    MessageBox.Show(tn.Text);                    // 显示节点的 Text 属性值
    foreach (TreeNode tt in tn.Nodes)            // 遍历 TreeNode 节点下的所有 Node 节点
    {
        PrintNodeInfo(tn);                       // 进行自我调用
    }
}
// 获取控件的整个节点集合
private void CallRecursive(TreeView treeView)
{
    TreeNodeCollection nodes = treeView.Nodes;   // 获取所有的 Node 节点
    foreach (TreeNode n in nodes)                // 遍历所有的节点信息
    {
        PrintNodeInfo(n);                        // 调用访问 TreeNode 节点的方法
    }
}
```

遍历 TreeView 节点时，可以采取回调方法。访问一个节点，然后调用方法访问这个节点下面的子节点。如果访问到的是叶子节点，则访问它的父节点下的其他子节点。删除节点之后，它的子节点全部被删除。

13.2.4 ProgressBar 控件的使用

ProgressBar 控件主要用于展示程序的完成程度,从而给用户一种直观的感受。类似人们去银行排队办理业务时,会得到一张等待的单子,单子上显示当前的等待人数,可以让客户根据等待人数安排自己的其他事情。

ProgressBar 控件通过 Value 设置当前的完成程度,其他的属性主要用于设定 ProgressBar 的大小、位置和颜色等。

【实例 13-4】ProgressBar 控件的使用示例,要求如下:

程序界面的布局如图 13-7 所示。界面中要包含一个 ProgressBar 控件,用于展示指令完成程度;一个 Button 控件,用于提供单击,单击 10 次后程序完成;一个 Label 控件,用于展示当前单击的次数。

图 13-7　ProgressBar 控件示例的布局

第一步,设计界面,布局如图 13-7 所示。

第二步,实现各控件功能。

双击"显示程序进程"按钮,创建一个单击事件,然后在事件中添加如下代码,完成 ProgressBar 控件的程度显示。注意,还需要创建一个变量记录当前单击的次数。

```csharp
private int count = 0;                              //记录当前单击数
//单击按钮事件
private void button1_Click(object sender, EventArgs e)
{
    count ++;                                       //记录当前单击数
    if (count < 11)                                 //如果单击数小于 11
    {
        label1.Text = "当前点击" + count.ToString() + "次,共需点击 10 次";
                                                    //显示当前的单击数
    }
    if (progressBar1.Value < 100)                   //如果值小于 100
    {
        progressBar1.Value = progressBar1.Value + 10;//每次前进 10%
    }
    else
    {
        MessageBox.Show(" 点击完成 ");              //显示完成
    }
}
```

上面的程序中,每单击一次,就在当前的 ProgressBar 控件的 Value 属性值中添加 10。当 Value 的值等于 100 时,ProgressBar 控件填充完成。当 ProgressBar 控件的 Value

属性值超过 100 后，系统会报错。当单击按钮后，程序的执行结果如图 13-8 所示。

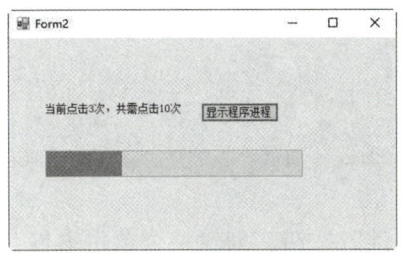

图 13-8　ProgressBar 示例程序的执行结果

> 技巧：ProgressBar 控件还有 Maximum 和 Minimum 属性，其中 Maximum 属性用于设置 ProgressBar 控件的最大值，Minimum 属性用于设置 ProgressBar 控件的最小值。ProgressBar 控件的 Value 属性值只能在这两个值之间。

13.2.5　WebBrowser 控件的使用

WebBrowser 控件主要用于在控件中展示文档或者网页的信息。WebBrowser 控件类似于浏览器，能够保存已经打开过的文档，还能够导航到指定的文档。此控件在设计时一般用于打开复杂的文件，或者访问网上的信息。

WebBrowser 控件主要通过 Navigate 方法来浏览指定的文件，此时只需要指定文件或者网站的地址即可。

【实例 13-5】使用 WebBrowser 控件访问复杂的文件，要求如下：

程序的界面布局如图 13-9 所示。界面中要包含一个 WebBrowser 控件，用于展示访问的信息（如文档的内容或者网页的页面内容）；一个 Button 控件，用于提交访问的文件路径或者网站地址；还有一个 Button 控件，用于提交上一次访问的地址；一个 TextBox 控件，用于输入需要访问的地址；一个 ComboBox 控件，用于确定访问的是文件还是网站。

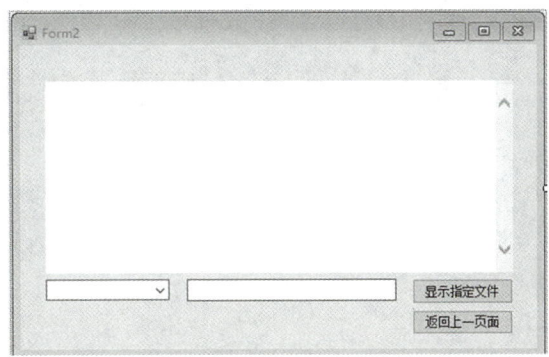

图 13-9　WebBrowser 控件示例的界面布局

第一步，设计界面，布局如图 13-9 所示。
第二步，实现各控件的功能。

（1）添加下面代码以填充 ComboBox 控件，在代码中添加访问文档或者网站的选项。

```csharp
// 填充 ComboBox 控件
private void FillCombox()
{
    comboBox1.Items.Add(" 网站 ");              // 添加网站选项
    comboBox1.Items.Add(" 文档 ");              // 添加文档选项
    comboBox1.SelectedIndex = 0;                // 设置当前选项
}
```

（2）双击"显示指定文件"按钮，创建一个单击事件，并在事件中添加如下代码，完成 WebBrowser 控件的导航。

```csharp
// 导航到指定文件
private void button1_Click(object sender, EventArgs e)
{
    if (comboBox1.SelectedItem != null)                             // 如果选择的控件不为空
    {
        string selestr = comboBox1.SelectedItem.ToString();         // 获取选择的项
        if (selestr.CompareTo(" 网站 ") == 0)                       // 如果选择的是网站选项
        {
            if (textBox1.Text.Length > 0)                           // 判断输入是否正确
            {
                webBrowser1.Navigate(textBox1.Text);                // 导航到指定的网址
            }
            else
            {
                MessageBox.Show(" 请输入网址 ");                    // 提示输入的错误信息
            }
        }
        else if (selestr.CompareTo(" 文档 ") == 0)                  // 如果选择的是文档选项
        {
            if (textBox1.Text.Length > 0)                           // 判断输入是否正确
            {
                if (File.Exists(textBox1.Text))                     // 判断文件路径是否存在
                {
                    webBrowser1.Navigate(textBox1.Text);            // 导航到指定的文档
                }
                else
                {
                    MessageBox.Show(" 文档不存在，请输入正确的地址 ");
                                                                    // 提示文件不存在的错误信息
                }
            }
            else
            {
                MessageBox.Show(" 请输入文档地址 ");                // 提示输入的错误信息
            }
        }
        else
        {
            MessageBox.Show(" 没有该访问的类型 ");                  // 提示类型选择的错误信息
        }
    }
    else
```

```
        {
            MessageBox.Show(" 请选择访问的类型 ");          // 提示选择的错误信息
        }
}
```

（3）双击"返回上一页面"按钮，创建单击事件按钮，然后在事件中添加如下代码，如果在历史记录中存在访问过的网址或者文档，则进入这个页面或文档。

```
// 访问上一页面
private void button2_Click(object sender, EventArgs e)
{
    if (webBrowser1.CanGoBack)                           // 如果控件可以导航到上一页面
    {
        webBrowser1.GoBack();                            // 返回上一页面
    }
    else
    {
        MessageBox.Show(" 不能访问上一个页面 ");          // 提示不能访问的信息
    }
}
```

WebBrowser 控件实际上相当于一个浏览器，可以进行网站、文档的浏览以及文档的下载操作。因此，可以利用 WebBrowser 控件来封装下载的地址，仅提供下载的通道，即用户只能通过控件选择和下载所需要的文件。

> 说明：在程序设计时，WebBrowser 控件一般与 Word 文档操作相关联。如果程序中需要打开 Word 文档，则可以考虑使用 WebBrowser 控件。

13.2.6 TabControl 控件的使用

TabControl 控件是一个选项卡控件，通过使用 TabControl 控件可以在同样大小的空间放置许多不同类型的控件。TabControl 控件由一个或者多个 TabPage 组成，每个 TabPage 中包含一种控件，共同占有同一个用户控件。TabControl 控件显示如图 13-10 所示。

TabControl 中所有的 TabPage 组成一个集合，可以通过编程的方式遍历所有的 TabPage 对象，也可以创建一个 TabPage 对象添加到集合中。

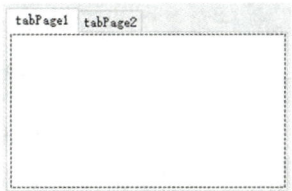

图 13-10 TabControl 控件

下面的代码演示了如何遍历 TabControl 中所有的 TabPage 对象；如何创建一个 TabPage 对象，并将其添加到 TabControl 的 TabPage 集合中；如何从 TabControl 中移除指定的 TabPage 对象；如何修改 TabControl 中的 TabPage 的一些属性。

```
// 遍历 TabControl 中的每一 TabPage 项
foreach (TabPage tp in tabControl1.TabPages)
{
    MessageBox.Show(tp.Name);                            // 显示该 TabPage 的 Name 属性值
    MessageBox.Show(tp.Text);                            // 显示该 TabPage 的 Text 属性值
}
```

```csharp
// 遍历 TabControl 中的每一 TabPage 项
foreach (TabPage tp in tabControl1.TabPages)
{
    tp.Text = "Already alter";                      // 修改 TabPage 的 Text 属性值
}
TabPage tpp = new TabPage();                        // 创建一个新的 TabPage 页对象
tpp.Text = "new page";                              // 设置该 TabPage 的 Name 属性值
tpp.Name = "new page";                              // 设置该 TabPage 的 Name 属性值
tabControl1.TabPages.Add(tpp);                      // 添加到 TabControl 控件中
TabPage[] newpages = new TabPage[]{
                new TabPage("new page array1"),
                new TabPage("new page array2")
                };                                  // 创建一个 TabPage 页的数组
// 遍历 TabControl 中的每一 TabPage 项
foreach (TabPage tp1 in tabControl1.TabPages)
{
    MessageBox.Show(tp1.Name);                      // 显示该 TabPage 的 Name 属性值
    MessageBox.Show(tp1.Text);                      // 显示该 TabPage 的 Text 属性值
}
tabControl1.TabPages.AddRange(newpages);            // 添加到 TabControl 控件中
// 移除 ID 为 tabPage1 的 TabPage 项
tabControl1.TabPages.Remove(tabControl1.TabPages["tabPage1"]);
tabControl1.TabPages.RemoveAt(0);                   // 移除在最开头位置的 TabPage 项
// 遍历 TabControl 中的每一 TabPage 项
foreach (TabPage tp1 in tabControl1.TabPages)
{
    MessageBox.Show(tp1.Name);                      // 显示该 TabPage 的 Name 属性值
    MessageBox.Show(tp1.Text);                      // 显示该 TabPage 的 Text 属性值
}
```

TabControl 控件中包含一个 TabPage 集合，TabPage 之间可以没有任何联系。通过 AddRange 方法可以一次性添加几个 TabPage 页面到 TabControl 控件中，通过 Remove 和 RemoveAt 方法可以移除指定的 TabPage 页面。

> **注意**：使用 TabControl 控件时，部署在每个 TabPage 页面上的控件必须相关。如果部署在 TabPage 页面上的控件不相关，那么就不符合一般的设计逻辑了。

最常见的 TabControl 例子就是任务管理器，它有进程、性能、应用历史记录、启动、用户、详细信息和服务等选项卡，如图 13-11 所示。

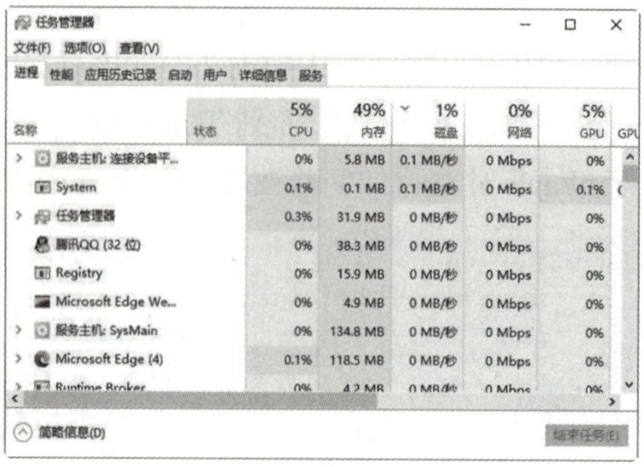

图 13-11　任务管理器中的选项卡

【实例 13-6】TabControl 控件的使用示例，要求如下：

程序界面的布局如图 13-12 所示。界面中要包含一个 TabControl 控件，TabControl 控件中包含三个 TabPage 页：第一个是登录页，只有登录了才能查看下面两个页面的信息；第二个展示用户的基本信息，包括姓名、性别和年龄；第三个页面展示用户的高级信息，包括毕业学校、学历和工作经验等，还包含两个 TextBox 控件，分别用于修改选项卡的名称和增加选项卡。

第一步，设计界面，布局如图 13-12 所示。

第二步，实现各控件功能。

（1）先创建一个变量用于记录当前用户是否登录，还有一个 SelectedIndexChanged 事件，用于当选项卡改变时判断用户是否登录，如果没有登录则返回到登录选项卡。然后创建登录事件，如果用户名和密码正确则加载用户信息，同时进入基本信息选项卡。具体代码如下：

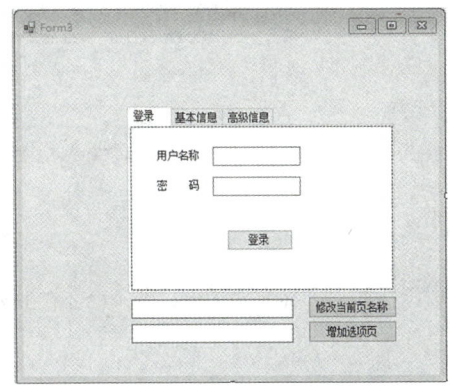

图 13-12 TabControl 示例的界面布局

```csharp
bool alreadyEnter = false;                          //记录登录状态
//TabPage 选项改变事件
private void tabControl1_SelectedIndexChanged(object sender, EventArgs e)
{
    if (alreadyEnter)                               //判断是否登录
    {
        LoadBasicInfo();                            //如果已经登录，加载基本信息
        LoadAdvanceInfo();                          //如果已经登录，加载高级信息
    }
    else
    {
        if (tabControl1.SelectedIndex != 0)
        {
            MessageBox.Show(" 请登录 ");
            tabControl1.SelectedIndex = 0;
        }
    }
}
//加载基本信息
private void LoadBasicInfo()
{
    lblName.Text = "mingjie";                       //填充姓名信息
    lblSex.Text = "male";                           //填充性别信息
    lblAge.Text = "24";                             //填充年龄信息
}
//加载高级信息
private void LoadAdvanceInfo()
{
    lblSchool.Text = "NUDT";                        //填充学校信息
    lblLevel.Text = "Bachelor";                     //填充学历信息
    lblExperience.Text = "3 Years";                 //填充工作经验信息
}
```

```
// 登录事件
private void button3_Click(object sender, EventArgs e)
{
    if (txtName.Text == "mingjie")                    // 判断用户名是否正确
    {
        if (txtPwd.Text == "111111")                  // 判断密码是否正确
        {
            alreadyEnter = true;                      // 设置登录信息
            tabControl1.SelectedIndex = 1;            // 跳转到基本信息页面
        }
        else
        {
            MessageBox.Show(" 密码不对 ");              // 提示密码错误
        }
    }
    else
    {
        MessageBox.Show(" 不存在该用户 ");              // 提示用户不存在
    }
}
```

（2）添加选项卡事件代码。首先判断用户是否输入了名称，如果没有输入就提示用户输入，如果已经输入则创建一个 TabPage 页面。修改的按钮也会先判断用户是否输入了名称，如果没有输入就提示用户输入，如果已经输入则修改当前 TabPage 页面的 Text 属性。具体代码如下：

```
// 添加选项卡的事件
private void button2_Click(object sender, EventArgs e)
{
    if (alreadyEnter)                                 // 判断是否登录
    {
        if (textBox2.Text.Trim().Length < 1)          // 如果没有输入名称
        {
            MessageBox.Show(" 请输入需要添加的选项卡名称 ");   // 给出提示
        }
        else
        {
            TabPage tp = new TabPage();               // 创建一个 TabPage 页
            tp.Text = textBox2.Text.Trim();           // 设置 TabPage 页的名称
            tabControl1.TabPages.Add(tp);             // 添加到 tabControl1 控件中
            tabControl1.SelectedTab = tp;             // 将当前页面指定到当前添加的页面
        }
    }
    else
    {
        MessageBox.Show(" 请先登录 ");                  // 提示登录信息
    }
}
// 修改选项卡名称
private void button1_Click(object sender, EventArgs e)
{
    if (alreadyEnter)                                 // 判断是否登录
    {
```

```
            if (tabControl1.SelectedIndex = 0)              // 如果是第一页面
            {
                MessageBox.Show(" 不能修改登录页面的 Text 属性 ");       // 提示不能修改
            }
            else if (tabControl1.SelectedIndex = 1)         // 如果是第二页面
            {
                MessageBox.Show(" 不能修改基本信息页面的 Text 属性 ");    // 提示不能修改
            }
            else if (tabControl1.SelectedIndex = 2)         // 如果是第三页面
            {
                MessageBox.Show(" 不能修改高级信息页面的 Text 属性 ");    // 提示不能修改
            }
            else
            {
                if (textBox1.Text.Trim().Length > 0)        // 如果能修改，判断是否输入字符串
                {
                    // 修改当前的页面的字符串
                    tabControl1.SelectedTab.Text = textBox1.Text;
                    MessageBox.Show(" 修改成功！ ");          // 提示修改成功
                }
                else
                {
                    MessageBox.Show(" 请输出需要修改的名称 ");  // 提示输入修改信息
                }
            }
        }
        else
        {
            MessageBox.Show(" 请先登录 ");                    // 提示请先登录
        }
    }
```

由上述代码可以看出，在 TabControl 控件中包含了三个 TabPage 页面，每个 TabPage 页面都部署了一些控件，每个 TabPage 页面的控件之间不会发生联系。程序中通过 TabControl 的 SelectedIndex 属性设置当前显示的 TabPage 页面，如果 SelectedIndex 超出了 TabPage 页面的总和，系统就会报错。

13.2.7　MenuStrip 与 ToolStrip 控件的使用

MenuStrip 控件是按照某类规则提供一系列快捷键的控件。快捷键有图案，并且每一项相当于一个 Button 控件，单击后触发 Click 事件，现实中应用得非常多。例如，Word 软件中最上面的菜单栏，包括"文件"和"编辑"等项，每一项下面都包含许多操作项。MenuStrip 控件如图 13-13 所示。

ToolStrip 控件和 MenuStrip 控件相似，不同的是它可以包含许多控件，如 ProgressBar 控件，但它只有一级菜单，不能够进行分级处理。通过设置这些控件可以快速进行指定的操作，就像 Word 文档中的格式栏，用户可以选择字体的颜色，输入或者选择字体的大小等。ToolStrip 控件如图 13-14 所示。

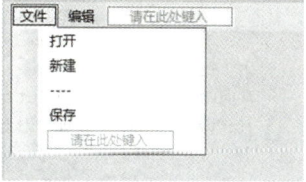

图 13-13　MenuStrip 控件

图 13-14 ToolStrip 控件

> **注意**：MenuStrip 控件和 ToolStrip 控件都是控件的容器，在这两个容器中能够添加一系列的控件。如 Label 控件、TextBox 控件等。MenuStrip 控件和 ToolStrip 控件只是负责进行布局，并没有其他的功能。

【实例 13-7】使用 MenuStrip 和 ToolStrip 控件示例，要求如下：

界面布局如图 13-15 所示。界面中要包含一个 WebBrowser 控件，用于显示指定的文件或网页；一个 MenuStrip 控件，用于向 ToolStrip 中添加指定类型的控件；一个 ToolStrip 控件，用于给 WebBrowser 控件指定需要读取的文件或网页的地址，并能够向 MenuStrip 添加指定名称的选项。

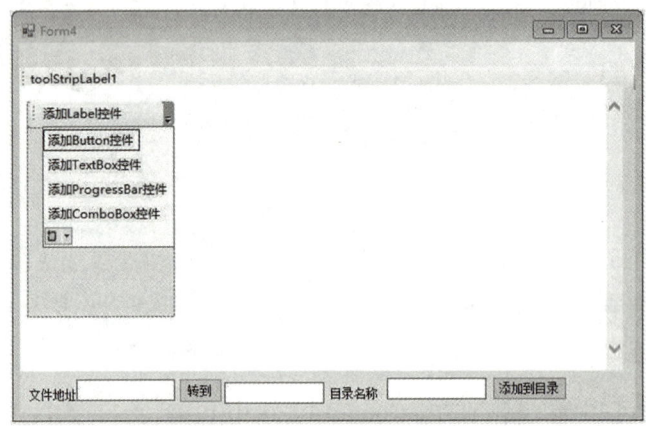

图 13-15 MenuStrip 和 ToolStrip 控件示例的界面布局

第一步，设计界面，布局如图 13-15 所示。

第二步，实现各控件功能。

（1）单击 MenuStrip 上的每个按钮，添加相关的代码，完成向 ToolStrip 控件中添加指定类型控件的功能。具体代码如下：

```
// 向 ToolStrip 添加 Label 控件
private void 添加Label控件ToolStripMenuItem_Click(object sender, EventArgs e)
{
    ToolStripLabel tsl = new ToolStripLabel();        // 创建一个 ToolStripLabel 控件
        tsl.Text = " 添加 Label 控件 ";                // 设定控件的名称
        toolStrip1.Items.Add(tsl);                    // 添加到 ToolStrip 控件中
}
// 向 ToolStrip 添加 Button 控件
private void 添加Button控件ToolStripMenuItem_Click(object sender, EventArgs e)
{
        // 创建一个 ToolStripButton 控件
        ToolStripButton tsb = new ToolStripButton();
        tsb.Text = " 添加 Button 控件 ";                // 设定控件的名称
```

```
            toolStrip1.Items.Add(tsb);                    // 添加到 ToolStrip 控件中
}
// 向 ToolStrip 添加 TextBox 控件
private void 添加 TextBox 控件 ToolStripMenuItem_Click(object sender, EventArgs e)
{
        // 创建一个 ToolStripTextBox 控件
        ToolStripTextBox tsb = new ToolStripTextBox();
        tsb.Text = " 添加 TextBox 控件 ";                  // 设定控件的名称
        toolStrip1.Items.Add(tsb);                        // 添加到 ToolStrip 控件中
}
// 向 ToolStrip 添加 ProgressBar 控件
private void 添加 ProgressBar 控件 ToolStripMenuItem_Click(object sender, EventArgs e)
{
        // 创建一个 ToolStripProgressBar 控件
        ToolStripProgressBar tsp = new ToolStripProgressBar();
        tsp.Text = " 添加的 ProgressBar 控件 ";            // 设定控件的名称
        toolStrip1.Items.Add(tsp);                        // 添加到 ToolStrip 控件中
}
// 向 ToolStrip 添加 ComboBox 控件
private void 添加 ComBox 控件 ToolStripMenuItem_Click(object sender,EventArgs e)
{
        // 创建一个 ToolStripComboBox 控件
        ToolStripComboBox tsp = new ToolStripComboBox();
        tsp.Text = " 添加的 ComboBox 控件 ";               // 设定控件的名称
        toolStrip1.Items.Add(tsp);                        // 添加到 ToolStrip 控件中
}
```

（2）在 ToolStrip 中的第一个 TextBox 控件中输入要访问的网址，单击"转到"按钮，WebBrowser 就跳转到指定的页面。在第二个 TextBox 控件中输入要在 MenuStrip 中添加的选项，单击"添加"按钮，即可在 MenuStrip 中添加对应的选项。具体代码如下：

```
// 加载 toolStrip 中的 Combobox 控件
private void LaodCombobox()
{
    // 添加选项进入
    toolStripComboBox1.Items.Add(" 添加 Label 控件 ");
    toolStripComboBox1.Items.Add(" 添加 Button 控件 ");        // 添加选项
    toolStripComboBox1.Items.Add(" 添加 TextBox 控件 ");
    toolStripComboBox1.Items.Add(" 添加 ComboBox 控件 ");
    toolStripComboBox1.Items.Add(" 添加 ProgressBar 控件 ");   // 添加选项
}
// 进行导航
private void toolStripButton1_Click(object sender, EventArgs e)
{
    if (toolStripTextBox1.Text.Trim().Length > 0)           // 判断是否输入地址
    {
        webBrowser1.Navigate(toolStripTextBox1.Text);       // 转到指定的地址
    }
    else
    {
        MessageBox.Show(" 请输入导航的地址 ");                 // 提示输入地址
    }
}
// 添加按钮
```

```csharp
private void toolStripButton2_Click(object sender, EventArgs e)
{
    if (toolStripTextBox2.Text.Trim().Length > 0)
    {
        int n = toolStripComboBox1.SelectedIndex;         // 获取用户的选项
        if (n == 0)                                        // 如果选第一项
        {
            ToolStripLabel tsl = new ToolStripLabel();
            //创建一个 ToolStripLabel 控件
            tsl.Text = toolStripTextBox2.Text.Trim();      // 设定控件的名称
            menuStrip1.Items.Add(tsl);                     // 添加到 ToolStrip 控件中
        }
        else if (n == 1)                                   // 如果选第二项
        {
            //创建一个 ToolStripButton 控件
            ToolStripButton tsb = new ToolStripButton();
            tsb.Text = toolStripTextBox2.Text.Trim();      // 设定控件的名称
            menuStrip1.Items.Add(tsb);                     // 添加到 ToolStrip 控件中
        }
        else if (n == 2)                                   // 如果选第三项
        {
            //创建一个 ToolStripTextBox 控件
            ToolStripTextBox tsb = new ToolStripTextBox();

            tsb.Text = toolStripTextBox2.Text.Trim();      // 设定控件的名称
            menuStrip1.Items.Add(tsb);                     // 添加到 ToolStrip 控件中
        }
        else if (n == 3)                                   // 如果选第四项
        {
        //创建一个 ToolStripComboBox 控件
            ToolStripComboBox tsp = new ToolStripComboBox();
            tsp.Text = toolStripTextBox2.Text.Trim();      // 设定控件的名称
            menuStrip1.Items.Add(tsp);                     // 添加到 ToolStrip 控件中
        }
        else if (n == 4)                                   // 如果选第五项
        {
            //创建一个 ToolStripProgressBar 控件
            ToolStripProgressBar tsp = new ToolStripProgressBar();
            tsp.Text = toolStripTextBox2.Text.Trim();      // 设定控件的名称
            menuStrip1.Items.Add(tsp);                     // 添加到 ToolStrip 控件中
        }
        else
        {
            menuStrip1.Items.Add(toolStripTextBox2.Text.Trim());
        }
    }
    else
    {
        MessageBox.Show(" 请输入添加的选项名称 ");            // 提示输入添加选项
    }
}
```

通过上面的代码可以发现 MenuStrip 和 ToolStrip 两个工具栏都提供了方便的操作，特别是 MenuStrip，一般会将一系列的操作分为一类，非常方便用户查找到自己需要的操作。MenuStrip 和 ToolStrip 两个工具栏控件也可以包含其他类型的控件项。

13.2.8 OpenFileDialog 控件的使用

OpenFileDialog 控件显示的是一个提示框，用于引导用户进行文件的选择。OpenFileDialog 和 Windows 系统中打开文件的对话框一致，但需要其他的控件进行辅助才能显示。

> 技巧：OpenFileDialog 控件可以设置其出现时的初始路径，也可以设置是否支持一次选择多个文件，还可以设置只能显示的文件类型等。

【实例 13-8】使用 OpenFileDialog 控件示例，要求如下：

界面布局如图 13-16 所示。界面中要包含一个 TabControl 控件，用于在同一区域中装载不同的控件；一个 TextBox 控件，用于存储用户选择的文件名及路径；一个 Button 控件，用于显示 OpenFileDialog 控件。在 TabControl 控件中有两个 TabPage 页面：第一个页面用于显示用户选择的文件内容，第二个页面用于添加一些输入到指定的文件中。

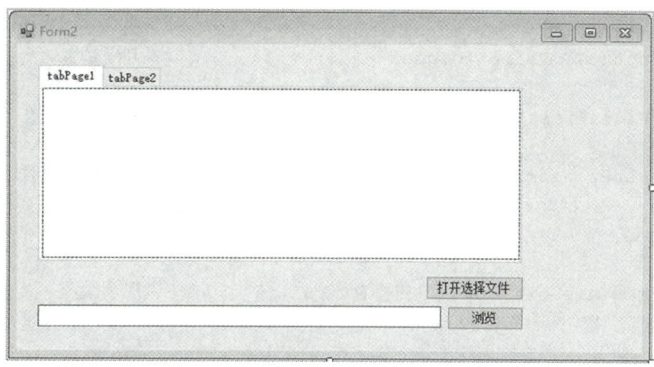

图 13-16 OpenFileDialog 控件示例的界面布局

第一步，设计界面，布局如图 13-16 所示。
第二步，实现各控件功能。

（1）单击"浏览"按钮，创建浏览事件，然后添加相关代码。该段代码主要完成引导用户选择文件的操作：首先，将初始目录设置为 C 盘，并设置对话框选择 TXT 格式或者所有格式的文件，或者指定可以选择多个文件。当用户确定选择后，获取用户选择的文件，并判断用户选择的文件个数。当选择多个文件时，TextBox 中记录的是位置在最前的 DOC 格式的文档；然后，根据当前的 TabPage 页进行不同的操作。具体代码如下：

```
private void button1_Click(object sender, EventArgs e)
{
    openFileDialog1.InitialDirectory = @"c:\";        //设置初始显示位置
    openFileDialog1.Filter = "txt files (*.txt)|*.txt|All files (*.*)|*.*";
                                                      //设置过滤器
    openFileDialog1.FilterIndex = 1;                  //设置初始显示的文件类型
    openFileDialog1.RestoreDirectory = true;          //是否回到原目录
    openFileDialog1.Title = " 选择需要打开的文件 ";     //显示对话框窗口
    openFileDialog1.Multiselect = true;               //设置支持选择多个文件
```

```csharp
        if (openFileDialog1.ShowDialog() == DialogResult.OK)//如果确认选择
        {
            string[] fileText=openFileDialog1.FileNames;  //获取选择的所有文件名
            int nc = fileText.Length;                     //判断数组长度
            if (nc > 1)                                   //如果选择的文件多于1个
            {
                MessageBox.Show("共选择了" + nc.ToString() + "个文件");  //提示信息
            }
            else
            {
                textBox1.Text = fileText[0];              //设置文件名
            }
            foreach (string ss in fileText)               //遍历所有的文件名
            {
                if(ss.Contains(".doc"))                   //如果是DOC格式文档
                {
                    textBox1.Text = ss;                   //设置textBox1的值
                    break;                                //跳出
                }
            }
        }
        if (tabControl1.SelectedIndex == 0)               //判断是否为第一个选项
        {
            if (File.Exists(textBox1.Text))               //如果文件存在
            {
                webBrowser1.Navigate(textBox1.Text);      //显示这个文件
            }
            else
            {
                MessageBox.Show("文件不存在");             //提示错误
            }
        }
        else if(tabControl1.SelectedIndex ==1)            //如果是第二个选项
        {
            if (File.Exists(textBox1.Text))               //如果文件存在
            {
                Stream fs=openFileDialog1.OpenFile();     //获取以只读方式打开的文件流
                byte[] res = new byte[1024];              //声明一个存储字符的缓存
                fs.Read(res, 0, 1022);                    //读取字符到缓存
                richTextBox1.Text = Encoding.ASCII.GetString(res);  //显示到控件上
                fs.Close();                               //关闭流
            }
            else
            {
                MessageBox.Show("文件不存在");             //提示错误
            }
        }
    }
```

> **技巧**：当通过 OpenFileDialog 控件获取文件路径时，先判断文件是否存在，这样可以避免创建 Stream 流时导致系统错误。

（2）双击第一个 TabPage 页面的"打开选择文件"按钮，创建打开文件事件，并添

加以下代码，代码中使用 WebBrowser 控件打开指定的文件。

```
private void button3_Click(object sender, EventArgs e)
{
    if (textBox1.Text.Length > 0)                           // 如果有值
    {
        if (tabControl1.SelectedIndex == 0)                 // 判断是否为第一个选项
        {
            if (File.Exists(textBox1.Text))                 // 如果文件存在
            {
                webBrowser1.Navigate(textBox1.Text);        // 显示这个文件
            }
            else
            {
                MessageBox.Show(" 文件不存在 ");            // 提示错误
            }
        }
    }
    else
    {
        MessageBox.Show(" 请输入或者选择文件地址 ");        // 提示错误
    }
}
```

（3）随后进入 TabControl 控件的第二个页面，双击"写入"按钮，在按钮的单击事件中添加如下代码，将 RichTextBox 控件中的文本写入到指定的文件中。具体代码如下：

```
private void button2_Click(object sender, EventArgs e)
{
    if (textBox1.Text.Length > 0)                           // 如果有值
    {
        if (tabControl1.SelectedIndex == 1)                 // 判断是否为第一个选项
        {
            if (File.Exists(textBox1.Text))                 // 如果文件存在
            {
                // 创建一个文件流
                FileStream fs = new FileStream(textBox1.Text, FileMode.Append, FileAccess.Write);
                StreamWriter sw = new StreamWriter(fs);     // 创建一个写文件的流
                sw.WriteLine(richTextBox1.Text);            // 写入输入的信息
                sw.Close();                                 // 关闭写入流
                fs.Close();                                 // 关闭文件流
            }
            else
            {
                MessageBox.Show(" 文件不存在 ");            // 提示错误
            }
        }
    }
    else
    {
        MessageBox.Show(" 请输入或者选择文件地址 ");        // 提示错误
    }
}
```

通过 OpenFileDialog 控件可以引导用户选择正确的控件，而不需要用户记忆文件的正确路径，极大地方便了用户对控件的使用。用户也可以直接输入文件路径名来定位文件，但是如果输入的路径不正确，系统会直接报错。

13.2.9 SaveFileDialog 控件的使用

SaveFileDialog 控件显示的是一个提示框，用于引导用户选择文件的保存地址。使用这个控件可以打开选择的文件，也可以改写该文件。SaveFileDialog 只是给出了保存文件的路径和文件保存时的文件名，如果需要保存文件到磁盘中，还需要编写代码才能完成。

> **技巧**：SaveFileDialog 中包含 OpenFile 方法，可以获取一个针对指定文件的流，该流具有读和写的权限，而 OpenFileDialog 通过 OpenFile 方法获取的流只具有可读权限。

【实例 13-9】使用 SaveFileDialog 控件示例，要求如下：

界面布局如图 13-17 所示。界面中要包含一个 RichTextBox 控件，用于文本的输入；两个 Button 控件，其中一个通过 OpenFile 方法获取文件流来写入文本，另一个通过文件名创建文件流，然后通过流写入信息到指定的文本。

图 13-17　SaveFileDialog 控件示例的界面布局

第一步，设计界面，布局如图 13-17 所示。

第二步，然后实现各控件功能。

分别双击"打开窗口"和"保存"按钮创建按钮单击事件，通过两种不同的方法保存输入的内容到指定文件：一种是通过 OpenFile 方法获取文件的流来保存文件，另一种是通过文件名创建文件流来保存文件。然后再设置 SaveFileDialog 控件的 CreatePrompt 的属性并指明是否有创建文件的权限，设置 OverwritePrompt 属性指明当准备覆盖已经存在的文件时给出提示。具体代码如下：

```csharp
//通过文件名创建流存储文本
private void button1_Click(object sender, EventArgs e)
{
    if (richTextBox1.Text.Trim().Length > 0)        // 如果输入的文本长度大于 0
    {
        saveFileDialog1.CreatePrompt = true;        // 如果文本不存在可以创建文本
        saveFileDialog1.Filter = "txt files (*.txt)|*.txt|All files (*.*)|*.*";
                                                    //设置过滤的格式
```

```csharp
            saveFileDialog1.FilterIndex = 0;              //设置显示时的初始格式
            saveFileDialog1.InitialDirectory = @"c:\";    //设置初始磁盘路径
            saveFileDialog1.OverwritePrompt = true;       //设置如果选择已有文件时弹出提示
            saveFileDialog1.RestoreDirectory = true;      //设置程序执行完后回到初始目录
            saveFileDialog1.Title = " 保存到当前文件 ";    //设置对话框目录
            if (saveFileDialog1.ShowDialog() == DialogResult.OK) //单击确认后
            {
                string[] ssn = saveFileDialog1.FileNames;  //获取输入的文件名
                if (ssn.Length > 1)                        //如果文件个数大于1
                {
                    //显示输入的文件数目
                    MessageBox.Show(" 您选择了 " + ssn.Length + "个文件 ");
                    //创建一个文件流
                    FileStream fs = new FileStream(ssn[0], FileMode.Append, FileAccess.Write);
                    StreamWriter sw = new StreamWriter(fs);    //创建一个写入流
                    sw.WriteLine(richTextBox1.Text);           //写入文本
                    sw.Close();                                //关闭写入流
                    fs.Close();                                //关闭文件流
                }
                else
                {
                    //创建一个文件流
                    FileStream fs = new FileStream(ssn[0], FileMode.Append, FileAccess.Write);
                    StreamWriter sw = new StreamWriter(fs);    //创建一个写入流
                    sw.WriteLine(richTextBox1.Text);           //写入文本
                    sw.Close();                                //关闭写入流
                    fs.Close();                                //关闭文件流
                }
            }
        }
        else
        {
            MessageBox.Show(" 请输入文本 ");                    //提示错误
        }
    }
    //通过 OpenFile 方法保存
    private void button2_Click(object sender, EventArgs e)
    {
        if (richTextBox1.Text.Trim().Length > 0)
        {
            saveFileDialog1.CreatePrompt = true;               //如果文本不存在可以创建文本
            saveFileDialog1.Filter="txt files (*.txt)|*.txt|All files(*.*)|*.*";
                                                               //设置过滤的格式

            saveFileDialog1.FilterIndex = 0;                   //设置显示时的初始格式
            saveFileDialog1.InitialDirectory = @"c:\";         //设置初始磁盘路径
            saveFileDialog1.OverwritePrompt = true;            //设置如果选择已有文件时弹出提示
            saveFileDialog1.RestoreDirectory=true;             //设置程序执行完后回到初始目录
            saveFileDialog1.Title = " 保存到当前文件 ";         //设置对话框目录
            if (saveFileDialog1.ShowDialog() == DialogResult.OK)
                                                               //单击确认后
            {
                Stream st = saveFileDialog1.OpenFile();//获取文件流
```

```
                StreamWriter sw = new StreamWriter(st);   // 创建写入流
                sw.WriteLine(richTextBox1.Text);          // 写入文本
                sw.Close();                                // 关闭写入流
                st.Close();                                // 关闭文本流
            }
        }
        else
        {
            MessageBox.Show(" 请输入文本 ");               // 提示错误
        }
    }
```

需要注意的是,利用 OpenFile 文件获取的流,可能会有丢失数据的情况,因此最好采用文件名创建 FileStream 的方法来存储文件。创建文件时,还需要用户具有创建文件的权限,如果不具有创建文件的权限,则无法保存文件。

13.2.10 DataGridView 控件的使用

DataGridView 是一种用于呈现数据的控件。DataGridView 具有强大的数据操作功能,它能够很方便地对数据进行操作。DataGridView 控件允许多种类型的数据源,如 DataTable 或 DataSet。DataGridView 中包含许多类型的控件,如呈现文本的 TextBox 控件(名称不是 TextBox),提供选择的 CheckBox 控件等。

> **注意**:DataGridView 一般在需要进行数据呈现和操作时使用。如果有大量的、复杂的数据需要展示给用户,便可使用 DataGridView 控件。这里所说的复杂数据是指数据由多列组成,每一列的数据类型可能不同。

【实例 13-10】使用 DataGridView 控件示例,要求如下:

界面布局如图 13-18 所示。界面中要包含一个 DataGridView 控件,用于呈现数据;还有一组 TextBox 控件,用于输入相关信息;还有一组 Button 控件,用于提交用户请求。

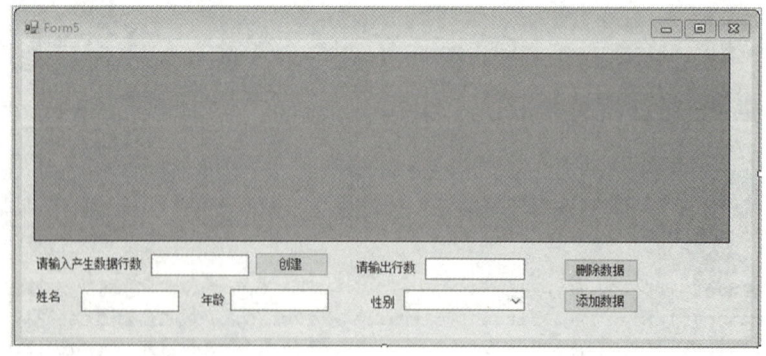

图 13-18 DataGridView 控件示例的界面布局

第一步,设计界面,布局如图 13-18 所示。

第二步,实现各控件功能。

(1)创建一个全局的 DataTable 型的变量用于存储 DataGridView 的数据源。然后创建一个方法生成数据源的表结构。需要注意的是，它们都是静态的。具体代码如下：

```csharp
private static DataTable dtSource = CreateTableStruct();        // 存储数据源
// 创建表结构
private static DataTable CreateTableStruct()
{
    DataTable dt = new DataTable();                              // 创建一个 DataTable 对象
    DataColumn column;                                           // 声明一个 DataColumn
    column = new DataColumn();                                   // 创建一个列对象
    column.DataType=System.Type.GetType("System.Boolean");       // 声明列的类型
    column.ColumnName = "checkOver";                             // 设置列名称
    dt.Columns.Add(column);                                      // 添加列到表中
    column = new DataColumn();                                   // 创建一个列对象
    column.DataType = System.Type.GetType("System.String");      // 声明列的类型
    column.ColumnName = "ID";                                    // 设置列名称
    dt.Columns.Add(column);                                      // 添加列到表中
    column = new DataColumn();                                   // 创建一个列对象
    column.DataType = System.Type.GetType("System.String");      // 声明列的类型
    column.ColumnName = "姓名";                                  // 设置列名称
    dt.Columns.Add(column);                                      // 添加列到表中
    column = new DataColumn();                                   // 创建一个列对象
    column.DataType = System.Type.GetType("System.String");      // 声明列的类型
    column.ColumnName = "年龄";                                  // 设置列名称
    dt.Columns.Add(column);                                      // 添加列到表中
    column = new DataColumn();                                   // 创建一个列对象
    column.DataType = System.Type.GetType("System.String");      // 声明列的类型
    column.ColumnName = "性别";                                  // 设置列名称
    dt.Columns.Add(column);                                      // 添加列到表中
    return dt;
}
```

（2）编写一个添加有规律的数据到数据源的方法，并在产生初始化数据的事件中调用这个方法。产生数据时，首先获取当前数据源中的数据行数，并获取最大的 ID 值，然后在该 ID 值的基础上进行数据的添加。具体代码如下：

```csharp
// 创建数据
private void CreateData(int createCount)
{
    int alreadyRows = dtSource.Rows.Count;                       // 获取数据源中总行数
    int baseRowNum = 0;                                          // 存储当前数据源中最大 ID 号的变量
    if (alreadyRows > 0)                                         // 如果有行
    {
        try
        {
            baseRowNum = int.Parse(dtSource.Rows
[alreadyRows-1][1].ToString());                                  // 获取最大的行号
        }
        catch (Exception ex)
        {
            MessageBox.Show(ex.Message);                         // 显示错误信息
            return;
        }
    }
    DataRow row;                                                 // 声明一个行号
    // 循环创建行数
```

```csharp
        for (int i = baseRowNum; i < baseRowNum + createCount; i++)
        {
            row = dtSource.NewRow();                    //创建一个新行
            row["checkOver"] = true;                    //设置行中各项的值
            row["ID"] =(i +1);
            row["姓名"] = "姓名" + (i +1);
            row["年龄"] = "年龄" + (i + 1);
            row["性别"] = "性别" + (i + 1);
            dtSource.Rows.Add(row);
        }
        dataGridView1.DataSource = dtSource;            //绑定数据源
    }
    //创建行数
    private void button3_Click(object sender, EventArgs e)
    {
        if (txtNumerCreate.Text.Trim().Length > 0)      //如果输入不为空
        {
            int rownum = 0;                             //存储输入的行数
            try
            {
                rownum = int.Parse(txtNumerCreate.Text);    //将用户输入转化为行数
                CreateData(rownum);                     //调用创建数据源的方法，创建rownum行数据
            }
            catch (Exception ex)
            {
                MessageBox.Show("输入行数的格式不正确");    //提示出错
            }
        }
        else
        {
            MessageBox.Show("请输入需要创建的行数");        //提示出错
        }
    }
```

（3）编写删除数据事件的代码。该代码中需要判断输入的行数是否超过了数据源中的数据行数。如果没有超过，则删除指定的行数。注意：删除的是行数而不是ID值。具体代码如下：

```csharp
    //删除数据
    private void button2_Click(object sender, EventArgs e)
    {
        if (txtNumOutput.Text.Trim().Length > 0)                //如果输入不为空
        {
            int rownum = 0;                                     //存储需要删除的行数变量
            try
            {
                rownum = int.Parse(txtNumOutput.Text);          //获取需要删除的行数
                int sourceCount = dtSource.Rows.Count;          //获取数据源的行数
                if (rownum > sourceCount)                       //判断是否有这么多行
                {
                    MessageBox.Show("输入行数超过当前的总行数");  //提示出错
                }
                else
                {
```

```
                dtSource.Rows.RemoveAt(rownum-1);        // 从数据源中移除指定数据
                dataGridView1.DataSource = dtSource;     // 绑定数据源
            }
        }
        catch (Exception ex)
        {
            MessageBox.Show(ex.Message);                 // 提示出错
        }
    }
    else
    {
        MessageBox.Show("请输入需要删除的行数");          // 提示出错
    }
}
```

> **注意**：通过 For 循环或者 Foreach 循环遍历 DataTable 表时，不能删除数据。因为删除数据后，集合中的元素属性就发生了改变。

（4）添加自定义的数据进入数据源。在系统初始化时需要先填充 Combox 控件，用于呈现性别；再添加到事件中，添加时还需要判断信息输入是否完整，并获取数据源中的最大 ID 值；最后创建一个新行添加到数据源中。具体代码如下：

```
// 填充 Combox 控件
public void FillComboBox()
{
    cmbSex.Items.Add("男");                              // 填充 ComboBox 控件
    cmbSex.Items.Add("女");

}
// 添加事件
private void button1_Click(object sender, EventArgs e)
{
    if (txtName.Text.Trim().Length < 0)                  // 判断是否输入姓名
    {
        MessageBox.Show("请输入姓名");                    // 提示出错
    }
    else if (txtAge.Text.Trim().Length < 0)              // 判断是否输入年龄
    {
        MessageBox.Show("请输入年龄");                    // 提示出错
    }
    else if (cmbSex.SelectedItem == null)                // 判断是否选择性别
    {
        MessageBox.Show("请选择性别");                    // 提示出错
    }
    else
    {
        DataRow newR = dtSource.NewRow();                // 创建一个新行对象
        int alreadyRows = dtSource.Rows.Count;           // 获取数据源中总行数
        int bascRowNum = 0;                              // 存储当前最大 ID 号的变量
        if (alreadyRows > 0)                             // 如果有行
        {
            try
```

```
            {
                baseRowNum = int.Parse(dtSource.Rows[alreadyRows -
1][1].ToString());                                  //获取最大的行号的 ID 值
            }
            catch (Exception ex)
            {
                MessageBox.Show(ex.Message);         //显示错误信息
                return;
            }
        }
        newR["checkOver"] = true;                    //设置新建行的信息
        newR["ID"] = (baseRowNum + 1);
        newR["姓名"] = txtName.Text;
        newR["年龄"] = txtAge.Text;
        newR["性别"] = cmbSex.SelectedItem.ToString();
        dtSource.Rows.Add(newR);                     //添加到数据源中
        dataGridView1.DataSource = dtSource;         //绑定数据源
    }
}
```

从上面的例子中可以看出，通过操作数据源就能方便地将数据通过 DataGridView 控件呈现给用户。在 DataGridView 控件中还可以包含其他控件，如上述代码中就包含了一个 CheckBox 控件。程序执行后的结果如图 13-19 所示。

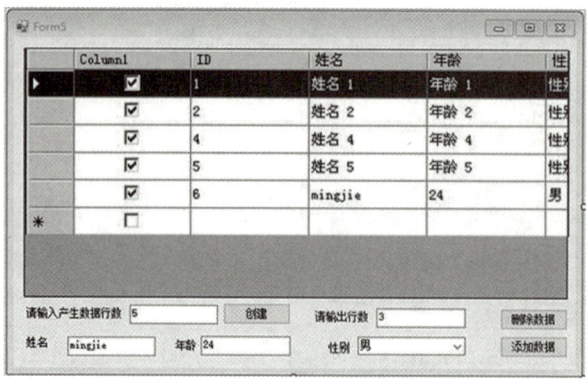

图 13-19　DataGridView 示例执行结果

13.3　窗体

窗体是 Windows 窗体程序开发的基础，是用于和用户进行交互的基本元素。所有的控件都是在窗体上加载的，如 Word 软件中编辑界面就是窗体的一部分，所有的工具栏都是在这个窗体中加载的，关闭窗体后，编辑界面和工具栏就都消失了。

> **注意：** 窗体是一个控件的容器。它可以装载一系列的控件，为用户提供进行各种操作的接口。程序运行时，窗体将控件展示给客户。因此，窗体的作用主要用于展示。

13.3.1 Form 类

Form 类是窗体的抽象描述，所有的窗体都是通过实例化 Form 类实现的。一个 Windows 的窗体应用程序可以包含一个或者多个窗体，当调用 Show 方法时显示给用户。

Form 类的主要属性如表 13-4 所示。

表 13-4 Form 类的主要属性

属性名称	属性的作用
BackColor	设置窗体的背景颜色
BackgroudImage	设置背景图片
ForeColor	设置窗体前景颜色
FormBorderStyle	设置窗体的外观样式，如 3D
Language	设置当前窗体显示的语言
MaximizeBox	设置窗体是否有最大化按钮
MinimizeBox	设置窗体是否有最小化按钮
StartPosition	设置窗体出现时的位置
WindowState	设置窗体的初始化状态，是最大还是最小

通过设置不同属性便可以设置显示出不同类型的窗体。窗体还包含很多重要的事件，这些事件保证在窗体的生存周期中，可以掌控如何启动、关闭系统的相关资源。在窗体的事件中包括：在生成窗体时触发 Load 事件，当窗体前端显示时触发 Activated 事件。在窗体显示后，可以触发 Click、Move、KeyDown 等事件；尝试关闭窗体时，又会触发 FormClosing、FormClosed 和 Deactivate 事件。在初始化窗体后，可以启动一些相应的处理措施；当关闭窗体时，可以卸载窗体的相关功能。

一般来说，窗体加载后便可以添加其他的控件到窗体上，以便将窗体呈现给用户。

【实例 13-11】演示 Form 类的流程示例。

该示例的代码中包含了 Load 事件、Activated 事件、Click 事件、Move 事件、FormClosing 事件、FormClosed 事件和 Deactivate 事件。记录每个事件的发生顺序，其中 FormClosing 事件、FormClosed 事件和 Deactivate 事件记录在文件中。具体代码如下：

```
public Form1()
{
    InitializeComponent();
}
private static int OverDo = 0;              //存储操作的顺序
//写日志
private void writeLog(string eventName)
{
    FileStream fs = null;                   //声明一个文件流
    string filePath = @"c:/Log.txt";
    if (File.Exists(filePath))              //判断是否存在该文件
    {
        // 如果文件已存在，则以追加的方式创建流
        fs = new FileStream(filePath, FileMode.Append, FileAccess.Write);
```

```csharp
    }
    else
    {
        // 如果文件不存在,则以创建的方法创建流
        fs = new FileStream(filePath, FileMode.Create, FileAccess.Write);
    }
    StreamWriter sw = new StreamWriter(fs);        // 创建一个写入流
    sw.WriteLine(eventName + OverDo.ToString());    // 写日志
    sw.Close();                                      // 关闭写入流
    fs.Close();                                      // 关闭文件流
}
// Activated 事件发生时的操作
private void Form1_Activated(object sender, EventArgs e)
{
    OverDo++;                                        // 顺序加 1
    writeLog("Activated");                           // 写日志
    MessageBox.Show("Activated ");                   // 提示消息
}
// Click 事件发生时的操作
private void Form1_Click(object sender, EventArgs e)
{
    OverDo++;                                        // 顺序加 1
    writeLog("Click");                               // 写日志
    MessageBox.Show("Click ");                       // 提示消息
}
// KeyDown 事件发生时的操作
private void Form1_KeyDown(object sender, KeyEventArgs e)
{
    OverDo++;                                        // 顺序加 1
    writeLog("KeyDown");                             // 写日志
    MessageBox.Show("KeyDown ");                     // 提示消息
}
// Load 事件发生时的操作
private void Form1_Load(object sender, EventArgs e)
{
    OverDo++;                                        // 顺序加 1
    writeLog("Load");                                // 写日志
}
// FormClosed 事件发生时的操作
private void Form1_FormClosed(object sender, FormClosedEventArgs e)
{
    OverDo++;                                        // 顺序加 1
    writeLog("FormClosed");                          // 写日志
}
// FormClosing 事件发生时的操作
private void Form1_FormClosing(object sender, FormClosingEventArgs e)
{
    OverDo++;                                        // 顺序加 1
    writeLog("FormClosing");                         // 写日志
}
// Deactivate 事件发生时的操作
private void Form1_Deactivate(object sender, EventArgs e)
{
    OverDo++;                                        // 顺序加 1
    writeLog("Deactivate");                          // 写日志
    MessageBox.Show("Deactivate");                   // 提示消息
}
```

执行上面的程序后可以看出,程序首先触发 Load 事件加载窗体及窗体上的控件。由于在前端显示该窗体,因此触发了 Activated 事件。这时单击窗体便会触发 Click 事件,如果让窗体不在前端显示又会触发 Activated 事件。当关闭窗体时,首先触发 FormClosing 事件,然后触发 FormClosed 事件,由于窗体不再使用,最后触发 Deactivate 事件。

> **说明**:程序运行后先调用构造函数,通过构造函数将设计模式下添加的控件添加到窗体中。关闭窗体时会释放当前占用的资源。

13.3.2 多文档界面

多文档界面是指可以同时显示同一类型窗体的界面。如果应用程序在同一时间段内运行时存在多个窗口,就应当进行多文档界面的编程。如微软公司开发的 Word 软件,可以在同一时间打开多份 Word 文件,并且它们之间互不干扰。

编写多文档界面的程序,至少需要两个窗口,一个窗口作为父窗口,也就是容器,另一个窗口是子窗口,在容器中显示。

【实例 13-12】演示编写多文档界面程序的工作流程的示例,要求如下:

程序中要包含两个窗口,其中一个窗口作为主窗体,在该窗体中包含一个 MenuStrip 控件,用于产生子窗体。在子窗体中包含一个 Label 控件,用于显示当前子窗体的数目和顺序。父窗体的布局如图 13-20 所示,子窗体的布局如图 13-21 所示。

图 13-20 父窗体的布局

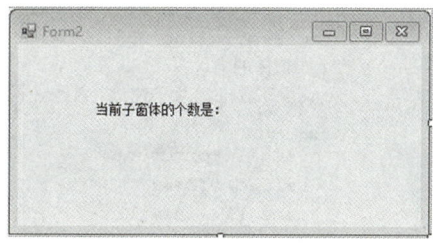

图 13-21 子窗体的布局

第一步,设计两个窗体界面,如图 13-20、图 13-21 所示。

第二步,实现各窗体中控件的功能。

(1)设计子窗体的属性,添加一个计数装置用于显示当前存在的窗体个数和序号。添加一个关闭事件,关闭时将当前的窗体数减 1。具体的代码如下:

```
public partial class Form2 : Form
{
    private int form2Count = 0;        //记录当前总的顺序
    private int form2ID = 0;           //记录当前的序号
    //加载窗体和控件
    public Form2()
    {
        InitializeComponent();
    }
    //设置控件的值和 Id
```

```
    public void setText(int c,int id)
    {
        form2Count = c;                        // 设置当前子窗体总的个数
        form2ID = id;                          // 设置当前子窗体的序号
        // 设置控件显示内容
        label1.Text = label1.Text + form2Count + "序号是" + form2ID;
    }
    // 关闭窗口事件，将总窗口数减1
    private void Form2_FormClosed(object sender, FormClosedEventArgs e)
    {
        Form1.AllChildFormCount--;             // 将总数减1
    }
}
```

（2）在主窗体中添加两个属性，用于记录当前产生的子窗体总数和子窗体的序号。创建一个产生子窗体的事件和一个获取当前子窗体的个数的事件。在事件中添加相关代码，完成创建子窗体的功能以及获取子窗体个数的功能。需要注意的是，一定要将该窗体的 IsMdiContainer 属性设置为 True。具体代码如下：

```
public partial class Form1 : Form
{
    // 加载窗体
    public Form1()
    {
        InitializeComponent();
    }
    public static int AllChildFormCount = 0;   // 存储当前子窗体的总数的变量
    public static int ChildFormID = 0;         // 存储当前子窗体的序号的变量
    // 产生子窗体的事件
    private void 产生子窗体ToolStripMenuItem_Click(object sender, EventArgs e)
    {
        AllChildFormCount++;                   // 子窗体数目加1
        ChildFormID++;                         // 子窗体序号加1
        Form2 f2 = new Form2();                // 创建一个子窗体
        f2.MdiParent = this;                   // 设置子窗体的父窗体
        // 设置子窗体初始显示位置
        f2.StartPosition = FormStartPosition.CenterParent;
        f2.setText(AllChildFormCount, ChildFormID);  // 设置子窗体的相关信息
        f2.Show();                             // 显示子窗体
    }
    // 获取当前子窗体信息
    private void 获取当前子窗体的个数ToolStripMenuItem_Click(object sender, EventArgs e)
    {
        // 显示子窗体相关信息
        MessageBox.Show("子窗体的总数是" + AllChildFormCount);
        MessageBox.Show("当前子窗体的序号是" + ChildFormID);
    }
}
```

运行上面的代码，每单击一次"产生子窗体"按钮，便会生成一个子窗体，并将子窗体显示出来。单击"获取当前子窗体的个数"按钮后，系统会提示用户当前产生了多少个子窗体。程序执行结果如图13-22所示。

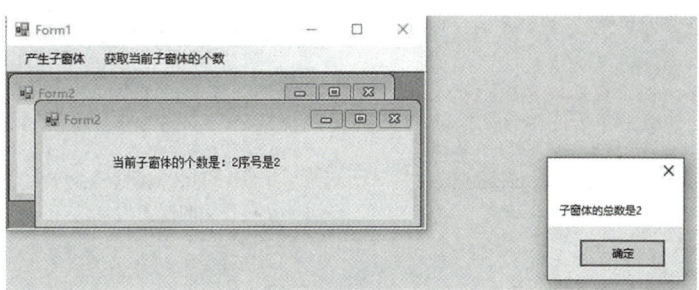

图 13-22　多文档界面示例执行结果

有时为了避免打开多个资源而造成资源的浪费，也可以采取单例模式限制窗体的生成个数。

> **注意**：这里所说的单例模式并不是只生成一个实例，而是指生成指定数目的实例。如果设计程序时需要限定类的数目，可以考虑使用单例模式。

改写上面示例的部分代码，实现在单例模式中限制产生窗体个数的功能。

在子窗体中，将构造函数变为私有，然后添加一个函数用于判断是否创建新的窗体。具体代码如下：

```
public partial class Form2 : Form
{
    private  int form2Count = 0;            //记录当前总的顺序
    private int form2ID = 0;                //记录当前的序号
    private static Form2 singleForm = null; //设置一个存储当前窗口的类
    //创建窗口
    public static Form2 CreateForm()
    {
        if (Form1.AllChildFormCount < 3)    //如果窗口数小于3
        {
            singleForm = new Form2();       //创建一个新窗口
            return singleForm;              //返回新窗口
        }
        else
        {
            Form1.AllChildFormCount--;      //否则将窗口总数减1
            return singleForm;              //返回最新窗口
        }
    }
    //加载窗体和控件
    private Form2()
    {
        InitializeComponent();
    }
    //设置控件的值和ID
    public void setText(int c,int id)
    {
        form2Count = c;                     //存储当前总数
        form2ID = id;                       //存储当前序号
        //显示字段值
```

```
        label1.Text = " 当前窗体总数是 " + form2Count + "; 序号是 " + form2ID;
    }
    //关闭窗口事件，将总窗口数减1
    private void Form2_FormClosed(object sender, FormClosedEventArgs e)
    {
        Form1.AllChildFormCount--;              //减少窗体总数
        singleForm = null;                      //将存储的值置为null
    }
}
```

在主窗体中只需要将产生子窗体的方法更改即可。具体代码如下：

```
AllChildFormCount++;                                    //子窗体数目加1
ChildFormID++;                                          //子窗体序号加1
Form2 f2 = Form2.CreateForm();                          //创建一个子窗体
f2.MdiParent = this;                                    //设置子窗体的父窗体
f2.StartPosition = FormStartPosition.CenterParent;      //设置子窗体初始显示位置
f2.setText(AllChildFormCount, ChildFormID);             //设置子窗体的相关信息
f2.Show();                                              //显示子窗体
```

上述代码限定了每次最多只能同时产生两个子窗体。如果用户不断单击"产生子窗体"按钮，系统仍然只产生两个子窗体。当关闭其中一个窗体后，单击"产生子窗体"按钮，系统才可以再次生成一个子窗体。程序的执行结果如图13-23所示。

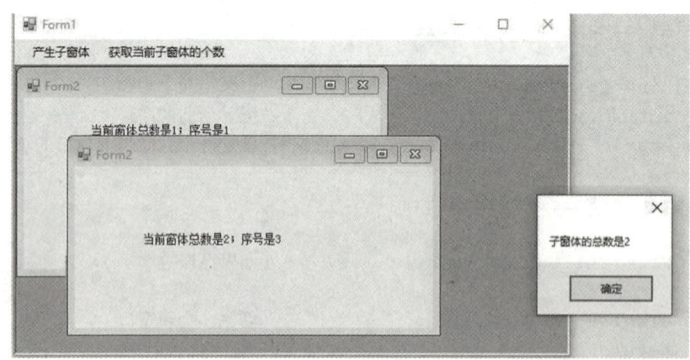

图13-23　只能产生两个子窗体的示例执行结果

13.3.3　自定义控件

自定义控件是指由于某些特定的要求，VS提供的控件不能满足需求，而由用户自己编写的便于使用的控件。编写自定义控件可以通过继承控件类之后再添加属性来完成，也可以通过VS创建一个控件窗口，然后组合已有的控件来完成。

> **注意**：这里的自定义控件，并不是创建一个新的控件，只是将一系列的控件组合到一起，通过这些组合的控件完成复杂的功能。

【实例13-13】通过VS 2022编写自定义控件的示例。

右键单击项目，然后选择添加控件，弹出如图13-24的窗口，在名称文本框中输入控件的名称，再单击"添加"按钮即可将控件添加到当前项目。

第 13 章　Windows 窗体程序的开发

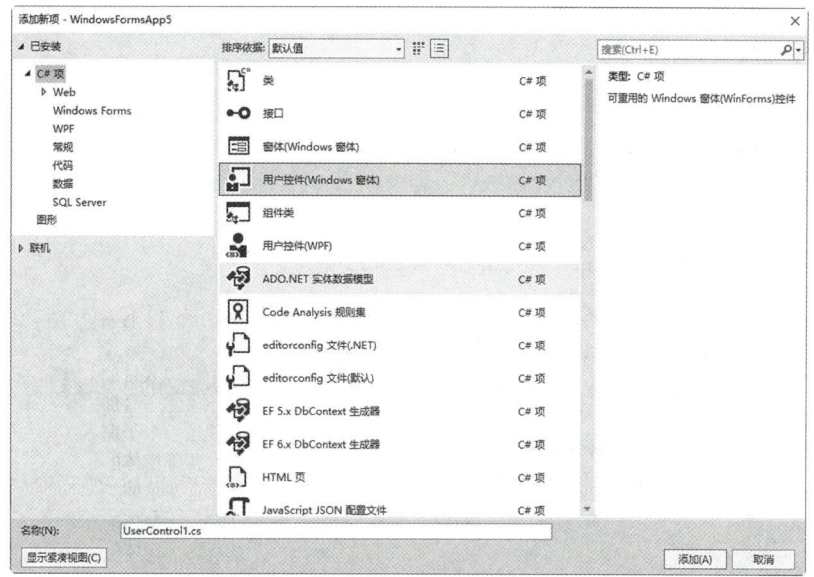

图 13-24　添加自定义控件窗口

添加自定义控件后，打开自定义的控件窗口，在窗口中添加一个 TabControl 控件，TabControl 控件包含两个页面：一个页面用于保存基本信息，另一个页面用于保存用户简介。具体的界面布局如图 13-25 所示。

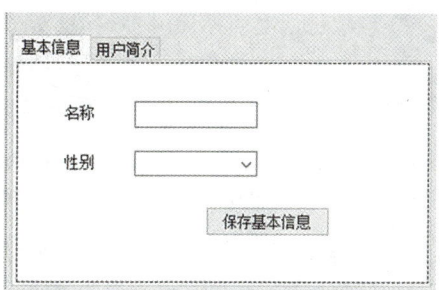

图 13-25　自定义控件的界面布局

> 说明：本节的自定义控件和窗体设计一样，也是一个容器，能够独立地完成复杂的操作，如保存用户信息到本机等。

界面布局设置好以后，创建保存事件，完成将消息保存到指定文件的功能。与 Windows 窗体一样，所有程序的编写都是基于事件响应机制。具体代码如下：

```
public partial class UserControl1 : UserControl
{
    //加载控件
    public UserControl1()
    {
        InitializeComponent();
        FillCombox();                                    //初始化控件
```

257

```csharp
}
// 填充 Combox 控件
private void FillCombox()
{
    comboBox1.Items.Add("男");                              // 添加项
    comboBox1.Items.Add("女");
}
// 保存用户信息
private void writeInfo(string eventstring)
{
    FileStream fs = null;                                   // 声明一个文件流
    string filePath = @"c:/UserInfo.txt";
    if (File.Exists(filePath))                              // 判断是否存在该文件
    {
        // 文件存在则以追加的方式创建流
        fs = new FileStream(filePath, FileMode.Append, FileAccess.Write);
    }
    else
    {
        // 文件不存在则以创建的方法创建流
        fs = new FileStream(filePath, FileMode.Create, FileAccess.Write);
    }
    StreamWriter sw = new StreamWriter(fs);                 // 创建一个写入流
    sw.WriteLine(eventstring);                              // 写日志
    sw.Close();                                             // 关闭写入流
    fs.Close();                                             // 关闭文件流
}
// 保存用户基本信息
private void button1_Click(object sender, EventArgs e)
{
    StringBuilder sb = new StringBuilder();                 // 存储用于写入的信息
    if (textBox1.Text.Trim().Length > 0)                    // 判断是否输入了用户姓名
    {
        sb.AppendLine("姓名");                              // 添加字符串
        sb.Append(textBox1.Text);                           // 添加字符串
    }
    else
    {
        MessageBox.Show("请输入用户信息");                  // 提示出错
    }
    if (comboBox1.SelectedItem != null)                     // 判断是否选择了用户性别
    {
        sb.AppendLine("性别");                              // 添加字符串
        sb.Append(comboBox1.SelectedItem.ToString());       // 添加字符串
    }
    else
    {
        MessageBox.Show("请输入用户信息");                  // 提示出错
    }
    try
    {
        writeInfo(sb.ToString());                           // 写入信息到指定文件
```

```
            MessageBox.Show("基本信息写入成功");      //提示成功
        }
        catch (Exception ex)
        {
            MessageBox.Show(ex.Message);              //提示错误信息
        }
    }
    //保存简历
    private void button2_Click(object sender, EventArgs e)
    {
        StringBuilder sb = new StringBuilder();       //存储用于写入的信息
        if (richTextBox1.Text.Trim().Length > 0)      //判断是否选择了用户性别
        {
            sb.AppendLine("简历信息");                 //添加字符串
            sb.AppendLine(richTextBox1.Text);         //添加字符串
        }
        else
        {
            MessageBox.Show("请输入用户简历");         //提示出错
        }
        writeInfo(sb.ToString());                     //写入信息到指定文件
        try
        {
            writeInfo(sb.ToString());                 //写入信息到指定文件
            MessageBox.Show("简历信息写入成功");       //提示成功
        }
        catch (Exception ex)
        {
            MessageBox.Show(ex.Message);              //提示错误信息
        }
    }
}
```

控件编写完成后，还不能单独使用，必须将其存储在一个窗体内才可以使用。这类似于汽车轮胎制造完成后，如果没有汽车，轮胎仍然无法使用一样。

1. 什么是 Windows 窗体开发程序？
2. Windows 窗体程序是如何工作的？
3. 对于比较复杂的文档，使用什么方式打开？
4. 在 WinForm 中，可以使用什么控件来显示复杂的数据？
5. 编写一段代码，打开用户指定的文件。
6. 编写一段代码，创建一个 DataTable，并绑定到 DataGridView 控件上。DataTable 分三列：第 1 列为字符串型的 Name 字段，第 2 列为字符串型的 Sex 字段，第 3 列为整数型的 Age 字段。

参考文献

［1］ 沙旭，徐虹，刘上朝．C#程序设计与数据库编程［M］．北京：北京希望电子出版社，2020．

［2］ 明日科技．C#从入门到精通［M］．7版．北京：清华大学出版社，2023．

［3］ 索利斯，施罗坦博尔．C#图解教程［M］．5版．窦衍森，姚琪琳，等译．北京：人民邮电出版社，2019．

［4］ 明日科技．C#开发手册：基础·案例·应用［M］．北京：化学工业出版社，2022．

［5］ ［日］北村爱实．Easy C#从基础编程到应用开发［M］．2版．邓珮，曹鉴华译．北京：中国水利水电出版社，2023．

［6］ 李毅，曾文权．Visual C#程序设计［M］．2版．北京：电子工业出版社，2020．

［7］ 周家安．C#码农笔记：从第一行代码到项目实战［M］．北京：清华大学出版社，2022．